숲을 걷다

숲을 걷다

김영도 외 24인의 전문가와 함께

수문출판사

서문

사람은 언제나 어디로 가고 있다. 무엇인가 생각하며 무슨 일을 하려고 앞으로 가고 있다. 인간의 생활 영역이 그렇게 해서 넓혀진다. 우리가 숲을 가는 것도 그와 같은 것으로 극히 자연스러운 인간의 생활이며 활동이다.

숲은 그전부터 있었다. 그런데 우리는 오랜 세월 숲을 모르고 살아왔다. 그것은 인간이 현대 문명 속에 깊이 묻혀 결과적으로 자연을 멀리했기 때문이다. 이러한 인간의 생활이나 활동은 그것이 아무리 문명적이라 해도 그 자체가 파행적인 것이다.

이번 **숲을 걷다**를 주제로 숲과 인간과의 관계를 여러 분야에 걸쳐 성찰하고 점검하려는 시도는 이를테면 문명사회의 자기 비판을 통해 인간 생존조건의 새로운 지평을 개척하는데 그 목적을 두고 있다.

숲은 자연의 일부로 단순한 존재같이 보인다. 그러나 숲은 자연 중에서도 인문과학과 자연과학이 공존하는 세계요 장場이다. 한때 문명은 자연을 개발 대상으로 삼아왔을 뿐이나 오늘날에는 인간의 생존 조건으로 문명보다 오히려 자연이 소중하고 절대적이라는 인식이 더해 가고 있다.

여기「**숲을 걷다**」를 꾸미며 집필자들의 뇌리를 오간 것은 숲의 세계의 깊이와 넓이며 우리 힘이 그 곳을 어느 정도 헤치고 들어가고 있는가 하는 무력감과 회의였다. 시대는 놀랍게도 무한한 우주의 토성까지 과학의 손을 뻗치고 있으나 눈앞의 숲에 대한 인간학적 과학적 접근에도 아직 미흡한 현실이다.

오늘날 21세기는 난숙할 대로 난숙한 과학기술혁명과 관계없이 총체적으로 정치, 경제, 불안으로 미래가 불투명하다. 이 혼미 속에서 우리는 정치학자나 경제학자 등 사계 전문가에게 그 문제를 해결할 힘이 있지 않을 것을 알고 있다. 그러나 우리 '숲의 문제' 야말로 자연과학과 인문과학의 학제간 교류를 바탕으로 자연과 인생에 대한 폭넓은 시야를 가진 양식있는 인사들의 자발적이고 적극적 참여에 문을 열어놓고 싶다.

천학 비재한 필자들의 공동 작업으로 이루어진「**숲을 걷다**」가 이 어려운 사회 분위기 속에 햇빛을 보게 된 것은 오직 숲을 사랑하고 남다르게 숲에 관심을 가진 수문출판사의 이수용 사장과 산림청에서 의욕적으로 추진하고 있는 **국민의 친자연적 등산 계몽운동**과도 일맥상통하는 의미있는 작업으로 이루어진 것이다.

여기 깊은 사의를 표한다.

2004년 6월 집필자를 대표하여 김영도 씀

차례

숲을
한번
걷다

숲을 한번 걷다

숲 바닥에 세워진 분해 왕국

차 윤 정

숲 전문 강사 · 경원대 교수

숲을 지속적으로 성장하고 발전하는 생명으로 유지시키는 힘은 무엇인가. 혹시 나무의 오랜 수명이라든지, 풀들의 왕성한 번식력이라고 생각하는 것은 아닌지. 생산의 무한한 밑천은 어디서 오는지 한 번 생각해 볼 일이다.

지구상의 모든 생태계를 구성하는 생물요소는 생산자, 소비자, 분해자들이다. 나무나 풀들은 어디까지나 생산자들이다. 물론 스스로의 성장과 유지를 위해서 생산한 것의 일부를 소모하기는 하지만, 식물은 절대적인 생산자들이다. 숲의 생산물, 즉 식물들의 조직은 생태계의 제2생물 요소인 소비자들에게 소비된다. 이때 소비되는 양은 일반적으로 식물이 생산한 양의 10퍼센트를 넘지 않는다. 식물 스스로가 소비한 양과 곤충이나 토끼와 같은 초식동물들이 소비한 양을 제외한 나머지는 숲에서 식물의 순 증가량이 된다. 이 증가량의 일부는 뿌리로 땅 속에, 일부는 줄기나 가지로 지상에, 그리고 나머지는 가을날 땅 위로 떨어진다. 여기까지는 생산자와 소비자가 관계된 생태계이다. 이제 생태계는 제3의 생물 요소인 분해자들의 활약을 간절히 소망하게 된다.

낙엽층

섬세한 사람은 숲의 그림을 그리는데 있어 반드시 나무와 흙 사이의 경계에 낙엽과 풀을 그릴 것이다. 그것의 계절적 배경이 가을이면 숲 바닥은 더욱 풍성하게 그려진다. 두툼한 낙엽층과 떨어진 열매들, 그리고 분주한 짐승들. 그리고 겨울, 낙엽은 곤충들과 작은 짐승들을 감싸는 모포로 그려진다. 봄날, 낙엽은 어린 야생화의 생명력을 돋보이게 하는 자연의 혹독한 장치로서, 그리고 여름날은 낙엽의 색깔 자체가 거부당한다.

나무와 흙 사이의 경계에는 이미 나무로부터는 분리되었으니 나무도 아니요, 그렇다고 흙도 아닌 독특한 숲바닥층(林床層 forest floor)이 존재하게 된다. 단순히 배경이나 풍경이 아닌, 그 자체로서 훌륭한 생태계인 숲 바닥의 특성 만으로도 우리는 그 숲의 과거와 현재는 물론이고 미래까지도 알 수 있다. 그러니 숲으로 들어가면 제일 먼저 낙엽을 살펴보아야 한다. 낙엽을 한 번 걷어 올려 보는 것, 생태계 제3대 생물 요소인 분해자들의 세계로 들어가는 첫 작업이 된다. 숲길에서 약간 벗어나 낙엽이 쌓인 곳으로 들어가 한 웅큼의 낙엽을 집어 보라. 여기저기 구멍이 나 있고, 쭈글쭈글한 잎 가장자리가 말려 있는 낙엽, 이것은 신갈나무의 잎이다. 유난히 붉은 색으로 얇은 종잇장 같이 접어져 있는 잎, 분명 당단풍나무의 잎이다. 여전히 당단풍나무의 가을 잎은 낙엽이 되어서도 붉고 탐스럽다. 낙엽을 펼쳐보면 주위에서 자라는 나무들의 흔적을 쉽게 발견할 수 있다. 비록 구멍이 뚫려 있고 찢어진 상처가 있긴 해도 자신의 출신 성분을 아직 간직하고 있는 것들이다. 말 그대로 낙엽층이다. 바스락거리는 낙엽을 걷어내면 축축하고 검게 젖어있는 다른 층을 만날 수 있다. 이미 잘게 부서진 나뭇잎이나 줄기 부스러기들로 이루어진 층이다. 땅으로 떨어진지 얼마간의 시간이 지났음에 틀림없다. 적어도 지난 가을에 떨어진 낙엽 아래 묻혀 있으니깐.

부스러기들은 자신들의 정확한 신분을 밝힐 정도는 아니지만 그것이 생산 분야를 담당했던 식물인지 혹은 생산자를 소비했던 동물인지는 알 수 있을 정도다. 단순히 작은 조각으로 나누어지기만 한 것이 아니라 내부적으로도 어떠한 과정을 겪고 있다는 것을 직감적으로 알 수 있다.

부식된 조각들은 물기에 엉켜있고 독특한 냄새도 난다. 손가락으로 눌러보면 푹신한 느낌도 있다. 낙엽에 비해 상당히 안정적이어서 별 문제가 없는 한 있는 자리를 이탈할 것 같지도 않다. 이제 그 부스러기들을 손바닥에 쥐어보는 것 만으로도 원초적인 안정을 느낄 수 있다. 생소하지만 우리는 막 발효층을 본 것이다.

그러나 아직 뭉쳐지거나 보드라운 느낌은 없다. 흙이 섞이지 않은 것이다. 아주 미세하지만 흙과의 경계부에 윤기 나는 검은색의 층이 있다. 손으로 비벼보면 아주 부드러워 생물 잔해물인 것은 느낄 수 있지만 그것의 기원이 동물인지 식물인지 전혀 알 수 없다. 곧 부식층이다.

이렇게 낙엽층과 발효층, 그리고 부식층은 명백히 생물 잔해로 구성된 유기물 층이다. 그러나 어지간한 실력이 아니고는 자세한 유기물층을 구분해 낼 수 없다. 일단 낙엽층이 일련의 순서를 가지고 있음 만을 기억해두자.

흙 입자의 비밀

이제 진정한 흙을 만나볼 차례이다. 손에서 따끔거리는 입자들이 잡힐 때까지 손바닥으로 유기물층의 부스러기들을

숲을 한번 걷다

❶── 나뭇잎이 떨어져 쌓인 숲 바닥은 다양한 물질들의 일시적 저장창고가 된
다. 최근에 떨어져 쌓인 낙엽 아래에는 오래 전에 쌓인 낙엽이 분해되어 흙으로
돌아가는 작업이 진행되고 있다.

❷── 봄의 숲 바닥. 여전히 숲 바닥의 낙엽이 그대로의 모습을 유지하고 있다.

❸── 여름의 숲 바닥. 숲 바닥으로 무성한 풀들이 자라 낙엽층은 완전히 가려진
다. 여름 동안의 습기와 열기는 낙엽의 분해를 활발하게 진행시키는 환경을 제
공한다. 풀섶을 헤치면 다양한 토양곤충들을 볼 수 있다.

❹── 가을의 낙엽층. 지난 가을 떨어진 낙엽은 여름동안 상당부분 분해되었다.
가을이 되면서 다시 나뭇잎은 숲 바닥으로 떨어져 낙엽층을 만든다.

❺── 겨울동안 눈이 낙엽층을 감싸면 낙엽 속은 온기로 채워진다. 겨울철 낙엽
층은 다양한 토양 생명들의 움막이 된다. 따뜻한 낙엽움막에서 겨울을 보낸 토
양생물들은 봄이 오면 자신들의 움막을 분해하기 시작한다.

걷어내면 비로소 흙인지 생물부스러기인지 구분할 수 없는 층을 확인할 수 있다. 보기에 너무 믿음이 가고 엄청난 힘도 느껴진다. 흙은 부드러워 손가락 만으로도 쉽게 파낼 수 있다.

한 웅큼의 흙을 다시 손바닥에 놓고 비벼 보라. 물기가 스며 나오는 것 같다. 완전한 흙도 아니고 부식 잔해물 만도 아니다. 둘이 적당히 섞여 있는 느낌, 곧 숲에서 가장 풍부한 생산력을 가지는 표토表土이다. 손을 부드럽게 흔들어 흙을 털어내면 손금 사이에 잘게 흩어진 흙 입자를 확인할 수 있다. 흙은 몽글몽글한 경단을 이루고 있어 손으로 짓이기면 터져 버린다. 그게 바로 숲의 흙이 가지고 있는 독특한 성질이고 분해자들이 이룩한 업적의 하나다.

여기서 흙, 혹은 토양을 한 번 생각해보자. 사막의 모래는 흙인가. 사막의 모래도 흙이고, 운동장의 먼지도 흙이다. 운동장이나 사막이나 숲이나 기본적으로 흙을 이루는 입자는 모래, 미사, 점토의 3가지이다. 이들의 구분은 입자의 크기로 구분되는데, 모래는 직경 2밀리미터에서 0.05밀리미터까지, 그리고 가장 고운 입자인 점토는 0.002밀리미터 이하다. 미사는 그 사이의 입자 크기로 구성된다. 직경이 2밀리미터보다 큰 것은 고전적인 토양학에서 토양 입자에 넣지 않는다. 물론 숲의 토양의 2밀리미터 이상의 입자 비율이 높다. 이 세 성분의 비율에 의해 토양의 물리적 성질이 결정된다. 즉 모래가 많은 사질토양은 물 빠짐과 통기성은 좋으나 물과 양분을 보유하는 힘이 약하다.

점토로 이루어진 토양은 말 그대로 진흙으로 물빠짐과 공기의 소통이 나빠 생물들이 살기에 고통스럽다. 모래와 미사와 점토가 적당히 섞여 있는 토양은 양토라 불리는데, 사실상 토양의 물리성이 가장 양호하다고 여겨진다. 이로서 사막은 모래입자가 우세한 흙인 것을 알 수 있다.

그러나 장기적으로 토양 입자 만의 구성으로는 토양의 물리성이 안정적이지 못하다. 아직까지 숲의 흙이 아닌 것이다. 숲의 흙은 때로 모래가 너무 많더라도 혹은 점토가 과하더라도 입자들 자체는 그다지 드러나지 않는다. 그들은 숲에서 전혀 새로운 형태인 제2의 입자로 만들어져 있기 때문이다. 생물의 쪼개진 입자들과 토양의 입자들이 서로 뭉쳐 몽글몽글한 경단모양 즉 입자들의 덩어리立團가 만들어진다. 손바닥에 남아있는 부드러운 입자가 결국은 입단이다.

입단은 그 자체로서 크기가 큰 입자에 해당하기 때문에 입단이 서로 뭉치면 그 사이에 비교적 큰공간이 생긴다. 뿐만 아니라 입단 내에는 진정한 토양 입자들이 만들어내는 작은 공간이 있음으로 토양은 결국 2중의 공간을 갖게 된다. 비가 오면 빗물은 입자 사이의 크고 작은 공간으로 스며들고 때로 신선한 공기들이 드나들게 된다. 숲의 흙을 푹신푹신하고 포근하게 만드는 구조인 것이다. 숲의 흙은 상당부분까지 이런 유기물과 진정한 토양입자 간의 혼합으로 인해 구조적으로 안정되고 양분이 풍부한 표토층을 구성하게 된다.

숲 바닥의 분해자들

여기까지 오는 동안 사실 무수한 생명들이 알게 모르게 우리의 손을 거쳐갔다. 아무리 흙이 다정하고 사랑스러워도 입으로 가져가기에는 위험요소가 크다. 가끔은 손가락 사이에 빠져나온 지렁이로 인해 기겁을 하거나, 쥐며느리의 동그랗게 말린 방어몸짓에 죄책감을 느끼거나, 혹은 애벌레의 순진한 눈망울에 머쓱해지기도 한다. 때로는 하얀 곰팡이의 균사가 가슴을 쓸어 내리게 하기도 하지만 이때까지 숲의 흙을 손으로 긁어내다가 화를 당한 사람은 없다.

낙엽층에서 표토층에 이르는 50센티미터 남짓의 깊이에는 실로 광

숲을 한번 걷다

❶── 숲 바닥으로 나무가 쓰러지면서 분해가 시작된다. 비교적 단단한 나무
줄기는 분해되는데 오랜 시간이 걸린다. 쓰러져 누운 나무줄기 속에는 이미 개
미나 두더지 등이 파놓은 갱도가 얽혀 있으며 이는 물과 곰팡이의 침입을 쉽게
만든다.
❷── 아주 오랜 시간이 지나면 나무줄기는 완전하게 분해되어 흙의 일부가 된
다. 나무줄기가 누웠던 자리는 아주 푹신푹신하며 흙과 섞이기 전까지 붉은 색
이 도드라진다.
❸── 나뭇잎의 눈부심은 다양한 생명들로부터 기원한 물질들의 새로운 탄생
을 축복하는 몸짓이다.
❹── 숲의 다양한 버섯은 분해왕국의 활력을 나타내준다.

대한 생물들의 세계가 형성되어 있다. 크게는 땅쥐나 두더지, 혹은
다람쥐가 작게는 개미, 딱정벌레, 굼벵이, 진드기, 톡토기를 비롯
한 각종 곤충의 유충들이 땅 속을 느리게 파고 다니면서 물길과 공
기 길을 만든다. 노래기나 지렁이, 달팽이, 지네, 거미도 흙을 헤집
고 다니면서 때로 떨어진 작은 나뭇가지를 갉아먹고 낙엽을 부스
러뜨리고, 흙을 삼키기도 한다. 소위 토양 동물들은 생물 사체를
공격하여 손상을 입히고 조각을 만들어 다음 작업자들이 쉽게 작
업할 수 있도록 해준다. 이때 이들의 배설물 역시 입단을 형성하는
데 중요한 교물질 역할을 한다.

이쯤이면 낙엽 위에 낭만적으로 드러눕거나 낙엽을 밟는 일이 두려울 수도 있겠다. 그러나 정작 놀랄 일은 눈에도 보이지 않는 미생물의 활약들이다. 각종 바이러스, 세균, 조류(algae), 선충, 원생동물, 그리고 곰팡이와 같은 균菌(fungus)에 이르기까지 그 자세한 구분도 어려운 현미경 세계 속의 생물들이 바로 그들이다.

우선 흙 속이나 낙엽 사이에 하얗게 퍼진 균사를 발견하면 우리는 그 미지의 세계에 대한 단서를 잡은 것이다. 모든 토양에서 중요하겠지만 특히 숲의 토양에서 가장 중요한 균菌(fungus)은 그래도 자신들의 존재를 그나마 알려준다. 균은 그 자체로서 하나의 거대한 왕국을 이룬다. .

흔히 곰팡이와 버섯으로 잘 알려진 균의 세계, 버려진 빵의 표면에 붉게 핀 곰팡이와 소나무 밭에서 돋아난 송이버섯은 사람들에게 강한 인상을 남겼다. 그 정도의 지식 만으로도 숲의 균 제국에 대해 할 말이 많다. 균은 부식질의 형성과 입단의 형성 및 안정화에 실질적으로 가장 주요한 역할을 한다. 균은 비교적 산성이 강한 토양에서도 잘 생존한다.

숲의 흙은 생물들이 쪼개지면서 만들어진 부식산에 의해 자연적으로 산성을 띠게 된다. 산성에 비교적 강한 균은 산성토양에서 비교적 약한 세균에 비해 숲에서 경쟁력을 갖게 된다. 숲에서 유난히 많은 버섯을 볼 수 있는 것도 이 때문이다.

1헥타르의 토양에 2톤의 무게로 존재하는 세균이나 바이러스 같은 미생물들은 균류와는 또 다른 역할을 한다. 이들 역시 유기물을 분해하지만 훨씬 복잡하고 연쇄적인 사건을 이끌어 간다. 즉 땅 위로 떨어진 유기물을 최종적으로 잘라 식물에게 제공되는 형태를 완성하고, 혹은 대기 중의 질소를 바로 단백질로 만들기도 하고, 혹은 너무 지나친 활동력으로 인해 기껏 식물에게 흡수될 형태로 만들어진 질소양분을 기체상태로 만들어버리거나 아예 이용할 수 없는 형태로 전환하기도 한다.

물론 이 과정들은 서로 다른 세균들에 의해 이루어지지만. 어디 이 뿐인가. 2톤에 달하는 생물량은 당장 자신들이 분해한 산물들이 아닌가. 물론 여기서 짚고 넘어가야 할 것은 분해왕국의 백성들은 순전히 봉사활동 차원에서 분해 작업에 임하는 것이 아니라는 점이다. 자신들이 필요로 하는 물질이나 에너지를 얻기 위해 자신들의 일을 할 뿐이다. 그 과정에서 물질들이 잘게 분해되고 식물들에게 흡수되는 것이다.

이렇게 미생물들의 몸을 구성하는데 이용되는 것을 무기물의 부동화(immobilization)라고 한다. 식물이 이용할 수 없는 형태가 되었다는 것이다. 이 과정에서 우리는 대체로 식물에게 인색했던 과학자들의 너그러움을 알아챌 수 있다. 숱한 생태학적 정의들 가운데 이처럼 철저하게 식물의 입장에서, 식물의 눈으로 정의 된 것도 없을 것이다.

미생물 자신들의 몸 속에 저장되어 식물이 이용할 수 없는 상태, 곧 부동화인 것이다. 그러나 결국 미생물들도 분해되어야 하고 그 결과 식물들에게 흡수되는 물질로 분리된다. 토양생태계에 대한 최소한의 기술 만으로도 우리는 흙에 대한 두려움과 경외감을 동시에 가질 수 있다.

새로운 운명

다양한 생물들의 협동작업으로 나뭇잎과 흙 입자가 섞여 만들어진 입단은 식물의 흙과의 관계에서 구조적으로 가장 훌륭한 성과품이다. 입단으로 이루어진 흙은 부드러워 식물의 어린 뿌리들이 쉽게 뚫고 나갈 수 있다. 입단으로 스며든 충만한 물은 입단을 구성하는 유기물로부터 양분조각들을 분리해낸다. 부드러운 흙 속으로 들어온 뿌리, 그리고 영양분으로 충만한 물, 이보다 더 감동적인 일이 있을 수 없다.

우리는 여기서 식물들의 영양분 섭취 방식을 생각해야 한다. 식물에게 필요한 영양분은 탄소를 비롯한 17가지나 된다. 유일하게 탄소만이 식물 잎의 기공을 통해서 흡수되고 나머지는 반드시 뿌리를 통해서만 이루어진다. 양분들은 물 속에 이온 상태로 녹아야 식물의 뿌리를 통해 몸 속으로 들어갈 수 있다. 입단 속으로 스며든 충만한 물은 입단에 묶여 있는 분해물질들을 녹여내는데 아주 유리하다.

물에 녹아 식물의 몸으로 이동된 양분들은 생산공장에 배달되고 물은 다시 잎의 끝으로 이동되어 궁극적으로 식물의 몸 바깥으로 배출된다. 식물이 지속적으로 물을 필요로 하는 것은 물론 물 자체의 화학력이나 물리력이겠지만 사실 물은 영양분을 이동시키는 강력한 매질로서의 역할이 크다.

식물이 흡수한 물 100개에서 오로지 1개 만이 정작 식물의 화학반응에 필요한 양이고 나머지는 모두 운반체 역할을 끝내고 바깥으로 처리되는 것들이다. 그러니 토양의 입단 형성은 뿌리의 침투력, 수분 저장 능력, 양분 함유능력, 식물의 양분 흡수방식 등을 종합적으로 고려할 때 참으로 이상적인 구조라 할 수 있다.

흙의 입단을 생각하면 작은 흙 알갱이 속에 신갈나무의 부스러기도 들어 있고, 단풍나무의 부스러기, 심지어 분해를 이끌었던 버섯들의 잔해도 들어 있다. 완전히 분해되었기에 자신들이 가졌던 애초의 신원 등은 이제 아무런 의미가 없다. 오로지 어떤 원소로 분해되었는지, 식물의 몸에서 어떤 물질로 거듭날지 만이 중요할 뿐이다. 그러니 지금 우리 앞에서 하나의 잎으로 보이는 것에도 얼마나 많은 생명을 거쳐가면서 쪼개지고 모아졌던 물질들이 들어 있는지 그저 엄숙할 따름이다.

얼마나 많은 생물들이 서로 합해지고 분리되는 과정을 되풀이하면서 서로에게 생명을 주고 받았는지, 저 나뭇잎의 반짝이는 초록 알갱이는 어쩌면 우리와 공통의 기원을 가질지도 모를 일이다.

서로 다른 물질들로 전혀 새로운 물질을 만들어 내는 능력, 그것은 단연 식물이 지구상에 양보할 수 없는 능력이다. 이런 무한한 과정을 가능하게 해주는 것이 바로 숲 바닥의 분해왕국의 존재다.

숲의 분해자들이 없으면 아무리 많은 양의 낙엽이 쌓여도, 아무리 질 좋은 생물 사체가 떨어져도 분해될 수 없다. 그저 낙엽은 바람이 부는 대로 날아가고 동물의 몸은 푸석푸석 먼지로 풍화되어 바람을 따라 여기저기 뭉쳐 돌아다닌다.

일시적 저장

생태적으로 숲 바닥 층의 가장 중요한 기능은 지상의 산물들을 저장하고 시간을 따라 분해해내고 또한 분해산물을 일시적으로 저장하는 것이다. 지구상의 모든 물질들은 일시적이든 지속적이든 간에 토양에 머무르게 되니, 결국 일생에 한 번은 토양을 거치게 되는 것이다. 이런 흙이야말로 숲의 생산 원천이요, 분해자업의 최종 업적인 것이다.

그렇다고 가을날 떨어지는 낙엽은 분해자들의 손으로 넘겨지면서 바로바로 처리되는 것은 아니다. 그때그때 바로 처리되는 것이 가장 바람직할 것으로 보이나 생태계는 항상 어떠한 형태로든 충격으로부터 자신을 지키기 위한 완충기능을 가져야 한다.

숲 바닥이라는 창고에 일정량의 낙엽 물질을 확보한 후, 매년 조금씩 분해하고 저축을 하는 일은 숲이 가지는 보호 장치 중의 하나다. 거대한 물질 저장소가 되버린 숲 바닥은 일시적으로 숲이 제거

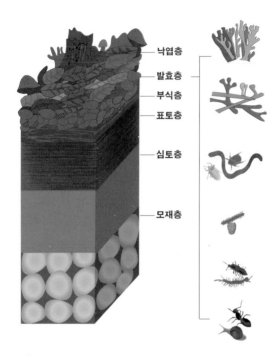

산림토양의 단면구조와 산림토양의 생태계

토양 층위구조, 다양한 생물상, 각 층위의 깊이는 기후와 식생에따라 다르게 발달하며 산림토양은 발달과정에 일련의 층위구조를 가진다.

유기물층의 다양한 토양생물들은 토양 발달을 촉진시키는 분해왕국의 일꾼들이다.

된 곳에서 새로운 정착종들에게 필요한 물질을 대출해줄 수 있다. 이 대출금을 바탕으로 새로운 숲은 재빠르게 회복되고 성장한다. 성장한 숲은 다시 바닥으로 매년 원금과 더불어 이자까지 지불하여 숲의 물질량을 보충하게 된다.

숲 바닥의 분해속도는 쌓이는 물질들의 특성과 분해자들의 취향에 따라 달라진다. 기본적으로 분해왕국의 일군들은 일의 능률을 중시한다. 즉 얼마만큼의 노력으로 얻는 댓가가 질이 높기를 원하는 것이다. 하나의 능률지표는 질소 하나에 대한 탄소의 비율이다. 질소는 생태계에서 가장 중요한 물질요소의 하나다.

동물의 조직에서 질소 하나를 얻기 위해서는 대략 10개에서 16개의 탄소만 끊어내면 된다. 참나무 잎은 약 30개의 탄소를, 소나무 잎은 100여개의 탄소를 끊어내어야 한다. 즉 질소 하나 당 끊어내어야 할 탄소의 개수가 작아질수록 분해자들에 선호된다. 나무줄기란 얼마나 많은 힘을 들여야 질소 구경을 할 수 있을까.

그러나 숲의 죽은 나무들도 긴 시간이 흐르면서 쓰러져 결국 흙 속으로 들어간다. 분해자들의 성향에 따라 우선순위나 분해속도가 달라질 뿐이다. 오랜 시간동안에 걸쳐 분해작업이 이루어지는 경우는 부수적으로 다양한 분해전문가들이 기여하게 된다.

죽어 서있는 나무 줄기 속을 따라 만들어진 갱도, 눈부시게 늘어선 버섯 군체群體, 여기저기 뚫린 구멍, 숲 바닥만큼이나 복잡한 일들이 벌어지고 있는 징조인 것이다. 비록 당장은 아니지만 이들도 언젠가는 부드러운 흙으로 주저앉아 생명으로의 부활을 꿈꿀 수 있다.

영원한 부활

숲의 흙에서 벌어지고 있는 이 분해와 조합의 의식들은 사실 생태계를 완성하는 한 축이다. 결국 낙엽층의 두께는 숲이 한

해 동안 생산한 물질량을 알 수 있게 해주며, 부식층의 두께는 분해왕국의 능력을, 그리고 표토층의 상황은 이 숲의 미래를 알 수 있게 한다.

그러니 숲에서 숲 바닥을 이해하지 않고서는 숲 생태계를 이야기할 수 없다. 도시가 결코 숲이 될 수 없는 이유는 바로 분해왕국이 건설되지 않기 때문이다.

숲에 들어 숲 바닥에 앉으면 낙엽에서 부활을 기다리는 영혼들을 보게 된다. 한편 세상의 모든 생명들은 숲 바닥에서 분해되어 새로운 생명으로 거듭날 수 있는 기회를 가져야할 것 같다.

자연에서 가장 질기고 인색한 나무줄기가 쓰러져도 다양한 분해자들이 모여 모처럼의 행복한 만찬을 즐기는데, 육질 풍부한 내 몸이 숲의 낙엽 속으로 떨어져 눕는다면 나는 얼마나 환대 받으며, 숲의 생명들은 또한 얼마나 행복해 할까. 숲에서 싱싱하게 빛나는 나뭇잎은 무수한 생물들의 영혼들이 만들어낸 멋진 생명의 찬가라 해도 틀림이 없다.

결국 숲 바닥이란 생명을 다한 생물들이 새로운 생명으로 거듭나기 위해 반드시 거쳐야 하는 곳이며, 숲의 모든 생명들은 숲 바닥에서 새로운 생명으로 태어날 부활을 꿈꾼다.

차윤정 ◆ 서울대 산림자원학과를 졸업하고 산림환경학전공으로 박사학위를 받았다. 경원대학교 겸임교수, 생명의 숲 운영위원, 숲 전문강사로 활동 중이며 우리나라 산림 자원을 조사하고 보존하는 분야와 생태계를 복원하는 분야의 연구 활동을 하고 있다. 저서로「삼림욕, 숲으로의 여행」—동학사, 「신갈나무 투쟁기」—지성사, 「식물은 왜 바흐를 좋아할까」—중앙 M&B, 「차윤정의 우리숲 산책」—웅진 닷컴, 「열려라 꽃나라」—지성사, 「꽃과 이야기하는 여자」—중앙 M&B, 「숲의 생활사」—웅진 닷컴 등이 있다.

사라져 가는 이땅의 민들레

김 태 정

한국 야생화 연구소 소장

나이 서른을 넘긴 사람들 가운데 민들레를 모르는 사람은 없을 것이다. 스무살 갓 넘은 사람들 중에는 민들레를 잘 모르는 사람도 더러 있다. 갈라진 콘크리트 틈새나 하루종일 자동차들이 씽씽 달리는 도로 가운데 경계 삼아 만들어둔 작은 꽃밭에 샛노랗게 피어 있던 그 따뜻해보이던 꽃무리가 '민들레였구나' 하고 놀라워하는 것을 보면 세상이 빠르게 변했구나 하는 생각이 든다.

민들레 꽃이 피는 아시아 전역에서는 약 이름으로 포공영蒲公英, 황화지정黃花地丁이라 부른다. 그리고 우리나라와 만주지방에서는 지역마다 제각기 다른 이름으로 불려지기도 한다. 파파정婆婆丁, 내줍초螞螽草, 등롱화燈籠花, 황화랑黃花郞, 황구두黃狗頭, 지정地丁, 안진방이, 안질방이, 앉은뱅이, 무슨둘레, 문들레, 무운둘레, 미음둘레 등 지방의 사투리에 따라 부르는 이름이 모두 다르다. 특히 앉은뱅이는 민들레의 잎이 모두 땅바닥에 붙어 사방으로 펴져 자라는 모양을 보고 지은 이름으로 보인다.

이렇게 많은 이름을 얻은 것은 우리 땅 곳곳에 퍼져나가 오랜 세월을 우리와 함께 봄을 맞으며 우리 땅을 지키며 살아왔기 때문이리라. 그러나 언제부터인지 우리 민들레는 조금씩 조금씩 개체수가 줄어들어 지금은 개발의 손길(?)이 조금 덜 미친 첩첩 산중의 산중 마을처럼 외딴 곳의 풀밭에서나 볼 수 있는 식물이 되어 버렸다. 길가에서 흔하게 피고 지는 꽃이라 하여 모두 무심히 보아 넘긴 것이 민들레가 사라진 큰 원인이 아닐까.

민들레는 정말 흔히 볼 수 있는 꽃이다. 씨앗을 뿌리면 아무 데서나 싹이 잘 트고 아주 잘 자라는 생명력이 강한 풀이다. 생육환경이 좋은 곳에서는 30센티미터 안팎으로 자라지만 사람의 발에 자주 밟히는 수난을 당하는 곳에서는 땅바닥에 납작 엎드려 붙은 듯 버티면서 꽃을 피운다. 그러나 민들레가 자라지 못하는 곳도 있다. 숲 속 그늘진 곳에서는 자라지 않는다. 키가 큰 풀들이 왕성하게 우거진 곳에서도 자라지 않는다.

꽃받침으로 동·서양 민들레 구별

민들레Taraxacum mongolicum H. MAZZ—민들레는 햇빛을 듬뿍 받을 수 없는 곳에서는 자라지 못한다. 또 비가 오는 날이나 흐린 날에는 꽃잎을 활짝 펼치지 않는다. 꽃이 피었다가도 갑자기 비가 내리면 곧 꽃잎을 모두 오므려버린다. 아침부터 내리는 비에 꽃잎을 모두 오므리고 있다가도 오후에 해가 뜨면 언제 그랬냐는 듯 노란 꽃잎을 모두 활짝 펼쳐 보인다. 해가 뜨면 꽃잎을 활짝 펼치고 천지에 봄이 왔음을 알리지만 해가 지면 다시 꽃잎을 단정하게 모아 오므린다.

민들레에게도 봄밤은 쌀쌀한 것이다. 잎사귀도 햇빛을 많이 받기 위해 잎들이 서로 겹치지 않도록 사방으로 길고 넓게 펼치고 서로 겹치지 않게 한다. 민들레에게 햇빛은 사랑하는 님이나 다를 바 없다. 햇빛만 받으면 민들레는 어떤 시련이나 고통도 견뎌 낸다. 논바닥이 쩍쩍 갈라지는 가뭄에도, 먼지가 겹겹이 덮여 쌓이는 길바닥에서도 자기 생각에 골몰한 무심한 사람들이 밟고 밟아도 민들레는 죽지 않는다.

'햇빛'이라는 꿈만 있다면 기어이 꽃을 피우고 씨앗을 맺어 불어오는 봄바람에 이 자랑스러운 씨앗들을 멀리 멀리 날려보낸다. 이 용감한 씨앗들도 조금의 망설임도 없이 멀리 멀리 날아가 부지런하고 야무지게 살아나간다.

이렇게 대견한 우리 민들레는 4, 5월에 꽃을 피우는데 가끔은 철늦은 꽃을 보여주기도 한다. 민들레는 꽃이 피면 꽃받침이 꽃잎들을 정성스럽게 받쳐주듯이 한 점 흐트러짐 없이 단정하게 위를 향하고 있는 것이 특징이다. 이 꽃받침의 생김새로 우리 민들레와 서양민들레를 가장 쉽게 구별해 낼 수 있다.

민들레의 재생력은 대단하다. 열 개의 잎을 가진 민들레의 잎 열장을 모두 잘라내면 이번에는 잎사귀 한 장을 더해 열한 장의 잎을 새로 만들어 낸다. 민들레의 뿌리를 열토막으로 잘라 땅바닥에 던져두면 열 포기의 민들레가 돋아난다. 잘라진 민들레 뿌리에서 다시 새싹이 돋아나 자라서 민들레 한 포기가 되는 것이다. 민들레의 씨앗이 다 날아가 버린 후 급하게 많은 민들레를 만들어 내야 할 때이 방법을 쓰기도 한다.

어떤 농부는 민들레 몇 포기가 자라는 밭 운기로 갈게 된 다음해부터 민들레가 많아지기 시작하더니 이제는 아주 민들레 밭이 되어버렸다고 하소연하기도 한다. 이렇게 강한 민들레인데도 민들레 군락지를 보기가 어렵다. 꽃을 찾아 오랫동안 돌아다녔지만 우리 민들레의 군락지 사진을 촬영하지 못했다.

① —— 밟고 밟아도 생명력 강하게 번식하는 길가의 민들레를 만나면 생명의 경외감을 느낀다.

② —— **서양민들레씨** 씨앗을 멀리 날려보내기 위하여 좋은 바람을 기다리며 수많은 씨앗을 퍼트린다.

③ —— 예부터 조선민들레로 알려져 왔으나 지금은 개발이 덜 미친 첩첩산중에서나 만날 수 있다.

④ —— **서양민들레밭** 햇빛 쏟아지는 개활지를 만나면 민들레는 천국을 이룬다.

민들레의 적은 제초제

민들레는 숲을 싫어하지만 숲도 있고 들판도 있고 강물도 흘러야 햇빛이 따뜻하게 비치는 길가 언덕에 핀 이들 민들레꽃도 더 돋보이고 더 아름다운 법인데 근래에 농촌 사람들의 연령이 고령화되면서 농촌에도 일할 사람이 없어 논두렁, 밭두렁, 그리고 길가에 자라는 풀들에게 제초제가 살포되면서 민들레도 보기 어려워졌다. 예전에는 모두 제초제를 쓰지 않고 풀을 베어내던 곳이었다.

이 강인한 민들레도 제초제 앞에서는 속수무책인 것이다. 청록색의 강인해 보이는 민들레잎이 삽시간에 말라죽는 것을 보면 제초제가 두렵고 이렇게 변해가는 세상이 원망스러울 뿐이다. 이제 민들레는 제초제와 개발에 밀려서 설 땅 조차도 잃어 가는 것이다. 그래도 민들레는 사람들이 많이 지나다니는 길가에 자리를 잡아 오가는 사람들의 발길에 짓밟히어 만신창이가 되어도, 꽃대가 부러지고 꽃봉오리가 짓밟혀도 해만 뜨면 꽃잎을 활짝 펼쳐 보이는 고집쟁이로 남는다.

그리고 봄이 멀어질 무렵이면 흰 날개를 낙하산 모양으로 활짝 펼쳐 불어오는 봄바람에 몸을 맡기고 멀리 멀리 날아간다. 멀리 날아간다고 모두 살아남는 것도 아니며 운이 좋아 외딴 언덕이나 길가 초원에 날개(관모冠毛)를 달고 날아온 씨앗이 내려앉으면 다행이다. 하지만 작물을 심으려 갈아놓은 밭 가운데 떨어지면 영원히 햇빛을 보지 못하고 흙 속에 묻혀 제초제 세례를 받거나 언제 햇빛을 만날지 기약없는 세월을 보내야 할 때도 있다. 또 소나무 숲이나 다른 큰 나무가 자라는 숲에 떨어지면 높은 곳의 나뭇잎에 걸려 대롱대롱 매달렸다가 바람이 불어오기를 기다린다.

민들레의 홀씨는 땅바닥에 씨가 닿지 않으면 날개를 절대로 떼어놓지 않는다. 어쩌다 바람에 실려 그리던 땅에 닿는 순간 홀씨는 흰 날개를 즉시 떼어버린다. 행여 또 다시 바람에 날려서 다른 나무 위나 물 속에 내려앉게 될까봐 재빨리 떼어버리는 것이다. 하지만 나무가 우거진 숲 속에서는 민들레 싹이 튼다 하여도 살아남기 어렵다.

넓은 호수나 큰 강물 위에 떨어지는 홀씨도 살아남지 못하지만 어쩌다가 물결에 둥실둥실 떠나다니가 가장자리의 언덕에 오르게 되면 물결을 벗삼아 살아가는 한 포기의 민들레가 되기도 한다. 서양민들레처럼 개체수가 많으면 많은 씨앗들이 살아남아 그 수가 점점 많아지지만 개체수가 월등히 적은 우리 민들레는 갈수록 더 적어진다. 아침 햇빛을 받으면 꽃잎을 활짝 펼치고 해가 기울면 다시 꽃잎들을 오므리기를 4, 5일 동안 반복하지만 그 사이에 봄비라도 내리면 꽃피는 날이 좀 길어지기도 한다.

수정이 되고 3주 후면 아침 햇빛을 받은 열매는 다시 한 번 꽃을 피우듯 홀씨가 가득 들어있는 봉오리를 활짝 펼쳐 보인다. 씨앗을 먼 곳으로 옮겨다 줄 날개(관모)가 활짝 피어나는 시간도 꽃잎들이 펼쳐지는 시간과 같지만 씨앗이 날아가는 시간도 꽃잎들이 오므라드는 시간과 같아서 이들은 해 지기 전에 바람을 타고 하나 둘씩 멀리 멀리 날아가 버린다.

저녁 햇살 속에서 민들레 홀씨들이 부는 듯 마는 듯한 실바람을 따라 몸부림하듯 흔들리는 모습이 더 안타까워 보이는 것은 이들이 해 지기 전에 날아가야 하는 숙명을 타고났기 때문일까. 그래도 이들은 어딘가에서 또다시 씩씩하게 살아남아 봄을 알리는 노란 꽃을 피울 것이다.

수절하는 흰 조선민들레

흰민들레Taraxacum coreanum NAKAI—흰민들레는 조선포공영朝鮮蒲

公英, 백화포공영白花蒲公英, 광과포공영廣果蒲公英, 흰민들레, 조선민들레, 약 이름 포공영蒲公英이라 하는 국화과의 다년생초본多年生草本으로 같은 민들레 무리 가운데 하나이며 이 민들레는 예부터 조선민들레로 많이 알려져 있다. 민들레처럼 우리나라 전역의 햇빛이 잘 드는 산과 들의 언덕이나 길가의 풀밭에서 잘 자란다. 높이는 민들레보다 약간 큰 편으로 꽃대 높이가 30센티미터 안팎이다. 잎의 생김새며 생활습성이 모두 민들레와 비슷하다.

나는 이 흰민들레 꽃만 보면 저절로 웃음이 난다. 해마다 흰민들레 꽃이 필 때면 한 두 번씩 비슷한 내용의 전화를 받기 때문이다. 옛날에 민들레 때문에 멀리까지 버스를 타고 내려가 하루를 꼬박 버린 날이 있었기 때문이다.

봄이 되면 대개 나이가 많은 어르신들의 전화를 받을 때가 있는데 민들레꽃이 흰색으로 피었다고 하며 흥분하시는 전화다. 원래부터 흰민들레가 있다고 하여도 내가 이 나이 먹도록 살면서 민들레꽃이 흰색으로 피는 것은 처음 보았다며 빨리 내려와서 이런 일들을 알려야 한다고 명령조로 이야기하며 전화를 끊으려 하지 않는다.

나는 이제 이런 내용과 비슷한 전화가 오면 먼저 살고 계시는 곳부터 물어 본다. 틀림없이 울진 부근이나 영광 부근이다. 내용인즉 원자력 발전소에서 방사능이 유출되어 노란 민들레 꽃이 흰색으로 변했다고. 그래서 걱정이 태산이라는 것이다. 흰민들레에 대해 설명해주는 것으로 진땀을 빼곤 한다. 우리가 그동안 길가나 집 주변에 피어나는 꽃들을 등한시해서 생겨나는 웃지 못 할 일들이다.

요즘에는 우리 자생식물에 대한 다양한 정보가 들어있는 책들이 많이 나와있어 흰민들레, 즉 조선민들레가 우리 땅에 자라고 있음을 알 수도 있는데 조금은 아쉬운 마음도 든다. 흰민들레는 민들레보다 고집이 세다고나 할까. 우리 가요에 '일편단심一片丹心민들레'

라는 노래가 있다. 이 노랫말을 듣노라면 그저 부르기 좋으라고 만든 노랫말 만은 아니라는 것을 알 수 있다.

흰민들레가 꽃을 피우고 자기의 낭군을 기다리지만 흰민들레는 개체수가 적어 그만큼 꽃가루도 적게 날아든다. 봄 하늘에는 많은 민들레 꽃가루들이 날아다닌다. 산민들레, 좀민들레, 서양민들레 등 여러 종류의 민들레 총각들이 대기 중에 떠다니며 적당한 신부감을 찾는다. 이 중에서 가장 많이 날아다니는 서양민들레의 꽃가루(총각)들은 흰민들레꽃의 암술(처녀)에 다가가서 문 좀 열어 달라고 하여도 흰민들레의 암술은 절대로 문을 열어주지 않는다.

흰민들레의 암술은 자기의 낭군인 흰민들레 꽃의 꽃가루가 찾아올 때까지 언제까지라도 기다리고 있다. 약 1주일 동안이나 기다려도 끝내 흰민들레의 낭군이 될 총각 꽃가루가 날아오지 않으면 마침내 흰민들레는 혼자서 처녀수태를 하여 똑같은 씨앗을 만들어 낸 다음 하늘 높이 날려보낸다. 그러면 하늘 높이 날아올랐다가 땅으로 내려온 흰민들레 씨앗은 과연 싹을 틔울 수 있을까? 아니다. 달걀로 치면 무정란과 같은 이 가짜 씨앗은 끝내 싹을 틔우지 못하고 흙으로 돌아가고 만다.

서양민들레가 민들레로 인식되는 현실

올곧게 살면서 한 곳 만을 바라보는 민들레의 절개가 요즘처럼 당장의 이익만을 따지며 사람을 만나고 이게 아니다 싶으면 바로 헤어지는 사람들에게 따가운 경책으로 다가왔으면 좋겠다는 생각이 든다. 그러나 어쩌다 한번 흰민들레도 실수를 할 때가 있다. 흰꽃 가운데 약간 노르스름한 빛깔이 섞여있는 흰민들레 꽃을 볼 때가 있는데 이것은 흰민들레가 잠깐 방심한 사이에 노란민들레의 꽃가루가 들어와 잡색의 꽃을 피운 것이다. 살다보면 이런 실수 저런 실수도 하게 되는 사람살이와 비슷한 것 같기도 하고 요즘의 신세대들을 따라 가는가 하는 생각도 든다.

서양민들레꽃은 대문을 활짝 열어놓고 흰민들레, 민들레, 산민들레, 좀민들레 할 것 없이 아무나 찾아와도 반겨 맞는다. 게다가 꽃이 피는 시기도 길어서 3월부터 11월까지 끊임없이 꽃을 피운다. 또 서양민들레의 홀씨는 놀라우리만큼 싹이 잘 튼다. 이제는 언제 어디에서나 자신들을 만나 볼 수 있을만큼 개체수가 많아져서 사람들이 민들레 하면 샛노란 꽃을 피우는 서양민들레를 떠올리게 되었다. 이들 민들레의 삶을 가만히 살펴보면 어찌 그리도 사람의 삶과 닮아있는지.

고집스러운 흰민들레들이 점점 숫자가 줄어드는 것 같다. 내륙 깊숙한 곳이나 사람의 내왕이 별로 없는 섬지방에서나 간혹 볼 수 있을 만큼 흰민들레 구경하기가 어렵게 되었다. 온갖 종류의 녹색을 한꺼번에 다 볼 수 있는 5월의 푸른 풀밭에서 꽃무늬처럼 흰 별처럼 점점이 박히듯 피어난 흰민들레꽃을 보고 있으면 우리 민들레의 꽃색이 주는 아름다움이 각별해진다. 가슴 한켠에서는 우리의 산과 들, 그리고 강과 어울리는 우리 꽃이 점점 사라지는 것에 가슴이 쓰려오면서도 말이다.

위협받는 산민들레, 한라민들레(좀민들레)

산민들레Taraxacum ohwianum KITAMURA—약 이름은 포공영蒲公英이며 다른 이름은 동북포공영東北蒲公英이라 부르기도 하는 국화과의 다년생초본多年生草本이다.

좀민들레Taraxacum hallaisanensis NAKAI—약 이름은 포공영蒲公英이며

다른 이름은 한라산포공영漢拏山蒲公英, 한라산민들레, 한라민들레, 탐라민들레라 불리는 국화과의 다년생초본多年生草本이다.

산민들레는 우리나라 높은 산의 고원지대와 백두산白頭山처럼 햇빛이 잘 들고 습도가 높은 산 상부에서 자라며 민들레보다 약간 작고 잎의 숫자도 다른 민들레에 비해 약간 적은 편이다. 마치 척박한 곳에서 자라 약간 영양이 부족해 보이는 민들레처럼 보이기도 한다. 좀민들레 일명 한라민들레라 부르는 이 민들레는 한라산의 높은 고원지대에서부터 낮은 지대까지 퍼져 나가 자라는 종種이다.

한라산의 고원지대에서 자라는 것은 산민들레와 같이 전체가 작지만 저지대에 내려와서 자라는 것은 민들레와 거의 비슷한 생김새를 하고 있다. 이들 두 종류의 민들레는 민들레보다 조금 늦은 5, 6월에 꽃이 피지만 근래에 제주도의 저지대에서 자라는 좀민들레는 4, 5월에도 꽃이 피고 백두산의 높은 곳에서 자라는 산민들레는 6~8월까지 꽃을 피운다.

1990년 무렵만 해도 백두산이나 제주도에서는 산민들레와 좀민들레가 아주 많았고 서양민들레는 거의 눈에 띄지 않았었다. 그러나 10년 만에 우리 고유종이었던 산민들레와 좀민들레는 찾아보기 어렵게 되었고 서양민들레가 아무 데서나 고개를 내밀고 샛노란 꽃을 피우고 있게 되었다. 필자는 2001년 북한쪽 고원지대에 갔었는데 그곳에도 서양민들레꽃이 넓은 초원을 뒤덮고 있어 깜짝 놀라고 말았다. 심각한 일이었다.

백두산은 해발 2,000미터 이상으로 올라갈수록 서양민들레는 더 많아져서 다른 고산식물들을 위협하고 있었다. 서양민들레의 끈질긴 생명력은 우리의 민들레와 같으며 꽃은 양성兩性이지만 모두 열매를 맺고 또 꽃 피는 기간이 길어 다른 풀들이 자라지 못하는 곳에서도 이들은 잘 살아나갈 수 있다. 나는 그 이후로 서양민들레들만

숲을 한번 걷다

❶── **좀민들레** 일명 한라민들레라고도 불리며 척박한 땅에서 자라 영양이 부족해 보인다.

❷── **민들레** 이제는 서양민들레가 주인이 되어 우리 주변의 눈에 봄의 노랑꽃 대표가 되었다.

❸── **산민들레** 습도가 높고 햇빛이 잘 드는 고원지대나 백두산 같은 고산지대에 자라서 숫자나 크기가 적고 작다.

❹── 물가의 좋은 습도와 하루 종일 햇빛을 받는 최상의 조건이 강변 모두를 서양민들레 군락으로 만들어 장관을 이룬다.

보면 침략자 같아 보인다.

침략자 같이만 보이는 서양민들레

서양민들레Taraxacum officinale WEBEK—약 이름 포공영蒲公英이라 하고 약포공영藥蒲公英, 또는 약민들레라 불리는 국화과의 다년생초본多年生草本이다. 겉모습은 우리의 민들레와 거의 같으며 꽃은 진한 노랑색으로 핀다. 꽃받침이 바깥쪽으로 젖혀져 있어서 이 꽃받침 모양으로 우리민들레와 서양민들레를 구별해 낼 수 있다. 그리고 서양민들레는 햇빛이 잘 드는 양지바른 곳에 있으면 계절을 가리지 않고 꽃을 피우고 열매를 맺어 씨앗을 날려보낸다.

우리 민들레가 봄한철(4, 5월)에만 꽃을 피우는데 반해 서양민들레는 남부지방의 따뜻한 곳에서는 겨울에도 꽃을 볼 수 있다. 우리의 민들레와 흰민들레도 지구 온난화로 겨울이 따뜻하면 2월에도 꽃을 볼 수 있지만 그 숫자가 적으며 더구나 흰민들레는 자가수분을 하는 고집쟁이가 아닌가. 이제 서양민들레가 민들레의 대표로 나설 만큼 1년 내내 우리 땅에서 가장 쉽게 볼 수 있는 민들레가 되고 말았다.

서양민들레도 봄, 여름에 꽃을 가장 많이 피우며 그래서 도시의 길가나 아파트 단지 내의 잔디밭 혹은 도로변의 잔디밭 등에서 큰 무리를 이루어 자라고 있으므로 봄이면 인부들이 동원되어 매일 뽑아내기도 한다. 그러나 뿌리가 깊게 들어가는 서양민들레를 깨끗이 정리하기란 쉽지 않다. 끊긴 뿌리에서는 다시 부정아가 생기고 새로운 민들레로 다시 자라나며 씨앗들은 여기저기에서 돋아나 쑥쑥 자라므로 여간해서는 서양민들레를 깨끗이 제거하기는 어렵다. 우리 선조들은 이 끈질긴 서양민들레에게 지혜롭게 대처한 것 같다.

'약민들레'라는 이름을 붙여 이 민들레를 많이 이용할 수 있도록 하였으니 말이다. 실제로 약으로 쓰기에도 서양민들레가 훨씬 용이하다고 한다. 아무 데서나 쉽게 구할 수 있어 좋고 약의 효능 또한 민들레와 같기 때문에 이런 이름을 붙여 서양민들레를 두루두루 사용할 수 있게 하였던 것 같다. 뽑아도 뽑아도 여전히 많이 태어나는 서양민들레—이들은 지금도 쉼 없이 자기들의 영역을 넓혀가고 있다.

먹거리중의 먹거리로 등장한 민들레 음식

민들레 속屬은 모두 꿀을 많이 가지고 있기 때문에 밀원식물蜜源植物로서 봄철 양봉농가에 많은 도움이 되는 꽃이다. 아침 햇빛을 받으며 민들레꽃이 피어나기 시작하면 어느새 부지런한 꿀벌들이 민들레꽃으로 모여들기 시작한다. 꿀벌들은 민들레꽃이 피어나는 시간을 정확하게 알고 있는 것 같다. 방금 피어나는 민들레꽃을 차지하고 꿀을 따기 위하여 민들레꽃이 활짝 벌어지면 즉시 모여든다. 약 2, 3시간 동안은 꿀을 따느라 분주하게 움직인다. 덩달아 나비들도 모여들어 때로는 서로 싸우기도 한다.

민들레꽃은 밤에 오므라들었다가 다음날 아침 다시 피어나지만 꿀벌들은 다시 피어난 민들레꽃과 오늘 처음 피어나는 민들레꽃을 정확하게 구별하여 꿀이 많은 꽃으로 모여든다. 나는 봄이 되면 민들레꽃 피는 모습을 미속으로 촬영하기 때문에 꿀벌들이 꽃 속을 헤집고 돌아다니지 못하게 벌들을 쫓느라고 조금도 눈을 돌릴 수 없다. 더구나 서울에 집이 있고 집에 딸린 조그만 꽃밭과 작은 텃밭에서 작업을 하는 일이 많은데 하필이면 우리 집 바로 옆에 한국양봉연구소가 있어 봄꽃이 피기 시작하면 다른 집보다 꿀벌들이 더 많다.

서울 한복판에 양봉연구소가 있다 하면 듣는 사람들은 모두 믿으려하지 않지만 내가 사는 종로구 부암동은 다른 지역보다 숲이 많으며 이 때문에 여러 가지 꽃들이 많이 피어나는 것이다. 숲이 우거져 있으니 공기가 맑은 편이며 때론 나무가 큰 그늘을 드리워 촬영할 때 불편을 주기도 하지만 인왕산에 핀 이끼시니무 꽃향기가 초저녁 바람에 실려 온 동네를 향기로 뒤덮으면 이제 봄은 가버렸구나 싶다가도 밤나무의 짙은 꽃향기를 맡으면 여름이 시작되었다는 느낌과 여름 꽃들을 만나는 설렘으로 새로운 힘이 솟곤 한다.

가을에는 이 동네에 유난히 많은 감나무 덕분에 시골의 정취를 느낄 수 있어서 좋다. 나는 이곳에 살면서 개를 끌고 산책을 나가기도 하며 가끔 민들레 잎을 뜯어다 먹기를 즐긴다. 우리나라 사람들은 민들레를 잘 먹지 않는 것 같다. 그러나 프랑스에서는 민들레로 고급요리를 만들어 먹는다 하며 서양서는 대개 샐러드에 민들레 잎을 이용한다. 이웃 일본에서는 민들레 뿌리를 캐서 토막을 낸 다음 기름에 튀겨 만드는 고급요리가 있는데 값이 비싸서 웬만한 사람들은 먹기가 어렵다고 한다.

우리나라도 수년 전부터는 휴전선 지역의 마을에서 우리가 즐겨먹는 돼지고기 삼겹살을 상추 대신 민들레 잎으로 싸먹기도 한다. 어느 집은 아예 비닐하우스에 재배하여 잎만 따서 쓰는데 이 민들레 잎과 돼지고기 삼겹살을 먹어본 사람은 다시 찾아오게 되어 봄이 되면 민들레가 없는 식당은 영업하기도 곤란할 지경이라고 한다.

내가 먹어본 경험으로는 쌈을 싸 먹기에는 우리의 민들레와 흰민들레의 잎이 좋다. 크고 넓고 부드러우며 씹히는 맛이 일품이다. 샐러드에는 서양민들레의 잎이 좋다. 이른봄에 채취해서 먹어야 쓴맛도 덜하고 질기지도 않다. 갖은 양념에 가볍게 버무려서 뜸이 잘 든 뜨거운 밥에 넣고 쓱쓱 비벼먹는 맛도 일품이다.

쌈은 우리 민들레, 샐러드는 서양 민들레

나른한 봄날 입맛이 없을 때 서양민들레의 부드러운 속잎을 뜯어다가 샐러드나 생채를 해먹으면 잃어버린 입맛이 다시 돌아온다. 쓴맛이 싫으면 데쳐서 쓴맛을 우려낸 다음 나물로 무쳐 먹거나 된장찌개에 조금 넣어도 산뜻하다. 많이 데쳐서 쓴맛을 우려내고 물기를 꼭 짜낸 다음 냉동실에 저장해 두었다가 조금씩 꺼내 먹어도 좋다.

음식 만들기 좋아하는 이라면 치커리처럼 민들레의 잎도 연백軟白시켜 먹을 수 있으므로 더욱 좋다. 민들레를 뿌리째 캐어 무, 배추와 함께 김치를 담가 먹어도 좋다. 뿌리를 말려서 커피 대용의 차로 만들어 먹어도 좋다.

나는 7일 동안 민들레 국만 먹은 적도 있다. 2001년 북한의 고원지 해발 1,800미터지점에서 야영을 하고 있었다. 반찬이라야 가져간 고추장과 생선 통조림이 고작인데 북한의 안내원들이 매일 아침 새로 나온 나물이라며 국을 끓여주는데 그 국으로 밥을 먹고 나니 술에 취한 것처럼 어지러워 국거리로 넣은 식물을 조사해보니 새로 나온 관중의 새순과 바이칼꿩의다리 새순이었다.

고사리목에 속하는 식물들은 새순을 뜨거운 물에 삶은 다음 찬물에 담가 독성毒性을 여러 시간 동안 울궈낸 다음 햇빛에 말려서 먹어야 한다. 바이칼꿩의다리에도 약간의 독성이 있다. 이것들을 그냥 먹고 어지러움을 느낀 것이다. 나는 즉시 안내원들을 우리 캠프 앞에 세워두고 끝없이 넓은 초원에서 싱싱하게 자라고 있는 서양민들레의 잎을 따서 국을 끓이도록 하였고 그곳에 머무르는 동안 이 민들레 국을 먹었다. 아직도 입 안에 민들레국의 쌉싸름한 맛이 남아 있는 듯하다.

한방에서는 민들레 종류 모두를 포공영蒲公英이라 부르고 전초全草 즉 풀 전체, 혹은 꽃을 그늘에 말려 쓴다. 완하제緩下劑, 창종瘡腫, 정종丁腫, 자상刺傷, 진정鎭靜, 유방염乳房炎, 강장强壯, 대하증帶下症, 건위健胃등의 병에 다른 약재藥材와 함께 처방하여 쓴다.

민들레 잎을 잘라보면 흰 젖같은 즙액이 나온다. 때문에 내즙초奶汁草라 불리기도 하였다. 이 흰 즙액에는 섬유질이 많이 함유되어 있어 이렇게 흰즙이 나오는 식물은 임산부의 건강에도 좋고 우선 젖을 잘 나오게 하며 젖알이와 젖몸살을 치유하기도 한다고 한다. 투유妬乳와 유옹乳癰으로 붓고 아픈 것을 치료한다.

민간에서는 민들레를 깨끗이 씻어 짓이겨 인동덩굴과 함께 진하게 달여서 술을 만들어 두고 조금씩 먹으면 곧 잠 잘 수 있다고 한다. 잠을 잘 자야 몸이 편안해 진다. 또 민들레를 캐어 물에 달여 마시거나 지쪄 아픈 곳이나 종기 등에 붙이면 곧바로 풀어지며 아직 곪지 않고 빨갛게 달아 오르기만 했을 때 더더욱 효과가 있다고 「동의보감」에 나와 있다.

민들레의 즙汁은 초유草乳라 부르기도 한다. 모든 포유동물들의 초유初乳에는 어머니가 지닌 면역력免疫力이 들어있다. 초유는 엄마가 아기에게 주는 가장 귀한 것이고 초유를 먹여야 아이들이 병病없이 건강하게 자랄 수 있다. 그런데 요즘 젊은 어머니들은 초유 대신 젖병을 물린다. 때문에 어린이들이 더욱 약해지는지도 모른다.

젖을 먹이는 어머니가 민들레같은 흰 즙이 나오는 야채를 먹으면 그 유익한 성분이 모두 젖을 먹는 아기에게 틀림없이 돌아갈텐데 정말 좋은 먹거리를 외면하고 젖을 먹이지 않는 세태가 안타깝다. 민간요법民間療法에서는 민들레 잎을 오랫동안 먹으면 정력精力이 좋아지고 민들레 잎을 생으로 씹어 먹으면 위장병에 좋다고 한다. 또한 민들레 잎에서 나오는 흰 즙액을 아이들의 손등에 난 사마귀에 바르면 사마귀가 없어지고 얼굴의 검은 반점斑點에 바르거나 벌레에 쏘였을 때도 민들레의 흰 즙을 바르면 효과가 있다고 한다.

민들레 잎으로 만드는 요리는 조리방법이 번거롭지 않아서 좋고 몸에는 더없이 좋은 효과를 낸다 하니 정말 좋은 먹거리임에 틀림없다. 지금 당장 서양민들레의 잎을 조금 뜯어와서 먹어보면 어떨까. 입 안 가득 퍼지는 쌉싸름 함이 봄날 오후의 나른함을 당장 물리쳐 줄 것이다.

김태정 ◆ 1942년 8월 충남 부여 양화에서 출생 하였다. 현재 한국야생화연구소 소장, 한국야생화연구회 고문, 한국식물분류학회원, 한국양봉학회 이사, 환경부 홍보대사로 활동하고 있다.

그간의 탐사현황은 1987년 민통선 북방지역 종합학술조사─자연보호, 1988년 서해 외연열도 종합생태조사─자연보호, 1989년 영광 안마군도 종합학술조사─자연보호, 1990년 국토종단 야생화대탐사단 단장─서울신문, 1990년 백두산 생태학술조사단 단장─서울신문, 1997년 대학생 백두산탐사단 단장─MBC, 1998년 환경운동연합지도자 백두산탐사─환경운동연합, 2001년 북한개마고원 탐사단─KBS, 2001년 독도 종합생태조사 육상식물조사─해양수산부가 있다.

주요 저서로는「우리가 정말 알아야 할 우리꽃」1, 2, 3권─현암사「쉽게 찾는 우리꽃 봄, 여름, 가을, 겨울, 한방약초, 민간약초」「쉽게 찾는 우리나물」─현암사「김태정의 우리꽃 답사기」─현암사「쉽게 키우는 야생화」1, 2권─현암사「한국의 자원식물」전 5권─서울대출판부「원색도감 한국의 야생화」─교학사「한국의 야생화」전 12권─국일미디어「고산식물」외 4권─대원사「휴전선 155마일 야생화 기행」─대원사「독도의 야생화」─공보처「우리약초로 지키는 생활한방」1, 2, 3권─이유 외 다수가 있다.

한국 허브의 보고寶庫, 우리숲

조 태 동

한국 허브 아로마 라이프 연구소장 · 강릉대 교수

딱총나무는 서양에서 엘더elder라는 허브로 잘 알려져 있다. 5월경에 황록색 꽃이 피는 딱총나무는 우리나라의 산기슭 습지나 골짜기 근처에서 쉽게 볼 수 있다. 수목에 좀 관심이 있는 사람이라면 딱총나무를 약용으로 쓸 수 있다는 정도는 알고 있을 것이다.

그런데 이 딱총나무를 유럽에서는 매우 신비롭고 마술적인 식물로 보고 있다. 덴마크에서는 이 나무를 자를 때 딱총나무 신에게 허락을 받아야 하고, 이 나무로는 절대로 아기의 요람을 만들어선 안된다고 여기고 있다. 딱총나무 신이 화가 나서 복수로 아기의 목을 졸라 죽인다고 믿기 때문이다.

또 다른 민간 전승傳承을 보면 이 나무를 집 안에서 태워버리면 온갖 불행이 일어나지만, 나뭇가지를 잘 걸어놓으면 마녀로부터 가정을 지킬 수 있다고 믿고 있다. 독일의 민간 전승에서는 딱총나무 옆을 지나갈 때 언제나 모자를 벗어야 한다.

딱총나무는 집시들에게도 성스러운 나무로서 이스라엘의 사파드 마을에는 이 나무가 시나고그Synagogue의 중정中庭에 심겨져 있다.

이는 이 나무의 다양한 약효를 비술秘術로 전하기 때문인 듯하다. 한편 이 나무로 예수 그리스도를 못박은 십자가를 만들었다고 하며, 유다가 이 나무에서 목매어 자살했다고 하여 서양에서는 슬픔과 죽음을 상징하는 나무로도 알려져 있다. 딱총나무가 왜 이렇게 경외의 대상이 되어 왔는지 그 내력을 찾아보면, 이 나무는 유럽에서 가장 일반적인 질환에 널리 쓰이는 치료약이며, '만인의 약상자'로 칭해지고 있는 것으로부터 그 이유를 알 수 있을 것 같다.

이러한 딱총나무에 대하여 우리나라의 약용식물 저서를 찾아보면, 단지 나무에 대한 식물특성과 효능에 대해서 진통, 소염, 이뇨, 골절, 류머티즘 등에 쓰인다는 정도로 기술되어 있다.

그러나 서양의 관련 서적에는 전술한 민간 전승을 비롯하여 실제로 꽃을 이용하여 차를 마시는 법이나 꽃을 버터로 볶아먹는 법, 젤리나 잼으로 만드는 법, 열매를 소스나 주스로 이용하는 법 등을 다양하게 소개하고 있다. 예컨대, 약용에 있어서도 인플루엔자, 감기, 카타르, 부비강염, 발열성 질환 등에는 꽃과 열매를 쓰는 법이라든지 류머티스, 관절염, 변비에는 수피를 쓰는 법 등이 상세하게 기술되어 있다.

만병통치약과 같은 산사나무

이번에는 5월에 흰 꽃이 피는 산사나무 (hawthorn)에 대해 살펴보기로 한다. 이 또한 서양에서 허브로 알려져 있는데, 우리나라의 약용식물 저서에는 산사나무가 건위, 소화, 강장, 고혈압에 쓰여진다고 그 특성 및 약효를 소개하고 있다. 그러나 유럽에서 발간된 서적에 따르면 산사나무는 고대부터 풍작을 비는 의식과 관련이 있으며, 5월의 축제에서 메이퀸에게 이 나무로 만든 관을 씌우는 풍습은 다산을 비는 '벨테인 축제'에서 기

① —— **딱총나무** 유럽에서 '엘더' 로 불리고 딱총나무는 매우 신비롭고 마술적인
식물로 취급하고 있다.

② —— **산사나무** 우리 주위에서 보여지는 산사나무는 유럽에서 고대부터 풍작
을 비는 의식과 관련되어 있다.

③ —— **짚신나물** '아그리모니' 라고 하여 앵글로 색슨족이 상처에 유용하게 사
용하였다고 한다.

④ —— **영국 시싱허스트캐슬가든** 영국의 대표적인 허브가든으로서 허브나 꽃
의 색깔을 주제로 구성하고 있다.

원하며, 산사나무가 꽃을 피울 때 시작되었다고 소개하고 있다.

또 영국 민간 전승으로는 흰꽃을 집안으로 들여오면 죽음과 재앙을 부른다고 생각하고 있는데, 이는 인간을 제물로 바쳤던 5월 축제의 유래에서 기인한 것으로 여겨지며, 그것이 부패했을 때 발생하는 트리메틸아민 성분의 냄새 때문이 아닌지 기술하고 있다. 이와 같이 민간 전승을 비롯하여 실제로 꽃을 이용하여 차를 만드는 법, 주스 또는 약용으로 대체하는 법을 상세하게 소개하고 있다.

다음 우리가 산야에서 쉽게 볼 수 있는 겨우살이(hawthornmistetole)를 서양에서는 어떻게 취급하고 있는지 알아보기로 하자. 겨우살이는 크리스도교 전파 이전의 갈리아佛, 영국, 아일랜드 지역에 살았던 드루이드교 사제들에게 매우 성스러운 허브였다. 겨우살이는 달이 찼을 때 황금 낫으로만 벨 수 있고, 지면에 닿게 해서는 안 된다고 여겼다. 새해를 알리는 의식에도 이 큰 가지(황금가지 전설의 원전)를 가지고 갔다.

또 북유럽의 신화에는 평화의 신 발더가 이것으로 만든 '다트'로 죽음을 당했다는 이야기가 전해지고 있다. 겨우살이로 만든 다트로 죽음을 당한 발더를 그의 부모인 왕 오딘과 여왕인 프리가 소생시키고, 이 나무를 사랑의 여신에게 바쳤으며 그 밑을 지나는 사람들은 누구라도 키스를 해야 한다고 하여 그로부터 겨우살이 밑에서는 키스해도 좋다는 풍습이 전해지고 있다.

독일에서는 겨우살이가 유령을 볼 수 있는 힘이나, 유령과 말할 수 있는 힘을 부여한다고 전해진다. 겨우살이의 약리작용을 보면 혈압강하, 면역기구의 자극, 심박저하, 진정, 이뇨, 항암작용에 쓰이는데 내복약으로는 가벼운 고혈압, 동맥경하, 신경진정, 암(특히 폐와 난소)에 쓰이며, 외용약으로는 관절염, 류머티스, 동상, 정맥류 등에 쓰이고 있다고 소개하고 있다.

그 외에도 차로 만들어 마시는 법 등이 자료에 나와 있는데 이렇듯 다양한 용도로 쓰이는 것 만으로도 겨우살이를 신성시하기에 충분한 이유가 될 것으로 보여진다. 이와 비교하여 한국의 약용저서에는 치한이나 평보제, 치통, 각기, 자통 등에 쓰인다고 기록하고 있다.

약용에서 미용이나 장식으로 발전

우리들이 산야에서 흔히 볼 수 있는 짚신나물agrimony을 서양에서는 어떻게 활용했는지 알아보자. 관련 자료에 따르면 앵글로 색슨족은 상처에 유용하게 사용했으며, 15세기에는 전쟁터에서 병사들이 이용했다고 한다. 그 효과로는 강장작용과 더불어, 이뇨성 허브로써의 지혈, 간장 및 담낭 기능 개선, 항염 등을 들 수 있다. 그리고 내복으로는 대장염, 소화불량, 식물 알레르기, 설사, 담석, 방광염, 류머티스 등에 쓰인다고 하며, 외용으로 인후통, 결막염, 만성 피부질환으로 쓰인다고 기술하고 있다.

이 짚신나물에 대해 우리나라의 약용식물 저서에는 들에서 생육하며, 약효로서 지혈, 설사, 치암제 효과가 있다고만 소개되어 있다. 물론 한방서적에는 활용면에서 상세히 나와 있으리라고 생각되지만, 일반인이 누구나 쉽게 접하고 이해하기에는 무리가 따른다. 그에 비해 유럽의 허브서적은 일반인이라면 누구나 쉽게 이해하고 활용할 수 있도록 구성된 점에서 차이를 보인다.

아무튼 유럽의 허브 관련 서적을 참고해보면, 우리나라의 산과 숲은 허브로 가득차 있다고 단언할 수 있다.

여기에서 허브에 대한 정의를 간단히 내려보면, '허브herb'라는 말은 라틴어의 '푸른 풀herba' 또는 영어의 '초본(草本·herbaceous)' 이라고 하는 말에 그 어원을 두고 있으며, 기원전 4세기경 그리스

① —— **겨우살이** 겨우살이는 드루이드교 사제들에게 매우 성스러운 허브였는
데, 달이 찼을 때 황금낫으로 만 벨 수 있으며 지면에 닿게 해서는 안 된다고
믿고 있다.

② —— **피나무** 유럽인이 즐겨 마시는 '린덴'이라는 허브티는 피나무 꽃으로 만
든 것이다.

③ —— **톱풀** 톱풀은 영국인이 외상치료제로 가장 많이 애용하고 있는데, '야로'
라고 한다.

④ —— **일본 북해도 허브농원** 허브의 단일 수종을 군식하여 무지개처럼 펼쳐놓
았는데, 그 모습이 장관이다.

학자인 데오파라토스Theophrastos · 372—287 B.C가 식물을 '교목, 관목, 초본'으로 분류하면서 처음 사용되었다.

그 후 허벌리스트herbalist들에 의해 초본식물을 대상으로 약용적 특성연구가 진행되어 오는 과정에서 자주 등장하게 되었는데, 중세시대 유럽 각지로 허브가 확산되고 살균, 진정효과 등 향香에 대한 심리학적 연구가 다양하게 진행되면서 허브의 생리학적 연구의 전문성을 구축하기 시작했다.

허브산업의 발달에 따라 허브의 이용 범위가 확대되면서 그 성질 및 특성에 대한 명확한 결론을 내린다는 것은 어려우며, 대별하면 사전적인 의미 즉, 식물학에 국한된 한정적인 개념과, 이용적 측면이 강조된 광의적 해석으로 분류해볼 수 있다.

고대 그리스·로마시대 디오스코리데스Dioscorides가 600여종의 유럽식물을 기술한 「De Materia Medica」라는 제목의 본초서本草書를 시작으로 허벌리스트herbalist들의 허브에 대한 연구로 인해 오늘날 그 수를 헤아리기 어려울 만큼 다양한 종의 식물들을 허브로 분류하고 있다.

이는 허브가 식물형태 분류상 고대에서는 초본류로 국한되었으나 현재는 초본, 목본 등 식물 전체로 확대되어 다뤄지고 있으며, 그 성분이 풍미나 약용적 특성을 갖는 초화류에서 식용, 미용이나 염색, 장식 등을 위해 사용되는 모든 식물로의 확대를 의미한다.

우리 산야에는 보물 허브가 널려 있어

현재 전 세계에는 3,000여종의 허브가 분류되어 있고, 구미나 일본에서는 허브를 이용하여 경제적으로 고부가가치를 창출하고 있다. 예를 들면, 영국에서는 다양한 허브가든을 조성하여 그 입장료 수익만 해도 상상을 초월

하고 있으며, 일본에서도 허브가든은 물론이고, 허브 페스티벌을 개최하여 단기간에 수백 억의 수익을 창출하고 있다.

이와 더불어 수백 종류의 허브상품을 개발하여 건강, 미용, 염색, 생활소품 등 소비자의 요구(needs)에 부응하고 있다. 미용이나 건강에 대한 욕구는 동서고금과 남녀노소를 막론하고 불변하는 궁극적인 것이며, 이러한 욕구를 채워주기에 충분한 것이 바로 허브라고 할 수 있다.

그런데 허브에 대한 우리나라의 인식이나 활용은 어떠한가? 1996년에 본인이 허브를 이용한 지역경제 활성화 효과의 소재로써 처음 소개하기 전까지는 허브에 대한 인식이 전무했고, 그에 대한 자료 또한 기껏해야 서너 권 정도의 번역서가 고작이었다.

그렇다면 정말로 우리는 허브를 전혀 이용하지 못했던 것일까? 그런데 실은 그렇지 않다. 우리의 단군신화에는 마늘과 쑥을 이용한 예가 있고, 실제로 여름철 모기를 쫓고자 모깃불에 쑥을 이용하는 사례나, 출산 후 쑥을 이용한 좌욕 등은 요즘 유행처럼 번지는 아로마테라피aromatherapy 대표적인 예이다.

또 생강나무 열매를 이용한 동백기름의 활용이나 창포를 이용한 머리손질은 미용허브의 대표적인 예라고 할 수 있다. 진달래꽃으로 술을 담거나 화전으로 만들어먹는 것 또한 대표적인 식용허브라 할 수 있다.

이뿐 만이 아니다. 피나무꽃은 서양인들이 좋아하는 린덴(linden · lime tree)이라는 허브티로 마시고 있으며, 톱풀(yarrow)은 영국에서 외상치료제나 고혈압 치료제로 활용하고 있는 것이다. 다 얘기를 하자면 끝이 없다.

이렇듯 알게 모르게 우리 생활 속에서 이용했던 꽃과 열매, 식물들은 유럽이나 일본에서 이미 오래 전부터 허브로 분류하여 약용, 미용, 식용, 인테리어 소품 등 실생활에 응용해오고 있고, 더욱이 다양한 상품을 개발하여 경제적인 수익을 높이고 있는 것이다.

우리의 산과 숲은 숨겨진 보물들로 가득하다. 이제는 우리 산림에서 그 보물을 속히 찾아내야 하며, 우리 허브에 관련된 신화와 전설, 민화 등을 통해 정체성과 문화를 정립해야 할 것이다. 그리고 우리 허브의 종 보존 및 활용에 대한 명쾌한 관리계획을 수립하고, 보다 다양하고 참신한 상품개발을 통해 세계 속에서 그 진가를 발휘할 때가 아닌가 한다.

조태동 ◆ 현 강릉대학교 환경 조경학과 교수, 한국 허브 아로마 라이프 연구소장이다. 청주대학교 조경학과를 졸업하고 일본 치바대학千葉大學에서 환경계획학 박사학위를 받았다.

1996년 우리나라의 지방 자치 단체에서 처음으로 허브용어를 공식적으로 사용하여 허브의 대중화에 기여하였다.

허브와 관련한 저서로「Herb 허브」「Dr.Cho's 허브가든」「허브를 이용한 건강과 미용」「허브&아로마라이프」「여성을 위한 아로마테라피」「아로마테라피스트」등과「어머니! 좋은 물을 마시고 계십니까」─수문출판사의 역서가 있으며, 논문으로는〈허브를 이용한 지역개발 방안〉〈허브원을 통한 자연환경보전 및 농촌 지역 활성화 효과〉〈영국의 시싱허스트가 주는 지역활성화 효과〉〈허브를 이용한 일본의 지역경제 활성화에 관한 연구〉〈지역경제 활성화를 위한 충청북도 허브정책 수립 및 적용에 관한 연구〉〈분화용 방향성 허브의 선호요인에 관한 연구〉〈허브가든의 조성과 문제점에 관한 연구〉외에도 다수가 있다.

저자는 일본의 아로마테라피 소사이어티에서 전문 아로마테라피 교육을 받은 아로마테라피스트로서, EBS에서 허브와 아로마에 관련한 강좌 및 강릉 MBC에서는 매주 '향기 있는 시간의 향기 박사' 프로그램을 진행하였다. 또 강릉 KBS에서는 매주 '향기접속' 프로그램에 출연하였으며, 전국의 대학생들을 위하여 www.ocu.or.kr 허브

숲에 사는 곤충들

이 수 영

곤충 전문 생태 사진가

봄이 다시 찾아 왔다. 하늘, 땅, 바람이 봄기운에 가득 차 있다. 숲에서 겨우내 잉태되었던 숲의 생명들이 다시 태어나는 계절이다. 땅 속에 있던 씨앗에서 싹이 돋아나고, 나무의 겨울눈에서도 새싹이 돋아난다. 곤충도 예외일 수 없다. 모든 곤충들이 알로 겨울을 나는 것은 아니지만 산길 주변의 잡목림 숲에 있는 복숭아나무 가지 틈 사이에서 한 겨울을 보낸 암고운부전나비의 알에서도 변화의 조짐이 보인다. 나비의 알은 식물로 따지자면 씨앗인 셈이다.

지난 가을 암고운부전나비 암컷은 짝짓기를 마친 후 안테나와 같이 생긴 더듬이로 나무 냄새를 맡으며 복숭아나무, 산옥매나무, 벚나무 등을 찾아다녔다. 그러다 마음에 꼭 드는 복숭아나무를 발견하고 천적의 눈에 띄지 않는 가지의 틈 사이에 알을 낳은 것이다. 암고운부전나비 암컷이 이 나무들을 찾아다닌 까닭은 이 나무들이 암고운부전나비의 먹이식물이기 때문이다. 알에서 애벌레가 부화하면 이 나무들의 잎을 먹고 자란다. 이처럼 곤충들은 애벌레가 살아갈 환경조건이 맞는 곳에 알을 낳는다.

손가락으로 살짝 누르기만 해도 톡하고 깨져버릴 것만 같은 1밀리
미터 정도의 작은 알, 아름다운 암고운부전나비의 모든 것이 이 알
속에 있다니 신기하기만 하다. 육안으로는 한 알갱이의 먼지로 밖
에 보이지 않지만 확대해서 보니 알 속에서 애벌레가 움직이는 것
이 언뜻언뜻 느껴진다.

알이 부화할 때가 된 것이다. 그러나 애벌레는 무턱대고 부화를 시
작하지 않는다. 이때부터 애벌레는 위험에 대한 본능적인 경계심
이 발동하여 알 밖의 상황을 예의 주시하다가 안전하다고 느껴져
야 비로소 부화를 시작한다.

지난 2003 봄 MBC 자연다큐멘터리 '산골마을 곤충일기'를 촬영할
때의 일이다. 암고운부전나비 알의 부화 장면을 촬영 중이었는데,
알의 한 부분을 조금씩 갉아먹어 입구를 만든 후 밖으로 빠져나오
려던 애벌레가 갑자기 알 속으로 쏙 들어가서는 나오질 않았다. 1
시간 가까이 기다려봤지만 전혀 움직임이 없었다. 무엇인가 위협
을 느낀 것이다.

이런 일이 생길 지도 몰라서 숨 죽이며 촬영 중이었는데, 도대체
이유가 무엇일까? 생각 끝에 조명을 끄고 1시간 여를 기다리자 애
벌레가 다시 알 밖으로 나왔다. 애벌레는 밝은 조명 불빛에 놀란
것이었다. 하기야 지구상의 어떤 생명이 태어나자마자 죽을 수도
있는데 숨지 않겠는가. 애벌레에게는 절대절명의 순간이었다.

봄―생명의 탄생

세상 밖으로 나온 애벌레
는 복숭아 꽃봉오리를 갉
아먹다가, 갉아먹은 구멍 속으로 들어가서 자기도 하고 다시 나와서
새싹의 여린 잎을 갉아먹기도 한다. 그리고 몸이 클 때마다 허물벗
기를 하며 자란다. 애벌레에게는 복숭아나무가 집이다. 하지만 복

숭아나무에게는 꽃봉오리를 갉아먹어 열매 맺지 못하게 하는 애벌레가 참 괴로운 존재일 것이다.

어찌하랴. 이것이 자연의 이치인 것을. 생태계 먹이 피라미드에서 생산자에 속해 있는 식물과 1차 소비자인 곤충의 관계이다. 그러나 생명끼리의 어울림을 한쪽 면에서만 바라볼 수는 없는 일. 식물은 꽃이 피면 곤충들이 좋아하는 향을 내어 곤충이 꽃으로 오도록 유혹을 한다. 열매를 맺기 위해서는 수분─꽃가루받이를 해야 하기 때문이다. 이렇게 되면 식물에게 가해자이던 곤충이 협력자가 되는 것이다. 자연의 균형은 이런 관계 속에서 유지되는 것은 아닐까? 자연을 이야기하며 인간의 관점에서 가해자와 피해자로 가르니 인간세상으로 다시 돌아온 듯한 느낌이다. 옳고, 그름을 가르는 데에만 익숙한 인간의 잣대로 자연을 재는 일은 어리석은 일이다. 자연은 선악의 개념이 존재하지 않는다. 말 그대로 저절로 되어 가는 것이다. 그래서 순리順理라고 하지 않는가.

하여간 암고운부전나비의 애벌레는 5월 하순경 번데기가 되기 위해 나무 밑에 수북하게 깔린 낙엽 속으로 이동하는데, 이때 연두색이던 몸 빛깔이 점차로 낙엽색으로 변해간다. 낙엽색이 된 애벌레는 낙엽에 붙어서 번데기가 되는데, 번데기 또한 짙은 낙엽색이다. 천적을 피해 보호색으로 위장한다. 곤충들은 생존을 위해 보호색, 의태, 경계색의 방법으로 위장을 한다. 곤충이 동물계에서 가장 번성한 종족이 되는 데는 위장술이 한 몫 한다고 할 수 있다.

따사로운 햇살이 숲에 활력을 불어넣는 계절. 이른봄에만 잠깐 활동하는 애호랑나비는 숲 구석구석 날아다니며 봄을 알린다. 날개가 노란 바탕에 검은 줄무늬가 있어서 호랑이의 무늬를 닮았고, 몸집이 작아 생김새 대로 애호랑나비라는 이름이 붙었다. 또, 이른봄에 나타난다고 해서 이른봄애호랑나비라고도 부른다.

숲을 한번 걷다

① —— 암고운부전나비는 6, 7월 야산 부근에서 볼 수 있다.

② —— 암고운부전나비의 애벌레는 복숭아꽃봉오리나 싹을 갉아먹기도 한다.

③ —— 복숭아나무 가지 사이에 낳아 놓은 암고운부전나비의 알은 1mm가 채
　　　안될 정도로 아주 작다. 그러나 이 작은알 속에 암고운부전나비의 모든 것이
　　　들어 있다.

이 나비는 4월 초순에서 5월 중순까지 잠깐 나타났다가 사라지기 때문에 특별히 관심을 갖는 사람 만이 그 아름다운 자태를 감상할 수 있는데, 나비의 모습 못지않게 생태가 흥미롭다. 애호랑나비는 번데기의 상태로 겨울을 보내고 이른봄에 태어난다. 보통 암컷보다는 수컷이 먼저 태어나는데, 먼저 태어난 수컷은 진달래꽃이나 얼레지꽃 꿀을 빨며 꽃을 찾아 날아다닌다. 곁에서 바라보면 무척 평화로운 모습이 아닐 수 없다. 그러나 수컷은 짝짓기를 하기 위해 암컷을 필사적으로 찾아다니는 중이다.

나비의 수명이 짧기 때문에 이 기간 동안 짝짓기를 하여 자손을 남기는 일이 매우 중요하기 때문이다. 그런데 애호랑나비 수컷 가운데는 유별난 놈들이 있어서 태어나지도 않은 암컷 번데기 앞에서 암컷이 태어나기를 기다리는 수컷이 관찰되었다고 한다. 번데기에서도 암컷의 냄새가 나는 것일까?

이처럼 수컷은 시간의 대부분을 암컷 찾기에 보내는데, 암컷을 발견하면 곧 곁으로 날아가서 즉시 배를 구부려 짝짓기를 시도한다.몇 해 전 애호랑나비의 짝짓기를 관찰할 기회가 있었는데, 보통 3시간 정도 짝짓기를 계속했다. 마침내 짝짓기를 끝낸 수컷은 바로 적갈색 분비물을 내어 암컷의 배 끝에 길쭉한 모양의 돌기를 만들었다. 곤충연구가들은 이 돌기물을 교미주머니라고 부르는데, 이것은 수컷이 암컷에게 채워놓은 정조대다. 일단 이것이 만들어지면 암컷은 더 이상 짝짓기를 할 수 없다. 이 돌기물이 짝짓기를 방해하기 때문이다. 이런 습성은 이 나비 외에 모시나비 속의 나비에게도 나타난다. 십자군 원정 당시 전쟁터로 떠나는 남자들이 부인의 정절을 믿지 못해 강제로 자신들의 아내들에게 쇠로 만든 정조대를 채우고 자물쇠로 잠갔다고 한다. 어리석고 탐욕스러운 행동이지만 어쩌면 자연에서 본 뜬 것은 아니었을까?

여름—왕성한 활동

새벽 안개가 자욱한 여름날의 풀 숲, 안개비와 같은 이슬이 소리없이 내리고 있다. 눈에 보이는 모든 것에 보석처럼 영롱한 아침 이슬이 수없이 달려있다. 아직도 이슬을 이불 삼아 풀잎 위에서 깊은 잠에 빠져 있는 곤충들. 카메라 파인더에 보이는 이들의 모습은 자연과 곤충이 조화를 이루어 만들어 내는 하나의 아름다운 예술이다.

이 고요함을 깨지 않도록 천천히 움직이며 촬영을 하고 있는데, 바로 눈 앞에서 일찍 일어나서 열심히 일하고 있는 쌍살벌을 만났다. 식물 줄기에 집을 지은 쌍살벌은 언제부터인지 이슬에 젖은 집에서 열심히 물기를 빨아 밖으로 뱉어내고 있다. 집 속에 살고 애벌레들이 젖지 않게 하려고 애쓰는 쌍살벌 어미의 자식 사랑에 가슴이 뭉클하다. 쌍살벌의 자식 사랑은 여기에 그치지 않고, 여름이 되어 집이 더워지면 날개로 부채질을 하여 애벌레들을 시원하게 해주고, 기온이 계속 올라가게 되면 집 근처의 개울에서 물을 입으로 물고 와서 애벌레에게 먹이기도 하고 집에 뿌리기도 한다. 물이 증발하면서 둘레의 열을 빼앗는 원리를 아는 것처럼.

곤충들은 오전 9시쯤 되면 새벽이슬을 털어 버리고 각자의 생활 방식에 따라 하루를 시작한다. 성격이 공격적인 풀숲의 무법자 사마귀는 꽃잎 뒤에 숨어 톱날처럼 날카로운 앞다리를 치켜들고 있다. 마치 아이들이 손을 들고 벌을 서는 듯한 모습이지만 사마귀에게는 아주 중요한 먹이 사냥의 순간이다.

오늘 아침 메뉴는 무엇일까? 눈 앞에 나타난 먹이 감은 꿀벌이다. 사마귀는 서서히 다가간다. 얼마나 느리게 움직이는지 꿀벌은 전혀 눈치채지 못하고 꿀 만 빨고 있다. 먹이 앞에 다가간 사마귀는 몸 전체를 흔들흔들 움직인다.

숲을 한번 걷다

① —— 족도리풀에 알을 낳는 애호랑나비 암컷의 배 부분에는 수컷이 만들어 놓은 적갈색 교미주머니가 달려있다. 교미주머니가 달린 암컷은 다시 짝짓기를 할 수 없다.

② —— 밤새 내린 이슬을 흠뻑 맞고 잠들어 있는 벼메뚜기 애벌레의 뒤쪽으로 해가 뜨고 있다.

③ —— 쌍살벌은 집이 이슬이나 비에 흠뻑 젖으면 입으로 물을 빨아 밖으로 뱉어 낸다. 그렇지 않으면 애벌레나 알이 썩는 경우도 있다.

④ —— 여름의 참나무 숲에는 많은 곤충들이 살고 있다.

아마도 속으로 하나, 둘, 셋을 헤아리며 공격을 시도 해야 할 최적의 기회를 노리는 듯하다. 순간 사마귀는 번개처럼 달려들어 꿀벌을 낚아챘다.

그 옆의 풀밭에서는 풀잎에 앉은 칠성무당벌레가 짝짓기에 한창열중하고 있다. 그리고 아침에 물기를 빨아내던 쌍살벌의 어미벌은 나비의 애벌레를 사냥해 와서 애벌레에게 먹이고 있다.

'풀숲의 도예가' 라는 별명을 가진 점호리병벌은 개울가에서 동그란 진흙을 입에 물고 와서 식물의 줄기에 집을 짓고 있다. 입과 앞다리를 열심히 움직여 흙을 붙여 나가는데, 더듬이를 사용해 집의크기와 깊이를 재가며 정성스럽게 호리병 모양으로 빚어나간다.

조용하기만 했던 풀숲은 한낮이 되자 이처럼 곤충들의 움직임으로부산하다. 먹이 사냥, 짝짓기, 집짓기, 새끼 기르기…, 봄이 탄생의계절이라면 여름은 왕성한 활동의 계절이다. 곤충들은 종족보전을위해 오늘도 모든 활동에 정성을 다한다. 촬영을 하면서 곤충을 관찰하다 보면 이들은 하찮은 미물이 아니라 어느 것에도 비할 수 없는 귀한 영물이라는 생각이 자주 든다.

숲에 사는 곤충 이야기를 하면서 참나무 숲을 빼놓을 수는 없다.원래 참나무라는 이름의 나무는 없고, 도토리 열매를 맺는 신갈나무, 굴참나무, 떡갈나무, 졸참나무, 상수리나무 등을 통틀어서 참나무라 부른다. 참나무는 '정말 좋은 나무' 라는 뜻인데, 곤충의 입장에서 보면 맞는 말이다.

여름철, 참나무 줄기의 상처 난 부분에서는 단맛을 내는 당분과 초산으로 이루어진 수액이 흘러나온다. 이 수액은 여름의 높은 기온에서 발효되어 시큼한 냄새를 사방에 풍기는데, 이 냄새를 맡고 숲속에 사는 갖가지 곤충들이 모여든다. 참나무 수액은 곤충에게는좋은 먹이이다. 그래서 수액이 흘러나오는 나무에는 여러 종류의 곤충들이 다닥다닥 붙어서 수액을 빨아먹는 것을 볼 수 있다.

곤충마다 생태가 달라 수액에 찾아오는 시간대도 다른데, 낮에 수액에 모이는 곤충으로는 황오색나비, 청띠신선나비, 왕오색나비, 풍이, 장수말벌, 꽃무지 등이 있고, 밤에 수액에 모이는 곤충으로는 장수풍뎅이, 사슴벌레 무리, 하늘소 무리, 나방 무리 등이 있다. 나무에서 흐르는 수액이 풍족하게 나오면 별 문제가 없지만, 수액이 적게 나오는 경우에는 수액을 차지하기 위해 곤충들 사이에 싸움이 벌어진다. 힘이 없는 나비와 나방은 일단 피하는 것이 상책이고, 싸움에 이겨서 수액을 차지하는 곤충은 낮에는 장수말벌, 밤에는 장수풍뎅이이다.

수액이 흐르는 장소는 암컷과 수컷이 만나서 짝짓기를 하는 장소이기도 하다. 사슴벌레 수컷은 정신없이 수액을 빨고 있는 암컷의 뒤로 다가가 집게처럼 생긴 큰 턱으로 암컷이 도망가지 못하게 꽉 잡은 뒤 짝짓기를 한다. 장수풍뎅이도 짝짓기를 시도하기 위해 수액을 빠는 암컷에게 다가가고 있다. 한여름의 참나무 숲은 수액에 모인 곤충들로 인해 잔칫집처럼 들썩거린다.

가을—겨울준비

강렬한 햇살을 내뿜던 여름도 어느덧 끝나가고 있다. 하지만 9월 하순의 숲은 아직 여름의 그림자가 들여져 있어 기온이 높다. 하지만 신기하게도 곤충들은 낮의 길이가 짧아지는 것을 느끼고, 서서히 다가오고 있는 겨울에 대비할 준비를 시작한다.

곤충들은 각각의 생태에 따라 알, 애벌레, 번데기, 성충의 형태로 겨울을 난다. 알의 상태로 겨울나기를 하는 왕사마귀는 식물의 줄기나 바위 밑에 알을 낳기에 바쁘다. 애벌레의 상태로 겨울나기를 하는 왕오색나비의 애벌레는 팽나무 밑의 낙엽 속으로 이동한다.

❶── 대롱처럼 생긴 긴 입으로 참나무 수액을 황오색나비가 빨아먹고 있다.

❷── 참나무 진이 흐르는 곳으로 모인 나방과 넓적사슴벌레 암컷, 수컷들. 수
액이 적게 나올 때는 먹이를 놓고 싸움이 벌어진다.

❸── 무리를 지어 겨울잠을 자는 무당벌레들. 무리지어 있으면 좀더 따뜻하게
겨울을 보낼 수 있고, 봄에 암컷을 짝짓기를 하는데 유리하기 때문이다. 종족
보존을 위한 곤충의 지혜다.

❹── 가시처럼 생긴 갈구리나비 번데기. 겨울나기를 하는 동안 천적을 피하기
위한 위장술이다.

왕오색나비의 애벌레는 먹이식물인 팽나무 낙엽에 붙어서 겨울나기를 한다. 또 갈구리나비는 번데기의 상태로 겨울나기를 하는데, 번데기의 생김새가 나뭇가지에 난 가시와 아주 비슷하다. 천적을 피하기 위해 위장을 한 것이다.

몸의 생김새를 주변 환경과 같게 하여 적을 속이는 이런 위장술을 의태라고 하는데, 갈구리나비의 번데기는 영락없는 나무가시다. 성충의 형태로 겨울나기를 하는 곤충으로는 무당벌레, 네발나비, 에사키뿔노린재 등이 있는데, 이들 모습은 늦가을까지 볼 수 있다. 늦가을 바람에 우수수 낙엽이 떨어져 날리고, 낙엽과 함께 여기저기 뒹구는 도토리 열매들 사이로 왕사마귀의 시체와 가슴과 배가 분리된 사슴벌레, 장수풍뎅이의 시체가 눈에 뜨인다. 종족 보전의 임무를 마치고 생을 마감한 곤충들의 모습이다.

죽은 곤충들은 거름이 되어 땅으로 돌려져 식물이 자라는데 쓰인다. 다시 자연으로 돌아가는 것이다. 이제 눈이 펑펑 내리는 겨울이 되면 숲의 생명들은 새 봄에 다시 등장할 것을 꿈꾸며 긴 겨울잠에 빠져든다.

이수영 ◆ 곤충사진가로 1953년 수원에서 태어났다.
17년간 국내외를 다니며 곤충의 세계를 취재, 기록하여 왔으며 그동안 「곤충의 비밀」—예림당 「한국곤충 생태도감」 전5권—고려대학교 곤충연구소 「곤충을 찾아서」—아카데미서적 「한국의 나비」—대원사 「야생벌」 「개구리」 「사슴벌레」 「메뚜기」—웅진출판 「한국의 자연탐험전집」등을 출판하였고 2000년 「곤충의 비밀」로 한국일보 제정 '백상출판문화상' 사진부문을 수상하였다.
MBC자연다큐멘터리 '야생벌이 산사에 깃든 까닭은' '개똥벌레의 비밀' '참나무나라 이야기' '풀숲의 전쟁' '산골마을 곤충일기'를 촬영하였고, 지금은 '잠자리'를 촬영 중이다. 현재 방송, 출판, 잡지 등에서 곤충전문 생태사진가로 활동중이다.

숲 속의 작은 생명! 곤충!

백 문 기

생태조사단 책임 연구원

숲에 다다르면 여러 생명들을 만날 수 있다는 마음에 발걸음이 빨라지곤 한다. 이전에 보았던 생명체들을 다시 볼 수 있을 것이라는 기대감과 그들에 대한 호기심에 연신 두리번거리게 된다. 숲 속으로 들어갈수록 멀리서 보았던 숲의 모습과 사뭇 다르다. 바빠진 걸음을 잠시 멈추고 쪼그리고 앉아 보자!

숲길 주변을 천천히 둘러보면 이전에 무심코 지나쳐 버린 많은 생명체를 만날 수 있다. 머리·가슴·배의 3부분으로 되어 있고, 일반적으로 다리는 3쌍, 날개는 2쌍을 가지고 있는 작은 생명체인 곤충들도 그들 중 하나다. 예전부터 숲길의 작은 곤충들을 보며 감탄할 때가 한 두 번이 아니다.

눈으로 구분하기도 어려울 정도의 작은 곤충이 숨쉬고, 먹고, 자손을 낳는 것을 볼 때마다 그저 놀랍기 만하다. 거무죽죽하고 볼품없는 작은 번데기에서 화려한 날개를 가진 나비로의 극적인 변화는 놀랍고 아름답다는 것 이외에 자연의 많은 부분을 생각하게 한다. 우리가 '벌레'로 부르는 것들이 모두 곤충은 아니다. 수십 개의 마디마다 1쌍의 다리가 있는 지네류와 각 마디에 2쌍의 다리가 있는 노래기류, 다리가 4쌍 있는 진드기류, 게·새우류와 같이 5쌍의 다리와 여러 개의 부속지가 있는 갑각류들은 곤충이 아니다.

곤충은 머리, 가슴, 배의 3부분으로 이루어지고 기본적으로 가슴에 3쌍의 다리와 2쌍의 날개를 갖지만 때론 환경적응의 결과에 따라 네발나비류 같이 앞다리가 퇴화된 종류도 있으며, 파리류와 같이 뒷날개가 퇴화되어 1쌍의 날개를 가지고 있는 종류들도 있다.

우리가 숲 속에서 만나는 곤충들의 다양한 모습들은 숲의 환경과 매우 밀접한 관계가 있다. 나무 속에서 사는 곤충은 나무 속 환경에 적합한 모습을 가지고 있고, 나뭇잎 위에 사는 곤충은 그에 알맞은 모습을 지니고 있다.

그리고 곤충류는 숲 생태계 순환에 있어 연결고리가 되는 중요한 역할을 한다. 새 등의 많은 동물들의 중요한 먹이 원이 되고, 숲의 청소부 역할을 하기도 하고…. 그 외 숲에서 하는 역할은 매우 많다.

곤충류가 다양하고, 양적·수적으로 풍부한 지역은 잘 보존된 지역이라 할 수 있으며, 다른 생물들 또한 풍부하고 안정적으로 분포하고 있음을 미루어 짐작할 수 있다. 이의 역관계도 성립된다. 이러한 이유로 곤충류 중 많은 종이 환경의 상태를 알리는 지표종이 된다.

이렇듯 곤충류는 숲의 중요한 구성원이다. 그러면 우리들은 곤충에 대해 얼마나 알고 있을까? 그들이 언제 지구상에 출현하였으며, 전 동물 종의 대부분을 차지하고 있을 정도로 번성하게 된 이유는 무엇일까? 사람과의 관계는 어떠할까? 자못 궁금한 일이다. 그러나 더욱더 중요한 것은 우리가 관심을 주든 안주든 간에 곤충들은 여전히 항상 우리 곁에 저마다의 모습으로 살고 있는 것이다. 곤충들이 징그럽고, 무섭고, 불결하다는 느낌을 잠시 뒤로 미루고 귀엽고, 예쁜 생명체인 곤충들을 만나보자.

다양성이 높은 생물군 '곤충'

곤충류는 약 3억 8천만년 전에 나타나 여러 갈래로 진화해온 것으로 알려져 있는데 인류의 조상이 약 3백만년 전에 처음 나타났다고 하니 곤충류는 인류보다 훨씬 오래된 생명체이다. 또한 그 종류는 전 동물의 3/4이상인 100만종 이상 알려져 있을 정도로 현시대의 번성한 생물군이다. 그럼 우리나라에는 몇 종류나 알려져 있을까?

현재 식물 종의 2배가 넘는 12,000종 정도가 알려져 있는데 어윈Erwin 등의 학자들은 3,000만 종 이상이 지구상에 살고 있을 것이라 추정하기도 하니 곤충들은 자연환경에 잘 적응하여 다양한 모습으로 진화한 훌륭한 생명체라 할 수 있다.

이렇듯 곤충이 지구상에 번성하게 된 이유는 무엇일까? 일반적으로 소형화, 날개를 가짐, 키틴질chitin의 외골격, 몸 구조의 적응성, 다양한 생활사, 높은 생식능력과 짧은 세대 간격, 다양한 생리 · 생태를 가지고 있기 때문이라 한다.

좀더 자세히 살펴보면, 곤충류는 기관계 호흡구조의 한계를 극복하기 위해 대형에서 소형으로 진화하였다고 알려져 있는데, 이와 같은 소형화로 인해 소량의 먹이로 생존이 가능하게 되었으며 다양한 서식공간을 확보할 수 있는 장점을 갖게 되었다. 또한 날개라는 외형적 변화는 새로운 환경의 빠른 점령 및 분산능력, 교미기회 증가, 먹이 획득력 증대, 외적이나 불리한 환경으로부터의 도피능력의 증가로 오늘날 곤충류가 번성하게 된 중요한 원인이 되었다. 곤충의 외부를 구성하는 키틴질의 외골격은 수분 과다증발 방지, 내장기관 보호할 뿐 만 아니라 근육 부착면적 확대로 운동기관의 발달을 촉진시켰다고 한다. 그 외 크고 가볍고 튼튼한 날개, 뒷다리 발달로 도약력 증대(메뚜기류, 벼룩 등), 기관아가미 발달로 수중

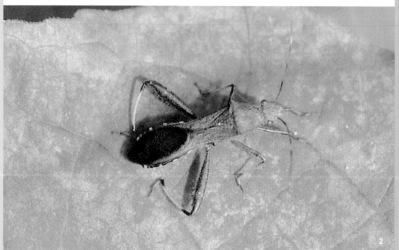

❶ ── 땅강아지 앞다리가 굴을 파기에 적합하게 변형된 메뚜기목의 한 종으로 예로
부터 친근한 곤충. 봄부터 가을까지 볼 수 있지만 최근에는 쉽게 볼 수가 없다.

❷ ── 톱다리개미허리노린재 산지주변이나 산지에서 쉽게 볼 수 있는 노린재류로
서 뒷다리에 톱날 모양의 가시가 발달하여 있다. 봄부터 늦가을까지 볼 수 있다.

❶ —— 줄베짱이 평지와 야산의 초지대에서 만날 수 있는 중형의 메뚜기류. 뒷날개의
    지맥이 평행하게 발달하여 다른 베짱이 종류들과 쉽게 구별되며, 한여름부터 가을
    까지 볼 수 있다.
❷ —— 왕사마귀 대형의 포식성 곤충으로 낫 모양의 잘 발달된 앞다리를 가지고 있
    다. 늦여름부터 가을까지 산지의 초지대에서 만날 수 있다. 뒷날개에 흑갈색의 불
    규칙한 무늬가 잘 발달하여 있어 다른 사마귀류와 쉽게 구별된다.

호흡(수서곤충), 굴 파기(땅강아지), 먹이 포획(사마귀류)을 위한 앞다리 발달, 다양한 먹이를 섭취할 수 있는 입틀 구조의 다양성 등의 몸 구조 다양성과 각 시기마다 모양, 먹이, 서식처 등을 바꾸면서 환경에 적응할 수 있는 변태 또한 곤충류의 번성에 중요한 역할을 하였다고 한다.

이렇게 곤충들은 오랜 기간 동안 환경에 적응한 결과로 자신의 생존에 가장 유리한 모습과 습성을 가지고 다양한 환경에서 살고 있으며, 다양한 미소환경을 가지고 있는 숲은 곤충들에게 가장 중요한 삶의 터전이 된다.

숲 속의 다양한 곤충을 만나면서 이런 물음을 해 본다. 미래에 인류가 없더라도 곤충은 여전히 번창할까? 그럼 곤충들이 없어진다면 인류는 어찌될까? 숲길을 걸으며 곤충의 놀라운 다양성과 환경 적응성에 대해 생각해 보는 것도 숲의 참모습을 알기 위해 필요한 일이라 느껴진다.

숲 생태계에서 곤충의 역할

숲 가장자리, 숲 속, 농경지, 집안, 집 주변…. 어디에서나 바지런히 움직이는 곤충들을 만날 수 있다. 인적이 드문 숲 속 한 모퉁이에서 과자 부스러기를 놓고 잠시 기다려 보자! 잠시 후 사람이 있건 없건 아랑곳하지 않고 발 밑으로 몰려드는 개미들을 만난다. 처음에는 몇 마리… 잠시 후 수백 마리… 동료가 사람들에게 밟힐 위험에 처하든 말든 바지런히 먹이를 집으로 옮기는 것을 보면서 이런 생각을 해 본다. 그들은 대체 숲에서 무엇을 하고 있을까?

곤충류는 숲 생태계를 구성하고 있는 여러 생물들과 종간 상호작용(interspecific interaction)을 하며 살고 있으며, 숲 생태계에 분해자, 소비자 등의 다양한 역할을 하고 있다. 먹이그물food web에서 그들의 역할을 살펴보면, 나비·나방의 유충들과 같이 식물들을 먹이 원으로 하는 식식성植食性 곤충류는 1차 소비자 역할을 하며, 사마귀류와 같이 여러 곤충류를 잡아먹는 포식성捕食性 곤충은 2차 소비자의 역할을 하기도 한다.

또한 동물 사체를 먹는 송장벌레류와 배설물을 먹는 소똥구리류, 그리고 고목을 분해하는 흰개미류 등은 숲 생태계의 분해자(혹은 최종소비자)의 역할을 하며, 지하생활을 하는 딱정벌레류는 부엽토를 먹고 유기물 분해를 촉진하므로 물질순환에 중요한 역할을 한다.

이렇듯 숲 생태계에서 곤충들은 분해자, 1, 2차 소비자 역할을 하고 있으며, 조류, 양서류 및 파충류의 먹이자원으로서의 기능이 높고, 육상 고등식물의 수분(pollination)에 중요한 역할을 하므로 숲 생태계 순환에 있어 크게 기여하는 생물군이다. 또한 곤충들은 서식처와 먹이의 특이성이 높아 숲의 건강과 환경변화를 파악하는데 있어 유용한 생물군이기도 하다.

유충시기 동안만 수서생활을 하는 강도래류, 하루살이류가 많이 날아다닌다면 숲 속에 맑은 계류가 있다고 할 수 있으며, 이들을 먹는 버들치 등의 물고기들도 많을 것이라 미루어 짐작할 수 있다. 또한 야생동물의 배설물을 먹는 똥풍뎅이류가 많다면 숲 속에 야생동물의 개체수가 풍부하다고 할 수 있다. 이들 종들 이외에도 여러 곤충들을 통해 환경 상태를 알 수 있다.

그러나 곤충이 항상 숲 생태계에 긍정적인 역할 만을 하는 것은 아니다. 물론 해당 종에 있어서는 습성에 따른 자연스런 것이겠지만 솔잎혹파리와 같은 해충들은 대량 발생시 숲 생태계를 거의 파괴하기도 한다. 솔잎혹파리는 1929년 서울과 전남 목포에서 그 피해가 최초로 보고된 이래 현재 전국으로 확대, 분포하고 있으며, 연

숲을 한번 걷다

❶ —— **갈구리나비** 초봄을 알리는 끝이 뾰족한 하얀 날개를 가진 나비. 봄 시기에만 평지나 낮은 산지에서 볼 수 있다.

❷ —— **남방부전나비** 뒷날개에 점이 많은 매우 작고 귀여운 나비. 봄부터 가을까지 논밭 주변, 도시의 공원에서 쉽게 볼 수 있다.

❸ —— **부처나비** 흑갈색 날개에 눈모양 무늬가 있다. 봄부터 가을까지 숲 가장 자리나 숲 속에서 볼 수 있다.

❹ —— **작은멋쟁이나비** 이름과 같이 무늬가 화려한 아름다운 나비로서 도시에서도 쉽게 볼 수 있다. 늦봄부터 가을까지 어디서나 볼 수 있으나 가을에 코스모스 꽃에서 꿀을 빠는 모습을 쉽게 볼 수 있다.

❺ —— **제비나비** 제비와 같이 크고 검은색 날개를 가진 나비로 예로부터 호랑나비와 더불어 친근한 나비. 봄부터 가을까지 숲 주변이나 산지에서 쉽게 볼 수 있다.

20만 헥타르 내외의 피해면적을 나타내고 있다. 또한 솔수염하늘소는 소나무 에이즈라 불리는 소나무재선충의 중간숙주 역할을 하므로 최근 방제작업의 주 대상이 되고 있으며, 흡혈성인 숲모기류는 숲 속 동물에게 여러 가지 전염병을 전파시키기도 한다.

어찌 보면 사람들이 말하는 '숲 생태계에서 곤충의 역할' 은 곤충 입장에서는 단순히 생존을 위한 습성의 나열일지 모른다. 그러나 사람과 자연이 서로 존중하며, 함께 살아가기 위해 그들의 역할을 살펴보는 것은 필요한 일이다. 분명한 것은 지구 생태계를 유지하는데 있어서 매우 중요한 역할을 하고 있다는 것이며, 지구상에 살고 있는 인류의 생존을 위해서라도 그들에게 많은 배려와 관심이 필요하다는 것이다.

작은 곤충들이라도 저마다의 목적을 가지고 나름대로 열심히 살아가고 있다. 숲 속의 곤충들을 만날 때 그들의 성실함에 칭찬을 해 주며 좀 더 여유로운 마음을 가져 보는 것도 좋지 않을까?

숲에서 쉽게 만나는 곤충

숲에 들어서면 어디서든지 곤충을 만날 수 있다. 그러나 곤충들은 대부분 서식지 특이성이 있어 환경에 따라 관찰되는 종류가 다르다. 곤충들은 이동성이 있는 생물이므로 그 출현지역의 경계는 명확하지는 않지만 숲 가장자리의 양지 바른 곳을 좋아하는 곤충들이 있고, 숲 속 컴컴한 곳을 좋아하는 종류들도 있다. 낙엽 밑에서 활동하는 곤충들이 있는 반면 나무 꼭대기에서 점유활동을 하는 종류들도 있다. 이와 같은 습성은 먹이원, 온도, 빛 등과 매우 밀접한 관련이 있다고 알려져 있다.

만일 내가 빠르게 움직이지 못하고, 몸도 연약한 어린 벌레라면 숲 속 어디에 있을까? 아마도 먹이가 풍부한 곳, 그것도 안전하게 먹이

를 먹을 수 있는 곳… 그런 곳에 있지 않을까? 내가 꽃을 빠는 나비
라면 비 내리는 날보다 화창한 날에 꽃을 많이 찾지 않을까? 더 많은
곤충들을 만나고 싶으면 그들의 먹이와 습성을 아는 것이 필요하다.

숲 가장자리

'사람들은 좋은 숲을 보면 마음이 바빠지는 것 같다. 멋진
풍경에 매료되어 발걸음을 재촉하여 이윽고 숲길로 들어선다. 그
리고 옆, 뒤돌아 볼 새 없이 정상으로 내달음 친다. 그리고 야호!
야호! 몇 번 외치고….' 가끔은 여기에 야생화, 나무, 새, 곤충들을
찾아 볼 수 있는 여유가 있으면 더 좋겠다는 생각이 든다. 발걸음
을 조금씩 늦추고 숲 가장자리의 생물들을 바라보자! 아마도 새로
운 세계를 접할 수 있을 것이다.

숲 가장자리는 숲 속과는 달리 초지 및 관목이 풍부한 곳이다. 이
곳에는 컴컴한 숲 속과는 다른 곤충류가 살고 있다. 멀리서 숲 가
장자리를 살펴보면 나비류와 같이 날개가 크고 잘 날아다니는 곤
충을 주로 보겠지만, 가까이에서 유심히 살펴보면 여치류, 노린재
류, 무당벌레류 등 크기가 작은 곤충들을 볼 수 있다.

사람들이 많이 찾는 도시 근교의 숲 가장자리에서 쉽게 만날 수 있
는 곤충들은 어떤 종들일까? 쑥부쟁이, 구절초, 엉겅퀴, 개망초 등
의 개화 초본류와 관목류인 국수나무의 꽃을 잘 살펴보면 보다 많
은 종류의 곤충들을 만날 수 있다

● **나비류:** 초봄에 숲 가장자리에서 흔히 볼 수 있는 나비는 네발나
비와 갈구리나비인데, 네발나비는 성충 자체로 월동하기 때문에 전
년 11월경에 동면에 들어간 나비가 봄에 깨어나 관찰되는 것이며,
갈구리나비는 번데기로 월동하여 초봄에 우화한 것으로 월동태가
다르다. 갈구리나비는 봄 시기 외에는 관찰되지 않으며, 날개 끝이

뾰족한 갈고리 모양을 하고 있어 다른 흰나비류와 쉽게 구별된다. 표범과 비슷한 무늬를 가지는 네발나비는 전국 어디에서나 쉽게 볼 수 있는 나비이며, 개체수도 매우 많다. 먹이식물은 수변이나 숲 주변에서 흔히 볼 수 있는 환삼덩굴 등이다. 또한 배추흰나비와 대만흰나비도 봄부터 쉽게 관찰할 수 있는데, 배추흰나비는 개체수가 풍부하여 숲 가장자리나 초지에서 하얀색의 나비를 본다면 대부분 배추흰나비라 할 수 있을 정도이다.

먹이식물이 숲 속보다는 숲 가장자리, 경작지, 초원에 많이 분포하는 배추, 무 등의 십자화과 식물인 것을 생각하면 먹이식물의 분포와 출현 지역이 서로 상관관계가 높음을 알 수 있다. 50원짜리 동전 크기 만한 암먹부전나비, 남방부전나비도 숲 가장자리에서 쉽게 만날 수 있는 나비이다. 검은색 날개에 흰 줄무늬가 있는 애기세줄나비도 5월부터 9월까지 쉽게 만날 수 있는 나비이며, 최근 도시 근교에서 급감하고 있지만 꼬리명주나비와 모시나비도 간혹 볼 수 있다. 최근 숲 가장자리 또는 인접지역의 초지가 개발로 인해 많이 훼손되어서 그런지 이전에 쉽게 볼 수 있었던 나비들이 전체적으로 자취를 감추고 있다. 지역에 따라서는 절종된 종도 많아 우리들의 관심이 필요하다.

● **갑충류:** 나비류와 달리 갑충류의 대부분은 그리 오랫동안 날아다니며 활동하지 않는다. 따라서 갑충류를 보기 위해서는 먹이식물이나 서식처 가까이 가서 살펴보아야 한다. 숲 가장자리에서 쉽게 관찰할 수 있는 갑충류는 칠성무당벌레·꼬마남생이무당벌레 등의 무당벌레류와 참콩풍뎅이·등얼룩풍뎅이 등의 풍뎅이류, 쑥잎벌레, 중국청람색잎벌레 등의 잎벌레류 등이다. 특히 쑥 등이 많이 있는 곳에서는 꼬마남생이무당벌레를 쉽게 볼 수 있다.

● **메뚜기류·노린재류:** 메뚜기류가 좋아하는 먹이식물은 바랭이나

억새, 강아지풀 등 벼과 식물인데, 이들 식물들은 숲 속보다는 평지나, 숲 가장자리에서 주로 분포한다. 따라서 메뚜기류를 쉽게 관찰하려면 벼과 식물이 많은 곳을 찾아가야 한다. 도시 근교 숲 가장자리에서는 등검은메뚜기, 팥중이, 방아깨비, 긴꼬리쌕새기, 검은다리실베짱이 등을 관찰할 수 있으나 몸의 모양과 색깔이 주위 환경과 비슷하여 자세히 살펴보아야 한다. 메뚜기류는 조류나 양서·파충류의 중요 먹이 원이기도 하다.

노린재류 중 탈장님노린재, 설상무늬장님노린재, 보리장님노린재, 붉은잡초노린재, 흑다리잡초노린재, 벼가시허리노린재 등은 개체수가 무척 많아 벼과 식물이나 개화 초본류에서 쉽게 만날 수 있는 종들이다.

● **꿀벌류·꽃등에류:** 숲 가장자리의 개화식물에서는 양봉꿀벌과 꽃등에류를 언제든지 만날 수 있다. 이들 종들은 모양과 색상이 유사하지만 벌류는 날개가 2쌍이고, 꽃등에류는 날개가 1쌍이므로 쉽게 구별된다. 꽃등에류는 매우 다양한데 배짧은꽃등에, 꼬마꽃등에, 꽃등에는 개체수가 많아 어디서나 관찰할 수 있다.

숲 속 오솔길 주변

숲 속 오솔길 주변에서는 숲 가장자리에서 볼 수 있는 대부분의 종들과 산제비나비 등의 산지성 곤충들을 함께 관찰할 수 있다. 오솔길 옆 야생화 뿐 만 아니라 주변 나무들을 살펴보자!. 무심코 지나치던 나뭇잎에도 많은 곤충들이 활동을 한다. 도시 근교의 숲 속 산길을 거닐다 보면 숲길 주변을 따라 날아다니는 하얀 날개에 검은 줄무늬가 있는 큰줄흰나비를 쉽게 만날 수 있다.

때론 산길을 따라 휙휙 날아다니는 검은색 계통의 큰 날개를 가진 나비를 만날 수 있는데, 산제비나비, 제비나비, 긴꼬리제비나비, 사향제비나비 등이 이 무리에 속한다. 햇볕이 잘 드는 비탈면에서는 뿔나비, 청띠신선나비, 대왕나비, 큰멋쟁이나비 등이 햇볕을 쬐고 있는 모습을 볼 수 있는데, 뿔나비는 때론 한 곳에서 수백 마리씩 관찰되기도 한다.

숲 길 주변에 핀 야생화에서는 노란색 날개를 가진 각시멧노랑나비, 주황색 날개에 검은 줄과 점들이 있는 흰줄표범나비, 검은색 날개에 흰색 무늬가 있는 왕자팔랑나비, 화려한 무늬와 색을 가진 작은멋쟁이나비 등 다양한 나비를 만날 수 있다. 숲 길 주변 관목이나 교목의 잎에서는 한가로이 쉬고 있는 날베짱이, 큰실베짱이, 줄베짱이 등의 메뚜기류, 털보바구미, 배자바구미 등의 갑충류, 작은주걱참나무노린재, 썩덩나무노린재, 톱다리개미허리노린재 등의 노린재류를 관찰할 수 있다.

숲길 옆 국수나무꽃이나 야생화에서는 붉은산꽃하늘소, 긴알락꽃하늘소, 줄각시하늘소, 긴점무당벌레, 호랑꽃무지 등의 갑충류, 배짧은꽃등에, 호리꽃등에 등의 꽃등에류, 양봉꿀벌, 호박벌, 뒤영벌 등의 벌류를 나비류와 함께 관찰 할 수 있다. 누리장나무, 산초나무, 쉬땅나무 등에서는 흡밀하고 있는 곤충들을 쉽게 만날 수 있다.

숲 속

숲 속은 어두컴컴해서 그런지 숲 속에 살고 있는 곤충들의 대부분은 색상이 그리 화려하지 않다. 환경에 자기 몸 빛깔과 형태를 조화시켜서 보호할려고 하기 때문이다. 도시 근교 숲 속에서 6~8월에 쉽게 관찰되는 나비류는 부처나비, 석물결나비, 먹그늘나비 등의 뱀눈나비류 등이다.

참나무의 나무진에도 많은 곤충류가 모이는데, 특히 넓적사슴벌레 등의 사슴벌레류, 풍이 등의 풍뎅이류, 장수말벌 등의 말벌류, 갈로이스등에 등의 등에류, 왕오색나비 등의 나비류가 모여든다. 숲속의 낙엽이나 고사목을 뒤져보면 먼지벌레류, 딱정벌레류 등을 볼 수 있고, 나뭇잎 끝을 잘 살펴보면 녹색부전나비류 등의 나비류가 쉬고 있는 모습을 볼 수 있다.

사람과 곤충

사람들은 언제부터 곤충들에게 관심을 가지게 되었을까? 사람들과 같은 생명체로 존중하는 마음에서 출발하였을까? 곤충에 대한 본격적인 연구는 경제활동에 피해를 주는 농업해충 분야에서 출발하였다고 하며, 그 후 사람들에게 병균을 옮기거나 직접 공격하여 피해를 주는 위생곤충 분야로 넓혀졌다고 한다.

달리 말하면 곤충에 대한 연구는 그들이 인류와 공존하고 있으며, 인류와 같이 번성하고 있는 생물군에 대한 호기심에서 출발했다고 하기보다는 사람들에게 피해를 주는 생물이기 때문에 그 피해를 최소화하기 위해 연구가 시작되었다고 해도 그리 틀린 것이 아니다.

생물들은 상호 작용을 통해 생태계 항상성을 유지해 가는데 사람과 곤충들 사이에도 서로 도움을 주는 부분과 피해를 주는 부분이 함께 있다. 무당벌레류는 진딧물과 같은 해충의 천적으로 활용하고 있으며, 꿀벌류는 화분매개충으로 이용되어 농가에 많은 도움을 준다. 장수풍뎅이의 애벌레 등은 오래 전부터 약용으로 사용되고 있으며, 누에나방의 번데기는 즐겨먹은 간식거리이기도 하다. 고치는 비단을 만드는 재료가 된다. 또한 호랑나비, 귀뚜라미, 베짱이 등은 우리 정서생활에 도움을 주고, 왕사슴벌레 등은 애완동물로 각광을 받기도 한다. 파리류 등 사체를 먹는 곤충들은 사망시간 추정 등 법의法醫곤충으로서 활용되기도 한다. 이렇듯 곤충들은

① —— **배짧은꽃등에** 봄부터 늦가을 까지 꽃에서 쉽게 볼 수 있는 꽃등에류로서 벌과 유사하나 날개가 1쌍이므로 쉽게 구별된다.

② —— **호랑꽃무지** 등딱지날개에는 황갈색의 폭넓은 2개의 가로줄이 있고, 황회색의 긴털이 나 있는 아름다운 풍뎅이류. 봄부터 여름까지 주로 산지의 꽃에서 볼 수 있다.

③ —— **장수말벌** 산림내에서 주로 볼 수 있는 대형의 말벌류로서 강한 독을 가지고 있어 산행시 주의가 매우 필요하다.

④ —— **칠성무당벌레** 홍색의 딱지날개에 7개의 흑색무늬가 있는 동그란 모양의 딱정벌레. 평지부터 고산지까지 어디서나 볼 수 있으나 실제로 관찰되는 개체수는 무당벌레보다 적다.

⑤ —— **밀잠자리** 농촌이나 도시 하천에서 쉽게 볼 수 있는 중형의 잠자리류로서 봄에서 가을가지 관찰된다. 숫컷은 흑색이 강하고, 암컷은 황갈색이 강하여 암 수가 구별되며, 날개 기부에 흑색 무늬가 없어 큰 밀잠자리와 쉽게 구별된다.

인간 생활과 매우 밀접한 관계를 가지고 있다. 최근에는 유전자보고(gene pool)로서의 중요성이 대두되어 거대한 산업자원으로 활용되고 있다.

반면에 사람들에게 피해를 주는 곤충들도 있는데 숲 속의 곤충류를 관찰할 때도 주의를 해야 한다. 모기류, 바퀴류, 이류, 파리류 등은 위생상 문제를 주기도 하며, 장수말벌과 같은 말벌류는 강한 독성을 가지고 있어 쏘이게 되면 면역학적인 과민증에 의한 쇼크로 인해 생명이 위험할 수 있다.

숲 속에서 모기에게 물리면 대부분 흰줄숲모기(*Aedes albopictus*) 또는 큰검정들모기(*Armigeres subalbatus*)에게 물린 것인데 국내에서는 아직까지 이들 종에 의한 병균 매개는 확인되지 않았지만 자교刺咬에 의한 기계적 외상 및 곤충 타액의 독성으로 인한 감수성으로 인해 다소간의 신체적 피해를 입는다. 또한 독나방류 유충의 독모에 접촉하였을 경우 강한 통증이나 피부증을 일으킨다.

숲 속 곤충을 만나보자!

한 여름 숲에 들어서서 열심히 관찰하면 수백 종의 곤충을 볼 수 있다. 이 곤충의 이름이 무엇일까? 저 곤충은 이름이 무엇일까? 어떨 때는 크기가 작은 곤충들을 보면 궁금하다가도 짜증이 나기도 한다. 가져간 도감들을 아무리 펼쳐보아도 그 이름을 알지 못하는 곤충들도 너무 많고… 이내 흥미를 잃어버리기도 한다. 그런데 곤충 이름을 다 알지 못하는 것은 당연한 일이다.

곤충 전문가들도 자신들이 선호하는 곤충류가 각각 있어 그 그룹 외에는 잘 알지 못한다고 하며, 수십 종이 포함된 그룹이지만 평생 연구해도 그 일면만 알 수 있을 것이라는 말도 종종 한다. 오늘날에도 하루에 10여 종씩 새로운 종이 밝혀지고 있을 정도로 곤충은 다양하므로 숲에서 만나는 곤충 이름을 전부 아는 사람은 아마도 없을 것이다.

자신이 좋아하는 곤충의 이름 몇 가지를 미리 알고 그들을 숲 속에서 찾아보는 것도 '숲의 여행'을 풍성하게 한다. 도시 근교에서 쉽게 볼 수 있는 모시나비, 호랑나비, 제비나비, 사향제비나비, 긴꼬리제비나비, 배추흰나비, 대만흰나비, 큰줄흰나비, 노랑나비, 암먹부전나비, 푸른부전나비, 범부전나비, 남방부전나비, 애기세줄나비, 별박이세줄나비, 제일줄나비, 네발나비, 흰줄표범나비, 작은멋쟁이나비, 부처나비, 배짧은꽃등에, 꼬마꽃등에, 밀잠자리, 검은다리실베짱이, 섬서구메뚜기, 양봉꿀벌, 꼬마남생이무당벌레, 무당벌레, 쑥잎벌레 등의 모양과 습성을 미리 알아두자.

그리고 그들을 만나면 눈으로 마음으로 속삭여 보자! 그리고 그들의 마음으로 숲과 이야기 해 보자! 곤충의 눈으로 숲에 서 있는 자신을 투영하여 보자! 아마도 조금 더 우리의 마음이 따스해 지지 않을까? 곤충은 사람들이 좋아하든 싫어하든 간에 인류보다 훨씬 오래 전에 태어나 묵묵히 주어진 역할을 다해온 자연의 귀중한 구성원이다.

백문기 ◆ 1968년에 경상남도 거창에서 태어나 인천대학교 대학원에서 곤충계통분류학을 전공하여 이학박사학위를 받았다. 주요 논문으로는 〈한국산 알락명나방아과(나비목, 명나방과)의 계통분류학적 연구〉외 30여 편이 있으며, 40여 개의 관련 연구사업을 수행하였다. 지금은 ㈜생태조사단에서 책임연구원으로 일하고 있다. 나비목 곤충을 중심으로 분류·생태 연구를 주로 하고 있으며, 최근 일반인을 대상으로 하는 자연학습과 교재개발에 관심을 두고 있다.

숲은 새들의 노아의 방주

유 정 칠

한국 조류 연구소 소장 · 경희대 교수

우리나라에 서식하는 조류는 400여 종이 넘지만, 이젠 전문가들조차도 야외에서 200종 이상을 관찰하기가 어렵게 됐다. 많은 새들이 점차 모습을 보기 힘든 보호종이나 멸종위기종이 되어서다. 도요나 물떼새와 같은 수조류들은 개펄이나 하천으로 대표되는 습지에 의존해 살지만, 박새나 딱다구리류 같은 삼림성 조류들은 숲이 없으면 살 수가 없다.

같은 삼림성 조류라도 박새나 곤줄박이 등은 삼림에서뿐만 아니라 인가 근처 숲이 있는 곳에서도 흔히 볼 수 있지만, 동고비나 딱따구리류 등은 일정 규모 이상의 숲이 없는 곳에서는 살지 못한다.

새 보호를 위한 최후의 보루 '숲'

동고비 한 쌍이 살기 위해서는 먹이가 풍부한 좋은 서식지의 경우 3~5 에이커의 숲만 있어도 되지만, 먹이가 부족한 곳에서는 그 10배인 30~50 에이커의 숲이 필요하다.

현재 그 개체 수가 크게 줄어 천연기념물 제242호로 지정되어 보호 받고 있는 까막딱다구리 경우 번식기에 적어도 300~400헥타르 이상의 넓은 세력권이 필요한 새이기 때문에 개발이 진행되어 삼림이 단편화된 도시 삼림에서는 이제 찾아보기 어렵게 되었다.

딱따구리류를 비롯한 대부분의 삼림 조류는 주로 개미나 나무에 구멍을 내는 딱정벌레류의 애벌레나 번데기, 그리고 성충들을 잡아먹는 산림해충의 천적으로 삼림을 위해서도 보호되어야 할 새이다.

숲은 동고비, 딱새, 오색딱따구리, 수리부엉이와 같은 텃새들 만 부양하는 것은 아니다. 산솔새, 파랑새, 검은등뻐꾸기와 같이 봄에 우리나라를 찾아와서 번식하고 가을에 떠나는 여름철새와, 쑥새나 촉새 등과 같이 추위를 피해 가을에 우리나라를 찾아 겨울을 나고 봄에 떠나는 겨울철새나 많은 통과조류들에게도 숲은 보금자리를 제공한다.

지난 수십 년 동안 숲에 사는 새들 중에서 그 수가 가장 눈에 띄게 줄어든 것은 나무 구멍에 둥지를 만들어 번식하는 새들이다. 대표적인 종으로는 딱따구리류와 올빼미류를 들 수 있다. 그동안 딱따구리류가 크게 격감한 것은 이들은 모두 고목에 구멍을 뚫고 입구를 만든 다음 상당한 깊이까지 파내려 가서 둥지를 만들어 새끼들을 키우는데, 그 동안 우리나라에서는 산림보호 관리 차원에서 썩어 벌레가 든 큰 고목들을 많이 없애버렸기 때문이다. 이들 종류들이 격감한 또 다른 원인 중의 하나는 살충제의 남용에 의한 것이다. 딱따구리류와 같은 삼림조류들은 모두 삼림해충을 잡아먹고, 올빼미류는 소형동물이나 작은 새 또는 곤충들을 잡아먹는다. 그런데 지난 세기 동안 산림해충을 없애기 위해 농약을 많이 사용해 왔고, 그로 인해 농약에 노출된 산림해충들을 먹은 삼림성 조류들이 현재 그 수가 크게 격감되었다.

❶ ―― 쇠딱따구리 텃새로 나무에 구멍을 파고 번식한다. 종종 부러진 썩은 나뭇
가지에도 구멍을 파고 번식하는데, 일단 번식을 하면 둥지를 수십미터를 이동
해도 둥지를 포기하지 않는다. 나무발발이 처럼 나무줄기를 빙빙 돌며 먹이를
찾는다. 곤충의 애벌레를 좋아하지만 식물의 열매도 잘 먹는다.

❷ ―― 큰오색딱다구리 텃새로 나무에 직접 구멍을 파서 번식한다. 고목나무 줄
기를 쪼아 구멍을 낸 후 그 속에 있는 애벌레를 긴 혀를 사용해 잡아먹는다. 나
무를 쪼아 나무를 망가뜨린다고 생각하기 쉬우나, 주로 곤충의 애벌레들에게
공격받고 있는 나무들을 쪼아 해로운 해충을 잡아먹으므로 삼림을 보호하는
종이라고 할 수 있다. 식물의 열매 등도 먹는다.

❶ —— **솔 부엉이** 여름철새로 산림지역뿐만 아니라 도시공원의 울창한 숲에서
도 종종 관찰된다. 나무구멍에 번식하며, 곤충, 소형 조류나 포유류 등을 잡아
먹는다. 천연기념물 제324호로 지정되어 보호받고 있다.

❷ —— **꾀꼬리** 봄에 우리나라를 찾아와서 번식한 후 가을에 떠나는 여름철새이
다. 다양한 아름다운 소리로 운다. 깊은 산보다 인가 근처의 숲에서 자주 볼 수
있다. 나뭇가지에 밥공기 모양의 둥지를 만든다. 식물의 열매나 곤충을 주로
먹는다. **사진제공** —— **최종수**

이제 삼림조류를 보호하기 위해서는 숲에서뿐만 아니라, 숲 인근에 있는 농경지, 과수원, 골프장 등에서 살충제를 과도하게 사용하는 것을 자제해야 한다. 그러나 무엇보다 삼림조류의 개체 수를 격감시킨 가장 큰 원인은 '숲'의 단편화와 고립화이다.

그동안 많은 숲이 도로, 위락시설을 만들기 위해, 그리고 주거단지를 만들기 위해 파괴되어 왔다. 지금처럼 '숲'이 계속 도시화, 산업화로 인해 단편화되고, 섬처럼 주위 숲과 단절되고, 사라진다면 앞으로 숲에서도 더 이상 새들을 볼 수 없을 시대가 올 지도 모른다.

새가 살려면 숲의 단편화, 고립화를 막아야

숲에 의존해서 살아가는 조류들은 숲의 크기가 크면 클수록 더 다양한 종들이 발견된다. 그리고 비슷한 크기의 숲에서는 숲이 울창할수록, 숲 가장자리에 관목림이나 덤불 등이 많으면 많을수록, 그리고 이웃 숲과의 거리가 가까울수록 종 풍요도가 높아진다.

숲에 사는 조류를 보호하기 위해서는 '전이개체군(metapopulation)'이란 용어를 이해하는 것이 도움이 된다. 예를 들어, 원래 수락산에는 동고비가 없었는데 북한산에 있었던 동고비 중 일부가 수락산으로 이주하여 그 곳에 보금자리를 틀고 텃새로서 번식하여 일정 수 이상의 개체군을 형성하였다고 가정하자.

이때 수락산에 정착한 동고비를 전이개체군이라 부른다. 전이개체군의 개념이 중요한 것은 일반인들에게 새를 보호하기 위해 왜 '숲'을 보호해야 하는지를 '지역적 멸종'이라는 개념을 가지고 쉽게 설명할 수 있기 때문이다.

동고비나 딱따구리와 같이 숲에서 사는 새들이 지역적으로 멸종이 될 확률은 단편화된 숲의 크기가 작을수록, 그리고 그 종이 살고 있는 숲 주변에 다른 숲이 없으면 없을수록 더 높아진다. 예를 들어, 아주 넓은 숲에 인접한 작은 숲에서 사는 새들은 아주 넓은 숲으로부터 멀리 떨어져 있는 작은 숲에서 사는 새들보다 멸종될 확률이 더 낮게 되는데, 이는 현재 살고 있는 곳의 서식환경이 나빠질 경우 옆에 있는 숲으로 잠시 이주하여 살다가 상황이 나아지면 다시 자기가 살던 곳으로 돌아올 수 있기 때문이다.

네덜란드의 동고비에 대한 한 연구는 큰 삼림지역으로 이루어진 근원 서식지로부터 1킬로미터 떨어진 숲에서는 동고비가 출현할 가능성이 76퍼센트이었지만, 18킬로미터가 떨어진 곳에서는 64퍼센트로, 큰 숲으로부터 멀리 떨어지면 떨어질수록 동고비가 살기 어렵다는 것을 보여주었다. 우리나라에서는 국립공원이나 도립공원처럼 상대적으로 삼림이 울창한 곳을 근원 서식지라고 말할 수 있으며, 산새들을 보호하기 위해서는 이들 근원 서식지들을 잘 보호하여야만 한다.

생태 이동 통로가 필요한 새들

한 다람쥐가 자기가 살고 있는 숲에서 나와 건너편 숲으로 건너가려고 한다고 가정해 보자. 숲과 숲 사이에 만일 자동차도로가 있다면 다람쥐가 무사히 건너편에 있는 숲으로 들어가기는 쉽지 않을 것이다. 그리고 설상가상으로 목적지인 숲으로 들어가기 위해서 여러 자동차 도로를 통과해야만 한다면 더욱 안전하게 목적지에 도달하는 것은 어렵게 될 것이다. 이때 우리는 다람쥐의 이동을 막는 자동차 도로를 '경관 저항'이라고 부른다. 그러므로 경관저항은 목적지까지 자동차도로가 많으면 많을수록 더 높아지는 것이다.

경관저항은 다람쥐와 같은 포유류에게만 적용되는 것은 아니다.

조류의 경우에도 적용된다. 특히 삼림에 의존적인 동고비나 딱따구리와 같은 새들은 경관저항에 대해 민감하게 반응하여 다른 곳으로 이동할 때 숲 가장자리를 따라 다른 숲으로 이동한다. 나무가 없는 개활지나 주거지를 통과하여 다른 숲으로 이동하는 경우는 거의 없다.

그리고 숲이 우거지면 질수록 경관저항이 작아진다. 경우에 따라서는 포유류보다도 조류가 경관저항에 대해 더 민감하게 반응하기도 한다. 고속도로와 같은 큰길은 딱따구리와 같은 삼림성 조류에게는 심한 경관저항으로서 작용하지만, 대형포유류(사슴류)에서는 크게 저항 요인으로 작용하지 않는 것으로 알려져 있다.

그래서 외국의 경우 고속도로나 자동차도로를 건너다 죽는 사슴류들이 많이 관찰된다. 그래서 사슴이 자주 지나가는 도로에는 경고

❶―― **동고비** 텃새로 대표적인 삼림 의존적 조류로 나무가 울창한 삼림에서 관찰된
다. 다른 새들과는 달리 나무줄기 아래위로 걸어 다니며 먹이를 찾는다. 박새처럼 나
무구멍에 둥지를 튼다. 인공둥지도 이용하지만 박새와는 달리 인공둥지 구멍 아래 위
을 진흙으로 발라 조그만 틈도 없도록 둥지 마감능력이 탁월하다. 번식기에는 주로
곤충을 먹지만, 다른 때에는 식물의 열매나 씨를 먹는다.

❷―― **곤줄박이** 텃새로 삼림지역이나 인가 근처의 숲에서 산다. 박새처럼 나무구멍에
번식한다. 번식기에는 곤충의 애벌레를 즐겨먹지만 비번식기에는 식물의 열매나 씨
등을 먹는다. 인공둥지의 경우 구멍이 크면 잘 사용하지 않으며, 곤줄박이가 겨우 들
어갈 수 있는 직경 3cm 정도의 작은 구멍을 만들어 주면 인공둥지도 잘 이용한다.

❸―― **딱새** 텃새로 산림지역뿐만 아니라 인가근처의 숲에서도 자주 관찰된다. 나무
둥우리의 움푹 파인 곳, 바위틈, 나무구멍 등에서 번식한다. 곤충을 즐겨먹지만 식물
의 열매나 씨도 먹는다. 수컷이 화려한 색을 가진 반면 암컷의 색은 수수한 편이다.

팻말을 달거나 아예 생태이동통로를 만들어 주어 사슴 등이 무사히 지나갈 수 있게 배려하기도 한다.

딱따구리, 동고비, 올빼미류 등을 보호하기 위해서는 이들이 살고 있는 숲과 인근의 숲을 연결시켜주는 것이 매우 중요하다. 왜냐하면 이런 새들은 숲을 따라 이동하지, 넓은 개활지나 도로를 따라 이동하지 않기 때문이다.

이 새들을 보호하기 위해 나무를 심어 생태이동통로를 만들어 줄 경우 이들이 자연스럽게 이동할 수 있도록 양 지점을 잇는 이동통로의 경사도를 완만하게 하여야 한다. 조류의 경우는 나무의 피도와 수관樹冠의 타입에 따라, 즉 비행하는 아래 면의 노출 정도에 따라 이 곳을 이용하는 종도 달라지고, 또 같은 종이 이곳을 이용한다고 하더라도 선호도(이용 횟수)가 달라지므로 나무를 심을 때에도 기존에 심겨져 있는 것과 같은 종류를 심는 것이 좋다.

대개 올빼미나 딱따구리와 같은 특별 종(여기서는 삼림에 매우 의존적인 조류를 지칭)들은 새로 만들어준 생태이동통로를 잘 이용하지 않는다. 하지만 새롭게 조성된 생태이동통로는 박새나 참새와 같은 일반 종(여기서는 삼림뿐만 아니라 인가 근처에서도 사는 새를 지칭)에게는 새로운 서식처가 될 수 있다.

이 경우 상대적으로 좁은 생태이동통로는 새들뿐만 아니라 설치류를 비롯한 동물들이 지나가는 유일한 길목이 되므로 맹금류들이 먹이를 쉽게 사냥할 수 있는 좋은 사냥터를 제공하게 되어 매과科, 수리과 그리고 올빼미과에 속하는 맹금류들을 불러올 수 있다.

조류 보호를 위해선 숲 인근 지역 관리도 바람직

야생조류들 중에는 동고비나 딱따구리 같이 평생 숲을 벗어나지 않고 사는 새들도 있지만, 번식은 숲에서 하지만 번식기를 제외하고는 천연기념물 제327호인 원앙처럼 하천이나 인근 개활지에서 주로 생활하는 새들도 많다.

암컷과 수컷이 항상 같이 다녀 금슬 좋은 부부의 상징 새인 원앙은 숲에서 번식하는데, 번식하는 나무는 개울 근처에 있는 9미터 이상의 높이를 가진 큰 교목을 선호하며 딱따구리처럼 나무구멍에 알을 낳는다. 포란한 지 한달 정도면 원앙의 알은 모두 부화한다. 새끼들이 부화하면 엄마 원앙은 새끼들에게 둥지 나무 아래 땅으로 내려오라는 신호음을 보내게 된다.

엄마의 부름에 아직 날개가 자라지 않은 새끼들은 용감하게도 10미터 정도의 높은 나무에서 땅으로 마치 자유낙하 하듯이 떨어진다. 놀라운 것은 어떤 새끼들도 떨어져 죽거나 하는 경우가 거의 없다는 것이다. 땅에 안착한 새끼들은 어미를 따라 바로 먹이를 찾아 나선다. 이때부터 원앙은 주로 개울이나 하천 또는 저수지 등지에서 사는데, 특히 숲이 있는 하천이나 저수지 등지의 그늘진 장소를 선호한다.

백로, 왜가리 해오라기 등도 번식은 숲 가장자리의 교목 위에서 집단으로 번식을 하지만, 번식기 이후에는 주로 하천이나 물이 있는 농경지 등에서 물고기나 양서·파충류 등을 주로 잡아 먹는다.

천연기념물 제324호인 올빼미와 솔부엉이 등도 숲 속 큰 나무의 구멍에 둥지를 트고 새끼를 키우지만, 먹이는 숲 가장자리나 들판 등에서 사냥하는 경우도 많다.

그러므로 원앙, 백로류, 올빼미류를 보호하기 위해서는 번식지인 숲을 보전해야할 뿐만 아니라 주 취식지인 하천, 농경지, 숲 가장자리, 들판 등도 잘 관리하지 않으면 안된다. 특히 농경지나 개활지, 그리고 숲 가장자리의 덤불 등은 취식지로서 뿐만 아니라, 숲을 지키기 위한 완충지역의 역할을 하므로 매우 중요하다.

결국 국립공원이나 도립공원처럼 상대적으로 숲이 잘 보전되어 있는 곳에서 사는 조류를 보호하기 위해서는 공원 내의 숲을 잘 가꾸고 관리하는 것이 필요하지만, 이에 못치 않게 주변의 하천, 농경지, 덤불 숲, 개활지 등을 잘 관리하여 새들이 서식할 수 있는 장소로 만들어 가는 것도 중요하다.

숲에 사는 야생조류 보호를 위한 제언

우리가 숲에 사는 새들을 보호하기 위한 장기 계획을 세우기 위해서는 다음 사항을 유념하는 것이 좋다.

첫째, 보존하거나 원래의 개체 수의 수준으로 복원시키려는 대상 종種을 결정하여 먼저 종 수와 개체 수, 그리고 주요 서식지에 대한 모니터링부터 시작해야 한다. 둘째, 모니터링을 통해 중점 보호 대상 종과 지역이 설정되었으면, 3년 정도 서식지와 종에 대한 학술적인 연구자료를 축적한 후, 보호관리 방안의 지침서를 작성하여 구체적인 보호방안과 관리방향을 설정하여 사업을 추진하여야 한다.

셋째, 보호대상 지역뿐만 아니라 인근 지역에 대해서도 지속적으로 보존적 가치가 있는가에 대한 재평가 작업을 3년 또는 5년 단위로 주기적으로 할 필요가 있다. 이는 자연보호구의 일부분이 파괴되어 동물들의 서식지로서 기능을 더 이상 감당하지 못할 때에는 예전에는 그리 중요하지 않았던 서식지가 이제는 생물들의 주요 서식지가 될 수 있기 때문이다.

예를 들면, 숲에 새로운 산책로나 시설물들이 들어서게 되면, 조류의 경우 대부분 인간의 방해요인으로 인해 더 이상 그 곳에서 번식하지 않고, 번식지를 다른 곳으로 옮기는 경우가 많다. 또 오랫동

① —— **때까치** 텃새로 인가 근처 관목림에서 쉽게 볼 수 있다. 곤충류, 양서 파
충류, 소형 조류나 포유류도 잡아먹는 육식성 조류이다.

② —— **홍여새** 겨울철새로 인가 근처의 나무에 수십 마리씩 무리를 지어 이동한
다. 황여새와 함께 무리를 지어 이동하기도 한다. 식물의 열매를 주로 먹는다.

사진제공 — 최종수

숲을 한번 걷다

원앙 텃새로 삼림이 울창한 숲의 개울가 근처 나무구멍에서 번식한다. 새끼는 태어난 직후 부모를 따라 근처 하천이나 호수가로 이주하여 살며 겨울을 난다. 수컷은 화려한 깃털을 가지고 있어 누구나 쉽게 구분하지만 암컷은 수수한 암갈색이다. 도토리와 같은 나무열매나 풀씨 그리고 작은 물고기 등을 좋아한다. **사진제공 ─ 최종수**

숲은 새들의 노아의 방주　　**103**

안 백로나 왜가리의 집단 번식지로 이용된 장소에서는 백로의 배설물로 인해 나무들이 점차로 죽게 되고 세월이 지나감에 따라 그 지역은 더 이상 백로들이 번식하기에는 부적절한 서식지가 되어 백로들이 다른 번식지를 찾게 될 수도 있다.

그러므로 국립공원이나 도립공원 등에서 조류를 효과적으로 보호하고 관리하기 위해서는 보호대상 숲과 대상 조류뿐만 아니라, 주기적으로 전체 숲과 인근 지역에 대한 모니터링을 실시하여 항상 기초 자료를 확보하여 향후 보호관리 정책에 반영하는 것이 좋다. 보호대상 숲과 조류에 관한 평가는 다음과 같은 기준을 가지고 평가하는 것이 바람직하다. 숲의 크기, 조류 종의 다양성, 당장 서식지를 보호하지 않으면 개체 수가 격감하거나 사라질 수 있는 곳, 국제적 또는 국가적으로 중요한 조류가 사는 곳.

마지막으로, 삼림조류의 효과적인 관리 프로그램을 만들고 프로젝트를 성공적으로 수행하기 위해서는, '숲에 사는 야생조류를 보호하고 관리하는 것이 화폭에 그림을 그리는 것처럼 새로운 것을 창조하는 작업이다' 라는 인식을 갖는 것이 필요하다. 특히 날로 파괴되어가고 있는 자연 환경 속에서 조류를 보호하기 위해 프로젝트를 만드는 것은 하나의 복잡한 사업이기 때문에, 조류학자, 지역 개발업자 그리고 정부 행정 담당자들 간의 논의와 합의 과정이 필요하다.

특히 이동성이 없는 식물이나, 해당지역에 국한하여 살고 있는 다른 동물들과는 달리, 조류는 이동성이 크고, 같은 지역 내에서도 계절별로 다른 종이 발견되므로, 야생조류를 보호하기 위해서는 상당한 면적의 자연보호 관리구역이 필요하다.

그러므로 조류를 위한 자연보호 관리구역을 설정하기 위해서는 프로젝트 설계 때부터 여러 다양한 의견을 수렴하여 결과를 도출해

낼 수 있도록 다양한 구성원이 참여하는 위원회의 설치가 더욱 절실히 요구된다. 이를 위해 숲 관리당국과 시민환경단체, 그리고 지역주민들 간의 공조가 필요하다.

유정칠 ◆ 1958년 부산에서 태어나 경희대학교 생물학과를 졸업하고, 영국 옥스퍼드 대학교에서 생태학으로 박사학위를 받았다. 이후 경희대학교 자연사 박물관장을 역임하였고, 현재 경희대학교 생물학과 교수로, 경희대학교 부설 한국조류연구소장, 국립공원을 지키는 시민의 모임 대표, 한국동물학회 이사, 한국생태학회 이사, 한국조류학회 이사로도 활약하고 있으며 주요저서로는 「올빼미」「수리」「두루미」「한강에서 만나는 새와 물고기」 등이 있다.

되새들이 날아가는 곳은 어디일까?

권오분
숲과 문화 연구회

어머니, 나의 어머님

남쪽 사는 막내 동생이 전화를 걸어왔다.

"언니! TV에서 봤는데 50만 마리쯤 되는 되새들이 돌아 왔대. 벌써 10년이 되었다네. 보호 차원에서 장소를 알려 줄 수 없다고 자막 나오던데 언니는 알아 낼 수 있지?"

겨울인지 봄인지 알 수 없는 어정쩡한 계절 2월 중순에 많은 비가 내렸다. 얼음처럼 차가운 비가 눈이 내릴 때보다 더 추위를 느끼게 했다. 겨울동안에만 우리나라에 머물다 날아갈 철새들이어서 망설일 시간이 없었다. 수소문을 해 보니 울진에 날아와 있다고 했다.

막차표를 예매해 놓고 보니 빗 속에도 할 일이 많았다. 시어머니께서 60여 년을 지키고 살 던 시댁이 팔렸기 때문에 그 분이 생전에 쓰다듬고 손 때 묻힌 항아리를 옮겨오는 일을 그날로 해치워야 했고, 버릴 수 없는 물건들은 필요한 사람에게 실어다 주어야 했다.

차가운 겨울비 때문일까. 사람 손이 오랫동안 미치지 못해서 일까. 10여 년 전 시어머님 손이 벗어난 집은 흉가나 다름없었다. 반들반들 길들여졌던 항아리들은 깨어지고 더러워졌고 그나마 뚜껑이 닫혀진 항아리 속에는 된장 고추장들이 말라서 뭉쳐져 있었다.

혼자 손으로 7남매를 키우시며 수십 년을 오르내렸을 시어머님의 발 그림자가 선연한 장독대의 계단은 비와 바람에 깨어지고 씻겨져서 흉물스러웠다. 천년이 가도 썩지 않는 소금이 큰 항아리에 반쯤 남아있었다. 돌처럼 딱딱하게 굳어진 소금을 만지니 가슴이 뭉클하다.

'어머님께서 서울로 오시기 전 철 따라 장을 담가 이 아들 저 딸네 집으로 이고지고 퍼 나르시더니'… 병나시고 기력 떨어진 뒤로는 병상에서도 시골 장항아리 걱정만 하셨다. 아파트로 이사 갈 것 아니면 제일 큰 항아리는 꼭 가져다 놓으라고 하셨다.

16살 어린 나이에 시집와서 넷째 며느리로 대가족 층층 시하 시집살이 하실 때란다. 김치 독이 너무 커서 김치가 떨어져 갈 무렵 거꾸로 김치독에 빠졌던 얘기를 해 주시며 웃으시던 게 생각난다. 그것이 얼마나 기가 막힌 것이란 걸 돌아가신 지 5, 6년이 지난 지금에서야 깨닫다니. 그나마 그 항아리는 누군가가 가져가서 뚜껑만 남아 있었다.

시동생이 살림하고 있었으니 내가 장항아리 들쳐 볼 상황은 아니었지만 그래도 이건 나의 무심함이 너무 지나친 것 같아서 어머님께 송구스러웠다. 죄송스런 마음에 차마 장들을 버릴 수가 없어서 모두 실어 날랐다. 빗속에 이사하는 사람들은 얼마나 심란할까. 비에 젖어도 상관없는 항아리를 운반하는데도 이러할 진데….

겨울과 봄사이

예매 해 놓은 시간에 터미날까지 가는 게 너무 빠듯했다. 택시와 전철을 번갈아 타며 007작전을 방불케 하는 달리기를 해서 겨우 6시30분 경주행 막차를 탈 수 있었다. 경주에 살고 있는 동생과 만나서 울진으로 갈 계획이었다.

연 이틀 내리던 찬비와 바람이 잦아들고 청명하게 하늘이 열렸다. 쌀쌀한 날씨라 공기는 더 없이 맑았다.

새들은 저녁 나절이 되어야 숲으로 날아들기 때문에 우리들은 서두르지 않고 봄나들이를 했다. 봄비를 흠뻑 머금은 땅들은 건강하게 생명력을 지니고 있었다. 나는 갈아엎은 논밭의 흙들이 검게 물기를 머금고 있을 때를 너무 좋아한다. 그 흙이 키워 낼 많은 식물들을 알고 있기 때문에 흙에서 꽃이 보이고 열매가 보인다. 자동차와 시멘트 건물로 꽉 채워진 도회를 벗어나 빈 들판을 달려 보는 게 얼마 만인가. 조카들이 초등학생일 때는 자주 자연 속에 파묻히곤 했는데 애들이 자란 뒤로는 처음인 듯했다. 시골 장터를 지나면서 땅콩도 사고 강냉이 튀긴 것도 사고 뻥튀기도 샀다.

편의점에서 뜨거운 물을 부어 불려 먹는 컵라면도 어떤 소문난 식당의 음식보다 맛이 있었다. 간식을 좋아하지 않던 내가 끝 없이 이것저것 먹어대는 걸 본 조카들은 이모 왠 일로 그렇게 많이 먹느냐고 걱정을 한다.

나는 승용차를 탈 때마다 기름 한 방울 안 나는 나라에서 이래도 되는 거냐고 습관적인 잔소리를 했었는데 기름 아까운 생각이 전혀 들지 않는 내가 신기하기까지 했다. 매섭기조차 한 2월의 날씨인데 나무들이 물이 오르고 있는 걸 느낄 수 있었다.

양지 바른 마을 입구에는 매화가 꽃잎을 열고 산수유도 노랗게 꽃 망울을 터뜨리기 시작했다. 겨울과 봄이 공존하는 2월을 우리는 휘젓고 다니는 기분이었다. 납치하듯 급하게 함께 내려온 친구도 오랜만에 외출이라 어린애처럼 좋아했다.

중간에 아무 데나 차를 세울 수 있어서 자가용 승용차 무용론자인 내가 "자가용이 정말 좋긴 좋구나"라고 말했다. 냉이가 있음직한 밭을 만나면 냉이를 캐면서 향긋한 냉이 내음을 맡으며 이른봄의 정취에 취했다. 양지바른 밭가에 피어있는 개불알풀꽃이 보석처럼 파란색으로 빛났다. 지금껏 관찰 한 중에 가장 이른 날짜에 개불알풀꽃을 보았다. 남쪽으로 멀리 내려온 걸 실감했다.

아직도 나무들은 벌거벗은 채 잎을 틔우지 않고 있는데 매화가 꽃잎을 여는 모습은 경이롭기만 했다. 긴 겨울 끝에 아직 봄은 멀다고 생각하는데 피어나는 매화가 온실재배가 없었던 옛 사람들에게 얼마나 많은 사랑을 받았을 지 짐작이 간다. 되새 덕분에 봄나들이 한 번 멋지게 하게 되었노라고 동생 내외도 좋아들 한다.

그러나 정작 울진에 도착해 보니 되새들은 일주일 전에 떠났다고 한다. 그 순간 신나게 노래하고 즐겁게 지내던 우리들은 서운한 마음을 감출 길이 없었다. 하기사 겨울 철새인 되새들이 매화가 피어나고 있는 즈음에 떠나는 당연함을 예상하지 못한 우리가 바보였다.

꼭 10년 전 일이다. 지금 대학생이 된 조카가 초등학교 시절 우리는 쌍계사 입구로 되새를 만나러 갔었다. 바람이 많이 불고 추운 겨울이었다. 서울역에서 구례행 기차를 타고 역에 내리니 "이모오! 언니이! 처형요!" 동생네 네 가족의 환호성으로 조용한 겨울의 구례역이 시끌벅적 했었다.

되새들의 무리춤(群舞) 경주를 출발해서 지리산을 넘으며 즐겁고 신났던 얘기들을 쏟아 놓느라 어느 이야기도 제대로 가닥이 잡히지 않을 정도였다. 농사 거두기가 끝난 비닐하우스 안에 들어가 라면을 끓여 먹은 뒤 쌍계사로 가는 길목에 도착해 보니 아직 되새들이 귀가(?)하지 않았다.

우리들은 하동 골짜기를 오르내리며 한 겨울에 드문드문 피어 있는 차나무 흰 꽃의 향기를 맡고, 얼지 않은 흙을 밟으며 행복해 했다. 다른 곳보다 덜 춥고 아늑한 느낌이 들었다. 왜 이 골짜기가 차의 주산지가 되었는지 알 것도 같았다. 검은 바위와 어울려져서 자라고 있는 야생차밭은 한 폭의 산수화였다.

저녁이 가까워지자 먼 곳에서 검은 점의 무리가 보이기 시작했다. 우리가 서 있는 곳에서 그곳은 남쪽이었는지 서쪽이었는지 확실치가 않았다. 한참 후에 머리 위로 가득히 날아온 되새들은 투망이 활짝 펼쳐졌을 때의 모습으로 날더니 멋진 군무를 추기 시작했다. 누가 우두머리인지는 알 수 없지만 누군가가 구령을 외치고 그 소리에 따라 운동장에서 체조를 하는 학생들처럼 일사불란하고 다양한 춤추기를 20여분 계속했다. 30, 40만 마리의 되새 무리가 은행잎 대열이 되었다가 누운 팔자 모양을 하기도 하고 바람에 날리는 커다란 커튼 자락을 만들기도 했다.

날개를 十모양으로 폈다가 1자 모양으로 오무렸다를 반복하며 아래위로 급하게 선회하는 모습은 무어라 말 할 수 없는 감동이고 장관이었다. 한참을 춤추던 새들이 벼 베기를 끝낸 텅 빈 논에 내려앉았다. 일부는 얼지 않는 작은 개울에 내려가 목욕을 하기도 했다. 날개를 ∧자 모양으로 펼치며 빠르게 날개 끝에 물을 묻히고 머리를 물에 담가 씻은 뒤 머리를 제끼며 하늘을 보고 좌우로 흔든다.

까만 눈망울 때문에 더 귀여웠다. 웃음이 절로 나오고 우리는 모두 행복했다. 사람 기척에 하던 짓을 멈출 까봐 숨도 제대로 못 쉬고 엎드려 있으니 배가 시려서 아파왔다. 아마도 망원경 없이 새들이 목욕하는 모습을 이토록 자세히 본 건 우리 뿐일 것이라고 생각했다. 하늘에서 군무를 출 때 우리는 고개를 뒤로 젖히고 있기가 너무 아팠다. 벌러덩 길 가운데 누워서 새들의 춤을 바라보았다. 그들의 춤이 끝나고 목욕을 시작할 때는 배를 깔고 엎드려 개울을 내려다 보았다. 어른과 아이들이 길 위에 마음놓고 뒹굴 수 있는 편안함이 신기하기만 했다. 어쩌면 새들이 우리들 마음 속에 스며있었던 체면이나 오만 같은 불순물을 제거해 주어서 어릴 때의 순수 만을 남겨놓았기 때문인지도 모를 일이다.

목욕을 마친 새들은 다시 누구의 명령이라도 받은 듯 일제히 날아오르더니 또 한바탕 춤을 추었다. 그렇게 많은 새들이 한꺼번에 날면서도 날개 한 번 부딛히지 않는 걸 보면서 자연의 신비에 온몸에 소름이 돋았다. 노을 빛이 차츰 잿빛으로 변할 무렵 춤추던 새들의 어느 한 쪽 대열이 대나무 숲으로 날아들었다.

한꺼번에 날아드는 게 아니라 아침 조회를 끝내고 교실로 줄 맞추어 들어가는 초등학생들처럼 숲의 한 곳으로 날아들었다. 날아드는 새들 뒤에서 나머지 새들은 여전히 무리 지어 춤추고 한 편으로는 숲으로 들고.

평화·그 신비로운 감색―물속 나라 같은 대숲나라

올림픽 때였던가 마스 게임을 끝낸 수천 명의 학생들이 운동장의 어느 한 문으로 사라지던 모습이 생각났다. 먼저 들어간 새들의 지저귐은 시끄럽기 그지없었다. 낮 동안의 일을 얘기하는 걸까. 내일 비행을 의논이라도 하는 걸까. 새들은 한참 동안을 대나무숲으로 날아들었고 마지막 새들이 숲으로 들더니 잠시동안 시끌시끌했다. 잠시 후 누군가 '쉿' 신호라도 한 것처럼 일제히 잠잠해 졌다.

하늘은 어두워지고 대숲에는 가끔 바람이 스쳐 지나는 소리가 서걱거릴 뿐 한 마리의 새 소리도 나지 않았다. 우리들은 모두 길게 누워서 하늘을 보며 움직일 줄을 몰랐다. 얼마만큼을 그대로 있었

수십만 마리의 되새를 품은 대숲은 능청스럽게 조용했다. 그 안에서는 어떤 일이있는 걸까.

을까. 그때의 편안했던 나의 몸과 마음. 나는 평화를 말할 때마다
그때의 느낌이 살아난다. 별들이 하나씩 보이고 하늘은 깊은 감색
으로 신비롭게 조금씩 어두워졌다. 그 때서야 배고픔과 추위에 우
리들 몸이 실려있는 걸 깨달았다.

마을 안으로 들어가서 잠잘 곳을 찾아 다녔다. 관광지가 아니어서
민박을 정하기가 쉽지 않았다. 인심 좋은 아주머니를 만나 따뜻한
방에 들 수 있었다. 동생네가 올라오면서 장터에 들려 사온 맛조개
를 버너에 삶으니 훌륭한 조갯국이 되었다.

해감을 시키지 않아 모래가 자근거리긴 했지만 맛을 방해하지는

아직도 맑음과 정이 흐르는 섬진강. 그 강의 기슭에 되새들이 다시 돌아오길….

못했다. 늘 먹거리를 챙겨서 움직이는 동생 덕분에 멋진 만찬을 즐길 수 있었다. 우리는 한바탕 꿈을 꾼 것 같기도 했고 신기한 나라에 놀러 왔다가 현실로 돌아온 것 같기도 했다.

새들이 아침 일찍 깨어나는 시간을 주인이 알려주어서 미리 대숲에 나가 기다렸다. 잠시 후에 재잘거리는 새소리가 시작되더니 숲의 한 쪽에서 새들이 날아 나오기 시작했다. 끝없이 풀려지는 실타래의 실처럼 새들은 그렇게 한쪽에서 비상하는 연줄처럼 날아올랐다. 어제 저녁의 화려한 춤사위는 없이 날아 나오는 대로 어제 날아온 방향을 향하여 날아갔다. 마지막 새의 무리가 날아간 하늘을 향해 응시했던 시선을 거두고 대숲을 보았다. 아무런 특징도 없이 그냥 대나무 숲일 뿐인데, 무슨 일이 있기에 그 많은 새들이 그 곳에서만 잠을 자는 것일까.

우리는 주인 없는 남의 집 대문을 기웃거리는 마음으로 조심스럽게 대나무 숲으로 들어갔다. 충청도가 고향인 나는 어려서는 살아 있는 대나무를 본 적이 없었다. 남쪽으로 여행을 할 때 멀리 대숲을 보았지만 대나무 숲에 들기는 처음이었다. 위로 죽죽 뻗은 대나무의 굵고 곧은 모습은 하늘을 향해 세워진 사다리 같은 모습이었다. 매끈하고 단단한 초록의 껍질이 아름답기 그지없다.

서울은 영하 몇 도를 오르내리는 매서운 겨울 날씨여서 그 초록의 대나무 피부는 더 눈부시게 보였다. 땅에는 새들이 떨구고 간 깃털들이 여기저기 흩어져 있고 새의 배설물들이 희끗희끗 할 뿐 여느 대나무 숲과 다른 점을 찾을 수가 없다고 동생이 말했다.

오래 전부터 경주에서 살고 있는 그들은 대나무 숲을 여러 번 가 보았다고 했다. 새들이 잠자는 곳. 몇 해를 이 숲에만 드는 되새들이 신기해서 마을 사람들은 이 숲을 신성하게 여긴다고 했다.

대나무숲을 밖에서 보았을 때와 숲에 들었을 때의 느낌은 너무나 달랐다. 바람이 불어도 위쪽에서 잎사귀를 스치는 소리만 서걱서걱 날 뿐 숲 안으로는 바람이 별로 들어오지 않았다. 그래서 새들은 대 숲에서만 잠을 자는지도 모르겠다.

참새목에 속하는 되새는 참새보다 조금 크고 예쁜 회색의 깃털을 가지고 있다. 가슴과 어깨가 밝은 갈색이고 배와 허리에 흰색이 있어서 귀엽기 그지없다. 부리색깔도 밝아서 참새목 중에서도 예쁜 새에 속한다.

농경지나 구릉에서 무리 지어 식물의 열매나 곤충 등의 먹이를 구하고 나무에서 휴식을 취한다고 도감에는 설명되어 있고 딱히 대나무 숲에서만 산다는 이야기는 없었다.

대나무 숲에 든 느낌은 특별했다. 가지런한 대나무들 때문인지 잎사귀도 가지도 없는 훤칠함 때문인지 아니면 그 단단한 껍질 속에 내재되어 있는 빈 공간 때문인지 대나무 숲속은 숙연했고 그 편안함이 물 속에 있을 때의 느낌과 흡사했다. 고요함 중에 간간히 숲의 위쪽으로 잎사귀를 스치고 지나는 바람소리가 들릴 때는 온 몸에 분포되어 있는 세포들이 모두 움직이는 것 같았다.

어떤 광고에 스님이 대나무숲 속을 걷고 있을 때, '잠시 휴대폰을 꺼 놓으셔도 좋습니다' 라는 문구가 나온다. 그랬다. 대나무 숲에 들어서면 온갖 세상의 소리로부터 격리되어진 그런 기분이었다. 왜 물 속 깊이 들어가 있을 때의 느낌이 들었는지 알 수 있을 것 같다.

다시 내년의 철새 도래에 희망을

중국 원산인 대나무는 키가 아주 크고 굵은 왕대(참대)와 줄기가 검정색인 오죽, 분죽, 해장죽들은 큰 숲을 이루고, 조릿대, 갓대, 이대 등은 키가 작은 것들이다. 우리들이 즐겨먹는 죽순은 왕대나 분죽, 죽순대, 해장죽의 어린 순이다. 서울에서도 정원 조경용으로 대나무를 심고 그네들이 살아 남는 걸 보면 지구 온난화의 정도가 심각한 것 같다. 서울에서 대나무를 키울 수 있다는 걸 기뻐할 일 만도 아닌 듯하여 걱정스럽다.

우리나라에서는 담양이 대나무가 가장 많은 곳이니 한 번 가보고 싶은 곳인데 담양을 들려 오면서도 대 숲에 들 기회를 갖지 못했다. 경상도 시골을 지나다 보면 으레 집이나 마을 뒤쪽으로 대나무 숲이 눈에 띈다. 사철 푸르게 바람을 막아주는 역할은 대나무보다 더 좋은 게 없는가 보다.

땅 속으로 뿌리가 뻗어 나가며 빠르게 번식하는 것과 여름날 쑥쑥

숲을 한번 걷다

① —— 여느 숲과 다를 바 없는 그냥 대나무 숲일 뿐인데 왜 새들은 이곳에만 날아드
는 걸까

② —— 장항아리는 그냥 항아리가 아니다. 건강과 부와 생명과 미래의 소망이 장독대
에서 기원되었다. 이제 우리는 그 기원의 샘이 사라져가고 있음을 본다.

③ —— 새들의 모습을 렌즈로 들여다보면 그곳에는 전혀 다른 또 하나의 세상이 있다.

자라는 죽순의 생태를 보며 부자 되길 기원하는 뜻이 담겨져 있는 것은 아니었을까 생각했다.

어떤 나무들의 생태보다 깔끔하고 질서 정연한 느낌이 드는 대나무 숲은 옛 선인들의 생활을 들추지 않더라도 우리들의 시끄럽고 헝클어진 마음을 가라앉히고 정화시키는데 도움이 된다.

생태적인 이유로 대나무 숲에서 여러 식물이 공존할 수 없다는 것이 아쉬운 일이기는 하다. 숲에서 여러 종류의 동식물을 관찰할 수 없다 하더라도 대 숲은 여전히 신비롭고 그윽하다.

우리를 환호하게 하고 설레게 하고 꿈꾸게 했던 그 대나무 숲의 되새들은 그날 관찰한 것이 마지막이었다. 전국 어디에서 되새의 무리가 겨울을 나고 있다는 소식은 없었다. 경희대학교 사회교육원에서 탐조교실 활동을 했지만 되새들을 보지 못했었다.

그렇게 그들에 관한 기억이 희미해지고 있는 중에 소식을 들었으니 우리들의 흥분지수는 표현할 수가 없을 지경이었다. 우리보다 앞서 떠나버린 새들을 만나지 못하여 아쉽고 섭섭하긴 했지만 10년 만에 우리나라를 찾았던 그들에게 내년에 또 올 것이라는 희망을 걸어본다.

권오분 ◆ 충청북도 월악산 기슭에서 나고, 에세이문학으로 등단하였다. 숲과 문화연구회, 자생식물보존회, 한국조류보호협회, 한국수필문학진흥회 회원 등으로 활동하고 있다. 저서로는「꽃으로 여는 세상」과 공저로「세상은 우리가 사랑하는 만큼 아름답다」가 있다 .

숲 속의 단순한 삶이 주는 기쁨

최 성 현
숲속 생활 체험 학교

벌이라고 해야 겨우 빚이나 안 지면 다행인 주제에 나는 숲 속에 살며 가난하다는 느낌이 조금도 없다. 왜 그럴까?

첫째는 가까이 맑고 풍부한 물이 있기 때문이다. 일을 하다가 목이 마르면 어느 골짜기 물이든 그냥 엎드려 마신다. 달다. 더우면 집 바로 곁에 있는 냇가에 나가 물 속에 몸을 담근다. 시원하다. 금방 더위가 가신다. 집에서도 하루 종일 물소리가 들린다. 기분이 좋다. 때로는 그 물소리가 나를 보고 욕심을 버리고 즐겁게 살라고 가르치고, 나는 그 말씀에 따른다. 따르다 그만 잊고 딴 짓을 하면 물소리가 다시 이른다. 이 풍요를 어떻게 설명해야 할까!

둘째는 불이다. 높은 산 속이라 겨울이 길다. 일 년이면 반 넘게 방에 불을 넣어야 하지만 땔감은 충분하다. 죽은 나무 만으로도 충분하고 남는다. 따뜻하게 불을 때고 방에 누우면 밤새 행복하다. 눈이 와도 상관없고, 비가 내려도 좋다. 밖이 추울수록 따뜻한 방이 고맙다.

땔감을 장만하기가 힘들고 귀찮지 않느냐고? 그렇지 않다. 오히려 좋다. 나무를 하러 산에 가는 게 나는 좋다. 톱과 낫을 써서 죽은 나무를 잘라내고, 그것을 지게로 저 나른 다음 도끼로 쪼갠다. 쪼갠 나무는 비에 젖지 않도록 처마 밑이나 헛간에 쌓아 놓는다.

도시에서는 스위치 하나만 누르면 바로 방이 따뜻해진다. 그에 견주면 여기의 방법은 훨씬 불편해 보인다. 그러나 도시 사람들은 난방에 들어가는 기름과 가스비를 벌기 위해 겨울에도 일해야 한다. 나는 땔나무를 하러 다녀야 하지만 겨우내 논다. 그 땔나무를 하는 일조차도 놀이와 운동의 하나다. 종일 일하면 하루에도 열흘 치가 넘는 땔감을 장만할 수 있지만 그렇게 안 하고 운동 삼아 조금씩 한다.

방문객도 한 몫 한다. 그런 걸 좋아하는 방문객들이 있다. 특히 남성 방문객은 대개 도끼질을 좋아한다. 그런 방문객은 하루 종일 톱질과 도끼질을 하고 가면서도 오히려 좋은 시간 보낼 수 있어 고맙다고 한다. 부탁도 하지 않는데 자기가 좋아 그렇게 시간을 보내고 가신다.

셋째는 맑은 공기다. 깊이 마셔도 언제나 기분이 좋은 맑은 공기! 마을이나 도시에 갔다올 때면 그 때마다 어김없이 맑은 공기 속에서 사는 게 얼마나 고마운 일인지를 절실하게 다시 느끼고는 한다. 도시에서는 절로 숨이 짧아지고 여기서는 길어진다.

숲은 '풍요의 어머니'

내게 행복을 주는 이 세 가지는 과연 어디서 오는 것일까? 숲이다. 숲이 물을 만들고 불을 만들어내고 맑은 공기를 만들어 내고 있다.

다 아는 얘기지만, 숲이 없으면 물은 금방 사라져 버린다. 숲이 사라지면 수많은 골짜기가 비가 올 때만 물줄기가 생겼다가 사라지는 건천이 돼 버리리라. 또 숲이, 나무가 없다면 무엇으로 불을 만든단 말인가. 석탄이나 석유 또한 숲이 만든다.

숲이 맑은 공기를 만드는 것은 초등학생도 다 아는 얘기다. 이렇게 물과 불과 공기는 숲에서 온다. 그렇다면 내 행복과 풍요는 숲에서 오는 셈이다! 그래서 나는 늘 숲이 고맙다.

얼마 안 되는 논밭을 빼고는 내가 사는 곳은 모두 숲이다. 아니, 숲 속에 집 한 채와 얼마 안 되는 논밭이 있다고 하는 게 더 정확하다. 말 그대로 숲 속에 살고 있는 셈이다.

세상 모든 것이 그렇듯 숲은 끊임없이 변한다. 나날이 다르다. 아니, 시시각각 다르다. 숲의 변화는 숲에 사는 나무와 풀의 종류가 많은 만큼 다채롭고 풍요롭다. 날씨에 따라 달라지고, 계절에 따라 변하고, 곳에 따라 틀리다.

숲에는 나무와 풀만 사는 게 아니다. 숲에는 수많은 동물들이 살고 있다. 그 동물들 또한 숲을 풍요롭게 만든다.

나는 숲 속에 살면서 그 어느 곳에서도 얻을 수 없는 마음의 평화를 경험한다. 무슨 특별한 일이 있는 것은 아니다. 모두 사소한 일들이다. 일테면 이렇다.

봄이 되면 어디나 그렇듯 여기서도 어느 날부터 개구리가 울기 시작한다. 반갑다. 어떻게 알고 어김없이 해마다 그 때가 되면 나와 우는지 신비하다. 작년처럼 올해도 개구리 울음이 기운찼다. 반가워 밖에 나가 오래도록 그 소리를 들었다.

그 때 내 가슴은 고요했고, 편안했는데, 반 이상이 개구리 덕분이었다. 개구리 울음소리는 전 우주가 아직 편안하다는 걸, 건재하다는 걸 내게 일러줬다. 나는 그것을 직감으로 알아들었다. 사람도 생물이므로 그렇게 전 우주와 감응을 주고받게 되는 것이다.

날이 좋은 날은 그것 만으로 충분히 행복하다. 따뜻한 햇살이 기쁨을 준다. 그런 날 숲 속을 거닐면 행복은 몇 배로 늘어난다. 숲 속의 친구들도 다들 행복하다. 풀도 나무도 새도 벌레도 짐승도 다 기분이 좋다. 그들의 행복이 나에게 전해진다. 그들도 웃고 있는 게 보인다.

벌레가 몸에 와 기어다니는 일도 있다. 숲 속에서는 자주 있는 일이다. 바쁜 일이 없을 때는 시간을 갖고 가만히 그 벌레를 지켜본다. 벌레에게 주파수를 맞춘다. 그러자면 내 안목을 높여야 한다. 낮추는 게 아니다. 끌어올려야 한다. 벌레가 이야기를 하기 시작한다. 나는 마음으로 무릎을 꿇고 벌레의 말씀(?)을 듣는다.

헤어져야 할 시간이 되면 벌레가 가까이 있는 나무나 풀 위로 옮겨가도록 한다. 그렇게 하되 마구하지 않는다. 공손함을 잃지 않도록 한다. 아, 그리고 그 얘기를 해야 한다. 망원경과 확대경과 도감! 그것들은 동식물 친구들을 사귀는 데 꼭 필요한 물건들이다. 필요할 때 바로 쓸 수 있도록 늘 잘 챙겨둔다.

곁을 잘 주지 않는 새는 망원경이 있어야 어떻게 생겼는지 자세히 볼 수 있다. 얼굴에 점은 없는지, 부리는 뭉툭한지 뾰족한지, 옷은 어떤 것을 입고 있는지?

확대경은 작은 곤충이나 풀, 혹은 꽃을 볼 때 쓴다. 도감은 종류별로 다 갖춰놓았다. 식물도감, 곤충도감, 조류도감, 버섯도감.

숲 속에서 새 친구를 사귀기 위해서는 꼭 도감이 있어야 한다. 물론 도감으로 다 해결이 되는 건 아니다. 꽤 많은 시간을 거기에 투자해야 하고, 도감에도 없는 동식물도 적지 않다. 그런 친구를 만나면 대형 도서관이 있는 곳, 대학에 가는 일도 있다. 이런 일들을 통해 친구가 들어나면 날수록 숲 속의 삶은 풍요로워진다.

사람이 그렇듯 나무나 풀도 제 각기 성질이 다르고, 사는 곳이 틀리다. 어떤 풀은 길가로만 나고, 어떤 풀은 응달진 곳에만 살고, 어

떤 풀은 물가의 돌 위에만 돋는다. 봄에 나는 풀이 있고, 여름이 제
철인 풀이 있다.

나는 친구로 사귄 풀이나 나무를 가끔 만나러 간다. 어떻게 지내고
있는지 때로 궁금하기 때문이다. 찾아가면 저쪽에서도 반가워한
다. 물론 나도 즐겁다. 서로 그동안의 삶을 보여준다. 내가 여는 만
큼 저쪽에서도 연다.

냇가쪽으로 절대 오줌 안 누는 '아이누'

나는 농사를 지으며 살고 있다. 농사라지만 얼마 안 된다. 한 해 먹
을 량만큼만 짓는다.

방법도 간단하다. 절대로 땅을 갈지 않는다. 그러므로 경운기 따위
의 농기계가 일절 필요 없다. 호미, 삽, 괭이와 같은 간단한 도구가
농기구의 전부다. 물론 화학비료나 농약도 쓰지 않는다. 풀을 두고
작물을 가꾸면 농약을 쓰지 않고도 병충해 문제를 해결할 수 있다.
고추 같이 병충해에 약한 작물도 풀 두고 가꾸기를 하면 농약 한 번
안 해도 병충해 피해를 입지 않는다.

이렇게 여기의 방식은, 병충해와 전쟁을 벌이고 풀과 싸우는 일반
방식에 비해 한없이 평화롭다. 기계가 내는 소음도 없고, 농약에서
나는 악취도 없다. 잡초로 골머리를 앓는 일도 없다. 일하다 고개
를 들면 바로 곁에 숲이 있다. 일터로 가는 길도 숲을 지나간다. 그
숲과 평화를 주고받는다.

전기는 태양광 전기로 해결하고 있다. 전력 소모가 큰 전자제품은
사용하지 않는다. 전등과 컴퓨터, 핸드폰 충전 정도로 만족하고 있
다. 냉장고도 없고, 텔레비전도 없다.

똥오줌은 가장 오래 된 방식으로 처리하고 있다. 큰 돌 두 개를 놓

은 것이 전부다. 똥을 누고 난 뒤는 아궁이 재로 덮는다. 똥이 어느 정도 쌓이면 뒷간 한 켠에 쌓아 놓는다. 그것이 두세 달이 지나면 좋은 거름으로 바뀌는데, 그 때 밭에 낸다. 오줌은 오줌독에 누고 차면 물과 1:1로 섞어 작물에 준다. 도시와 달리 여기서는 똥오줌이 매우 귀한 대접을 받는다.

시냇가에서는 똥오줌을 절대 누지 않습니다. 시냇물에 오줌을 누는 일도 절대 없습니다. 경치가 아름다운 곳에서도 하지 않습니다. 산의 신이 그런 곳에 다니지 않을까하는 생각 때문입니다. 일본 동북부의 원주민인 아이누족의 마지막 사냥꾼이라는 아네자키 히토시의 말이다. 초등학교를 마친 것이 학력의 전부인 사람이다. 학교나 책을 통해 안 것이 아니다. 자기 안의 생태 감각으로 안 것이다. 물이나 땅을 오염시키는 일은 자기 피와 몸을 더럽히는 일이다. 똥오줌을 처리하는 가장 좋은 방법은 역시 그것은 농작물의 밥으로 주는 것이다.

❶ —— 전 주인 강흥원은 이 집에서 다섯 남매를 키웠다고 한다.
  가끔 그 생각을 한다. 다섯이라!
❷ —— 장작패기는 언제나 즐겁다. 도끼질을 하다가 때로 부처를 보기도 한다.
❸ —— 손님방 아궁이다. 가끔 손님이 온다. 손님의 허울을 쓴 하느님이다.
  그러나 열이면 아홉은 떠나간 뒤에야 비로소 그가 하느님이었음을 안다.

숲 속의 단순한 삶이 주는 기쁨

얼마 안 되는 농사이기 때문에 바쁘지 않다. 적게 먹고 한가하게 산다. 그들보다 낫다는 생각이 없기 때문에 주변의 생명체들과 친하다. 예를 들어 여기는 병충이라 불리는 벌레가 없다. 물론 있기는 하지만 그 벌레를 병충이라 부르지 않는다. 다 한 가족이다. 한 형제다. 밥상은 매우 소박하다. 밥 한 그릇에 찬 두 세 가지, 혹은 서너 가지가 고작이지만 그것으로 충분하고 맛있다. 고맙다. 우리 집 밥상은 숲에서 많은 것을 얻어온다. 숲은 우리에게 여러 가지 종류의 열매와 뿌리, 새싹을 준다.

뉴질랜드 원주민인 마오리 족은 숲에서 필요한 것을 얻어올 때면 반드시 숲의 신 타네에게 고하고 얻어온다 한다. 나는 가끔은 그렇게 하고 더 많이 그렇게 안 하고 있다. 나를 바꿔야 한다. 그것이 무엇이든 공경하는 마음을 잃지 않을 때 교류가 깊어지고 기쁨도 크기 때문이다.

숲에서 지킬 몇 가지 원칙

그런 숲도 늘 환한 얼굴만 하고 있는 것은 아니다. 찡그릴 때도 있다. 마구 성을 낼 때도 있고, 쌀쌀맞을 때도 있다. 대개는 날씨가 안 좋은 날 그렇다.

그런 날은 방안에서 조용히 지낸다. 숲이 기분이 풀릴 때까지 기다린다. 덩달아 기분이 나빠지지 않도록 조심한다. 평온한 마음을 잃지 않도록 노력한다. 마음의 평화를 잃으면 숲에서 살지 못한다. 그런 것을 일러서 사람들은 숲의 기운에 졌느니 한다.

마음의 평화를 잃지 않으면 숲이 거칠게 구는 날도 웃으며 숲을 바라볼 수 있고, 또 숲이 하는 말씀도 들을 수 있다. 이렇듯 숲에서도 마음의 평화를 잃지 않는 게 중요하다.

그 다음으로 내가 소중히 생각하고 있는 것은 늘 자신을 만물 앞에 낮추는 일이다. 흔한 야생의 들풀 하나에도 겸손한 마음을 잃지 않도록 한다. 벌레 한 마리 앞에서도 교만한 짓이 없도록 조심한다. 이것이 매우 중요하다. 이 세상에는 하나님이나 부처님을 제 안에 갖고 있지 않은 것이 하나도 없다고 보면 틀림없다. 사람만 갖고 있는 게 아니다.

산책 또한 빼놓을 수 없다. 산책을 하는 시간에는 이 모든 것을 돌아보게 된다. 숲 속으로 나 있는 오솔길을 걷는다. 내게는 아주 특별한 시간이다. 그 시간에 나는 숲으로부터 지적도 받고 또 스스로 자각도 하며 삶을 추스른다.

산이나 숲에 다녀본 사람은 알겠지만 숲은 그냥 숲이 아니다. 숲에 가면 탐욕의 마음이 가신다. 아무 말 없는 풀과 나무를 보며 한참 걷다보면 집 안에서는 집착하던 것들이 다 부질없어 보인다. 저쪽 탓만 해서 될 일이 아님도 보인다. 그렇게 뭉쳐 있던 것들이 풀어진다. 숲가에 있는 샘물이라도 한 모금 마시면 그 맑은 기운에 막힌 속이 뻥 뚫리는 기분이다.

그렇게 맑게 씻긴 마음으로 집에 돌아오면 다시 삶이 돈이라는 화두를 들이민다. 텔레비전을 틀면 온통 떼돈을 번 사람 이야기다. 혹은 떼돈을 떼어먹은 사람들의 이야기이다. 혹은 떼돈을 버는 방법에 관한 이야기다. 그 이야기를 듣다보면 숲에서 되찾은 소박한 삶을 향한 마음이 흔들릴 수도 있겠지만 다행히 우리 집에는 텔레비전이 없다. 신문도 보지 않는다.

벌이를 해야 하는 것은 나이든 어른으로서는 피할 길이 없다. 나도 하루 반나절은 수입이 있는 일을 한다. 번역과 글쓰기가 그것이다. 반나절은 먹을 농사를 짓고, 반나절은 책도 읽고 번역도 하고 글도 쓴다. 책을 읽다가 집중력이 떨어지면 바깥 일을 한다. 몸을 쓰는 일을 한다. 먹을 농사 정도지만 농사철에는 일이 적지 않다. 몸을 쓰는 일로 머리가 맑아지면 다시 방안 작업을 한다. 기쁜 마음으로 이 두 가지 일을 한다. 그 속에서도 많은 것을 배우고 깨우친다. 보람도 크다.

숲은 우리 모두의 고향

어린 슈바이처에게 정말 이해할 수 없었던 일이 한 가지 있었다고 한다. 그것은 저녁 기도를 드릴 때 왜 인간 만을 위해 기도를 해야 하느냐는 것이었다. 그래서 슈바이처는 어머니와 함께 기도를 마친 뒤 자기 방에 혼자 남게 되면 모든 살아 있는 것들을 위해 스스로만들어 놓은 또 하나의 기도문을 은밀히 외고는 했다 한다. 그 기도문은 이렇다.

'사랑하는 하나님, 숨을 쉬는 모든 것들을 보호하사 축복을 내려 주옵소서. 모든 악에서 구하시고 평안하게 잠들게 하옵소서.'

슈바이처가 아직 어릴 때 만든 기도문이었기 때문이었으리라. 부족하다. 슈바이처는 이렇게 기도문을 바꿨어야 한다.

'사랑하는 하나님, 숨을 쉬는 것이나 숨을 쉬지 않는 것이나 이 세상의 모든 것들에 축복을 내려 주옵소서.'

나무나 풀이 그런 것처럼 돌이나 흙도 일한다. 돌이나 흙은 거기 그렇게 아무 것도 하지 않는 게 일이다. 일도 아주 큰 일을 한다. 풀이 그런 것처럼 흙이나 돌도 한없이 귀하다. 흙이나 돌이 없다고 생각해 보라. 이 세상은 어떻게 될 것인가?

작년부터 확연하다. 비로소 고향으로 돌아온 느낌이 든다. 어디가 고향인가? 자연이다. 숲이다. 풀이다. 땅이다. 풀 앞에, 숲 앞에 서면 나는 꼭 돌아온 탕아와 같은 느낌이다. 그 풀이, 숲이 나를 보고 돌아오기를 기다렸다고 한다. 잘 왔다고 한다.

책을 읽거나 글을 쓰다가 눈을 들면 보이는 풍경이다.
낯선 풀이 보이면 도감을 들고 나가 이름을 익힌다. 그렇게 한 친구를 사귄다.

왜 나는 숲 앞에서 돌아온 탕아와 같은 느낌이 드는 것일까? 한 때 숲을 없애고 거기에 큰 건물을 짓고 그곳에서 가장 높은 사람이 되어 사는 게 최고인 줄 알았던 때가 있었다. 숲 따위는 아무래도 좋았다. 그랬던 내가 이제는 건물을 헐고 그곳에 다시 숲을 가꾸고 있다.

지구의 녹화야말로 우리가 해야 할 가장 소중한 일이라고 말하고 있다. 가능하면 숲을 가꾸는, 지키는, 거기에서 배우고 깨우치는 사람이 되어 살고 싶다고 말하고 있다.

타락한 눈동자에 더러운 영혼으로 돌아온 나를 풀과 나무는 반갑게 맞아주고 있다. 최대의 환대다. 무조건적인 사랑이다. 이보다 더한 사랑은 불가능하다. 얼마나 자애로운가! 단 한 번도 내치는 법이 없다. 곤줄박이가 지저귄다. 옛날 그 목소리다. 조금의 나무

❶── 전망 좋은 뒷간! 바람이 시원하다.
어떤 날은 진박새가 어깨에 앉았다가 가기도 한다.
❷── 숲은 나의 어머니이자 스승. 이 안에 안겨 살며 배운다.

라는 기색도 없다.

최성현 ◆ 산 속에 살며 하루 반나절은 숲 가꾸기, 농사일 등을 하며 바깥에서 지내고, 나머지 반나절은 일본어 번역과 글쓰기를 하는 한편 숲으로부터 배우고 건강해지는 작은 크기의 '숲속 생활 체험 학교'를 열고 있다.

옮긴 책으로는「여기에 사는 즐거움」「지렁이 카로」「생명의 농업(공역)」「경제성장이 안 되면 우리는 풍요롭지 못할 것인가(공역)」「더 바랄 게 없는 삶」등이 있고, 편역서로는 일본 선승들의 일화집인「다섯 줌의 쌀」이 있다.

지은 책으로는「바보 이반의 산 이야기」와「좁쌀 한 알」이 있다.

숲을
두번
걷다

소나무를 그리다

한국 화가

화첩을 들고 솔숲을 찾아 솔 바람을 맞이한 나날이 근자의 생활이다. 그 소나무를 통하여 생명의 질서나 파격을 배우고 일상은 늘 일탈을 꿈꾼다. 따라서 이 그림일기는 이 땅의 소나무와 만난 한 나그네의 시절 인연이요, 그리움의 편린이다.

1. 대관령 솔숲

바람은 무엇이며
어디서 생겨나는가
키 큰 소나무들이 마구 쏟아져 들어온다
바람의 방향을 알 수 없는 나무들조차
내게로 몰려오고 있다.
— 조용미 '바람은 어디에서 생겨나는가' 중에서

삶이 지리하고 나른한 자, 원願이 한恨이 되어 뒤척이는 이, 한겨울 대관령 솔숲으로 오라.

소나무를 그리다   **135**

대관령 솔숲 170×266cm 2002. 한지에 수묵담채

숲을 두번 걷다

혹한의 바람을 강파른 비탈에 서서 온 몸으로 인내하며 곧추세운 직립直立의 길. 그 길을 따라 푸른 하늘로 솟구치는 바람의 노래를 들어보라.

오. 부끄럽고도 민망하여라.

다시 내가 살아갈 바램은 무엇이며 또 그 바람은 어디서 생겨나고 있는가.

2. 은하와 소나무 숲

'우리가 잠들 때 저 별들과 소나무는 이야기를 나누고 있습니다.'

천문학자 이시우 박사의 한 마디가 지금까지 닫혔던 내 마음의 우주를 열었습니다.

아니 지상의 법문이 하늘로 하늘로 솟구치며 무수한 사연이 별꽃되어 찬연하게 빛납니다.

소나무가 모여 소나무 숲을 이루듯, 별들이 모여 은하銀河의 세계를 아롱아롱 수놓습니다.

소나무 모습이 조금씩 모두 다르듯이 별들의 크기와 반짝임도 참 다양하다.

밤이면 피어나는 생명의 별꽃 축제.

소나무는 서로 손을 잡고 두 팔 벌려 밤하늘을 안아 봅니다.

별과 소나무가 서로 짝을 찾아 긴긴밤 이야기꽃을 피웁니다.

3. 서기瑞氣

통고산 휴양림 나무 집에서 자고 일어난 새벽이었습니다.

초 겨울 냉기는 밤새 솔향에 취한 나그네의 허파를 후벼팝니다. 불 어넣은 온기가 어찌 시린 것을 당해낼 수 있을지. 하룻밤을 지새우

은하와 소나무 숲 536×170cm 2003. 한지에 수묵

기 위해 얼마나 많은 열량이 필요한지를 손끝이. 나부끼는 머리칼
속 이마가 진단합니다. 세상이 대체로 공평한 것은 무엇을 견뎌내
기 위해서는 그 만큼 용을 써야 하는 이치와 사정으로 용납됩니다.
하여 주머니에 손을 찌르고 나선 산책길. 무심코 올려본 솔 숲 하늘엔
구름이 띠를 이루어 달려옵니다. 새벽의 신비, 새날의 기운이 마침내
하루를 엽니다. 얼어붙었던 마음자리에 신선한 기운이 불어듭니다.

4. 솔잎 하나가

울진 소광리 금강송 솔씨를 심은 날, 저는 마냥 새로운 꿈에 부풀
었습니다. 제 작업실 이름이 '나무화실'인데 지난 스무 해 동안

서기瑞氣 97×58cm 2003. 한지에 수묵담채

'나무' 이름만 팔다가 이제야 솔씨를 뿌렸으니 말입니다.

지상 위 하늘 아래 어떠한 칭송의 거송巨松이나 신송神松도 솔씨 하나로부터 솔잎을 튀우기 시작했으려니…. 그리하여 긴 기다림 속에 설렜던 마음.

이제 겨우내 솔잎은 거친 대지를 뚫고 마침내 푸른 창공을 향해 손짓하니 대자연의 섭리와 진리. 그 눈부심이여.

어느 지인知人으로부터 받은 솔씨가 문득 내 해묵은 창을 닦게 하고 솔잎 하나 틔운 하늘은 자꾸 자꾸 높아만 갑니다.

5. 소광리 금강송

강송剛松의 숲에서는 일체 잡념을 버려야 한다. 오직 자연에의 외경
畏敬 하나로 마음을 채우도록.

강송을 본떠 허리를 편 다음 가슴을 열고 심호흡 해야 한다. 뿌리
를 깊숙이 대지에 내렸기에

확고 부동한 긍정의 자세와 찬미의 정성을 배워야 한다. 온갖 협
잡의 유혹을 물리치고 상승 일념의 집중과 지속력, 그 드높은 기
개의 도덕성도…….

—박희진, '강송찬미' 중에서

저 금강소나무가 오늘 오백 년 묵은 귀를 열고 물소리를 듣습니다.
그리고 청량한 솔바람이 세월의 이야기를 솔솔 들려줍니다.

6. 이 흙에 새 솔들

'숲엔 꿈이 있습니다. 미래가 있습니다. 생명이 있습니다'

그렇지요. 분명 숲은 '생명의 노래'로 지상의 모든 존재를 찬탄하

위── 솔잎 하나가
27×58cm 2003. 한지에 수묵담채
오른쪽── 소광리 금강송
87×231cm 2003. 한지에 수묵담채

이 흙에 새 솔들 63×46cm 2002. 한지에 수묵담채

고 품어주는 소우주의 세계입니다.

그러나 어쩌다 산불로 헐벗고 병충해로 점점 사라지는 소나무 숲을 바라보는 풍경은 미래의 희망에 먹구름을 드리우게 합니다.

누대로 이 땅에서 살아온 사람들이 노송老松의 세월을 기리고 찬미하듯 내일을 위해 붉은 황토 위에 다시 푸른 솔을 심어야겠습니다.

그것은 내 아이가 자라나 또 자식을 낳고 세월이 강물처럼 흐른 뒤 드리울 미지의 솔숲을 그리지 않을 수 없는 까닭이지요.

함께 꾸는 꿈은 다시 희망입니다.

고적孤寂 173×132cm 2003. 염색 한지에 수묵채색

7. 고적孤寂

'막대 알사탕 5개, 소주 1병. 당산 소나무 앞에 놓인 제물은 조촐했다. 의외의 애틋한 광경에 서러웠다. 몇 해 전만 해도 이런 대접은 상상할 수도 없었던 소나무를 생각하면 더욱 그랬다. 삼현육각의 흥겨운 굿거리 장단과 함께 마을 사람들이 정성들여 마련한 제상 가득 채워진 갖가지 음식들은 영험한 당산소나무를 위한 당연한 대접이었다. 그러나 풍어豊漁와 안전한 바닷길을 300년 이상 이 나무에게 기원하던 마을의 풍어제는 더 이상 존속될 수 없었다.' —전영우

서해안 도로의 궁리 마을 소나무를 바라보며 이제 간척이 되어 바닷길이 막힌 사연을 떠올립니다. 쓸쓸한 낙조에 새떼들마저 둥지를 찾아 날아가고 마침내 소나무는 홀로 남았습니다. 하지만 소나무는 솔잎이 다하는 날까지 끝내 자리를 지킬 셈입니다.

수처작주隨處作主 입처개진立處皆眞.

처해진 곳마다 주인공이요, 진리로 받아들여야 한다는 말씀. 나의 생활도 저 소나무에서 배우기를 빌어봅니다.

8. 소나무 만다라

경주 남산 입구의 삼릉 계곡 솔밭. 신라시조 박혁거세 탄강지로 불리는 나정羅井의 솔밭 아래 설 때마다 가슴 두근거려 옵니다. 아니 천년 바람이 용솟음치며 알 수 없는 영혼의 그림자를 드리웁니다.

마른땅 오한 서린 뿌리, 겹겹한 세월목에 목피가 가른 꿈은 온몸을 뒤틀며 손짓합니다.

그 철피의 균열은 어떤 영혼의 고해성사일까요.

살돋은 이파리, 열락悅樂의 방울소리 들려올 듯 지축을 흔들며 하늘로 하늘로 오르시는 용龍이시여!

저 울부짖는 용들의 소리가 들립니까. 저마다의 생김과 곡절로서 땅을 치고 하늘을 찌르는 소리가. 이곳에서 생성된 또 하나의 우주. 천상천하天上天下 만다라의 세계가 펼쳐집니다.

9. 생사生死의 비雨

'회자정리會者定離요, 생자필멸生者必滅이라'.

만남은 꼭 이별을 전제로, 살아 숨쉰다는 것은 필이 죽음을 의미한다고 하니 이 아니 쓸쓸하랴.

소나무 만다라 406×190cm 2003. 염색 한지에 수묵채색

월야 금강설송도月夜金剛雪松圖 170×266cm 2002. 한지에 수묵

생사生死의 비雨 137×193cm 2003 염색한지에 수묵채색

세월 속의 늙음이 누추한데 누가 자꾸 저승길을 재촉하려는가.

이미 나이테를 다한 고사목의 이미 가슴은 무너져 내렸건만 껍질

은 끝끝내 남아 꼭 무슨 함성을 지르고 있는 것만 같다.

그 비 내리는 들녘에 옹기종기 피어나는 아가 솔들.

'그래 아가야, 저 비를 맞아도 이젠 구슬프지 않구나. 나는 뼈가 녹

고 몸이 풀려 더 빨리 돌아가지만 너희는 환호하며 다투어 피어나

겠지. 그래 아가야, 저 비는 너희 꿈이 오롯한 수직 선물이란다.'

10. 월야 금강설송도 月夜金剛雪松圖

울진 소광리 삿갓재 오르막길에서 마주친 신령스런 소나무 한 그

루! 쭉 곧게 뻗어 오른 아름드리 금강송이 늠름하고 굳세며 고고

하게 군계일학群鷄一鶴인양 뿌리를 내리고 서 있지 않은가.

소나무는 마치 장쾌한 필력으로 쳐낸 곧은 기운과 더 깊이 역사를

아로새긴 옹이, 그리고 강파른 세월을 이겨낸 지사志士의 기상으로

넘쳐흐른다. —1998년 가을

이 소나무를 눈이 펄펄 내리는 날 무릎까지 빠지는 산길을 걷고 걸

어 마침내 설송雪松과 만났다. 뜨거운 인연에 합장하고 오리털 잠

바를 눈밭에 깔아 화첩을 펼치자 붓을 든 정신精神이 아득하다. 어

느 거룩한 성현과 스승이 저 소나무와 닮았으랴. 그날 밤 나는 설

송을 기리고 사모하는 둥근 달이 되고 싶었다.

11. 솔 숲 그늘

결혼 후 아내와 처음 가본 안동 하회마을 부용대 건너편 솔 숲, 그

곳에서 뛰놀던 아이들이 떠오릅니다.

한편 솔 바람 회원들과 함께 했던 대관령 솔숲이며 춘양목 기원제

솔숲 그늘 96×58cm 2003. 한지에 수묵담채

를 마치고 밥술을 나누었던 솔숲 그늘 속의 사람들도 그려집니다.
햇살을 마냥 그리워하면서도 그늘을 찾고 싶어하는 사람들. 그 햇
발이 깊을수록 그늘 속의 안식은 넓혀져만 갑니다.
제 홀로 청고한 소나무가 아니라 함께 의지하여 빚어낸 소나무 숲
은 제 그늘만큼 사람을 불러모읍니다. 서로서로 잔을 권하고 참말
만 합니다. 그 솔바람 속에서는 딴의 시름을 잊을만 합니다.

12. 화엄—소나무 속

'… 나는 뜻하지 않게 소나무 안으로 들어와 웅대하고도 기괴한 세
계를 체험했으니, 이를 일러 송엽장세계松葉藏世界라 해도 괜찮을지.

소나무를 그리다   **149**

숲을 두번 걷다

화엄-소나무 속 271×190cm 2003. 한지에 수묵담채

내연산 소나무 75×143cm 2003. 한지에 수묵담채

이렇게 천잎으로 된 처진 소나무의 법신法身이 백억세계로 화현化現하여 솔잎 하나 하나가 또한 하나 하나의 세계를 이룬 것일지도 모른다. 나는 이 소나무 안에서 무진연기無盡緣起의 원리가 다만 연화장 세계로만 표현될 수 없음을 알았다.' ―강우방 '처진 소나무' 중에서

처진 소나무 속에 들어가 하늘을 바라보면 소나무 가지의 결구結構는 대동맥에서 실핏줄로 흐르는 궁륭穹隆의 세계가 펼쳐진다.
제멋 대로 뻗은 기괴한 가지가 서로 얽혀 소우주를 이루는 장엄!
이를 일러 '화엄華嚴'의 세계라 하는가.

13. 내연산 소나무
어느 봄날 포항 내연산 폭포 아래서 아득히 올려다 본 벼랑 위의 노송老松 두 그루.
300년 전 겸재謙齋 정선鄭敾이 그리셨다는 내연산 삼룡추도內延山 三龍湫圖를 떠올리며 벼랑에 오르자 꽃이 먼저 반겨 줍니다.
아득한 옛날에 솟아난 바위와 산. 그 단애 위에 뿌리내린 절조 깊은 소나무. 그 곁에서 겨우내 적막감을 달래주는 연분홍 진달래의 웃음들.
'소나무는 진달래를 내려다보되 깔보는 일이 없고, 진달래는 소나무를 우러러 보되 부러워하는 일이 없음.' (이양하)을 새삼 떠올리며 진달래 꽃 덤불 속에서 마침내 소나무 화첩을 펼쳤지요.
예나 지금이나 솔바람 속에 무상한 계곡 물은 바다로 흘러가고….

이호신 ◆ 한국화가로 8번의 개인전을 열었으며 광주비엔나레 등 주요 초대전에 출품해 왔다. 지은 책으로 「길에서 쓴 그림일기」 「숲을 그리는 마음」 「풍경 소리에 귀를 씻고」 「쇠똥마을 가는 길」 등이 있고 작품은 대영박물관, 국립현대미술관, 이화여대박물관 등에 소장되어 있다.

즈그덜도 살아사 쓴께

이 성 부
시인

남겨둘 줄 아는 옛사람의 지혜 ──── 초등학교에 다니
──────────────────────── 던 때였다. 6.25

뒤끝이라 너나없이 가난했다. 할머니는 가끔 무등산에 들어가 취
나물을 뜯어 오시곤 하였다. 그 취나물을 삶아 된장에 무쳐먹는 맛
이 아주 좋았었다. 쌉싸름하면서도 들척지근한 맛을 지금도 잊지
못한다.

어느 해 봄이든가. 나도 할머니를 따라 취나물을 뜯으러 갔다. 시
내에서 한 시간 쯤 걸으면 무등산 기슭에 닿았다. 그 기슭에서 또
한시간 쯤 올라가자 곳곳에서 취나물들이 눈에 띄었다. 어떤 곳에
서는 취나물 밭이라고 할 만큼 지천인 데도 있었다. 나는 신바람이
나서 뜯는 일에만 열중했다.

할머니께서 말씀하셨다 "인자 그만허고 가자(이제 그만하고 가자)."
내가 말했다 "이렇게 많이 남아 있는데 그냥 가요?"
할머니는 고개를 끄덕이시며 그러나 "내가 키운 것도 아닌디 이만
하면 돼. 다 즈그덜도 살아사 쓴께(자기들도 살아야 하니까)." 이 말

나물을 뜯는 전형적인 산촌사람의 모습. 등에 메고 있는 자루 배낭이 재미있다.

씀이 무슨 의미인지 그때 나는 알지 못했었다. 산과 들에 흔하디 흔한 풀, 나물, 나무 따위는 봄이 오면 얼마든지 저절로 태어나고 꽃이 피고, 성장하는 줄로만 알았기 때문이었다.

지지난 해 겨울이었다. 백두대간을 구간종주하면서 조령산 정상에서 라면을 끓여 먹었다. 온세상은 은세계, 눈이 무릎까지 빠지는 산행 도중이었다. 지칠 대로 지친 일행 네 명이 뜨거운 라면 국물로 속을 달래고 원기를 회복했다. 우리가 앉아있는 가까운 눈밭 위에 산새 한 마리가 날아와, 눈 위에 버린 라면 찌꺼기를 쪼아먹었다. 곧 이어 서너 마리의 산새가 더 날아와 역시 눈밭 위를 쪼아먹고 다녔다.

산새들은 아마도 눈 덮인 산야에서 몹시 굶주려 있을 터, 라면 냄새를 맡고 우리들 주변으로 날아왔을 것이었다. 산새들은 아주 가까이에 사람들이 있는 데도 두려워하지 않았다. 오직 눈밭 위 라면 찌꺼기를 찾고 쪼기에 바빴다. 굶주림이란 이런 것인가. 문득 어린 시절의 할머니 말씀이 생각났다. '즈그덜도 살어사 쓴께'. 생명이란 것은 이렇게도 끈질기고 짠하고 소중했다.

봄철에는 흔히 '나물뜯기 산행'이라는 것을 안내산악회 등에서 기획한다. 산나물이 많은 산을 찾아가, 나물도 뜯고 산행도 한다는 것인데, 나로서는 마음에 들지 않는다. 몇 해 전 우연하게 산행 도중 이들을 보았는데, 이들은 그야말로 산나물을 '싹쓸이'하는 사람들이었다. 산행이 목적이 아니라, 마치 나물 장사하는 사람들처럼 배낭 가득하게 나물을 뜯어 챙기는 것이었다. 이들 수십 명이 휩쓸고 지나간 산비탈에는, 산나물의 어린 순조차 남아있지 않았다. 두릅나무 정수리는 몇 번을 뜯어 갔는지 아예 말라 버렸을 정도였다. 잎이 사라져 햇볕을 몸의 내부로 흡수하지 못하는 그 두릅나무, 만신창이가 된 채 조만간 죽어 사라질 것이었다.

곰취 봄나물의 왕자 격인 곰취. 향과 맛이 뛰어나다.

사람과 푸나무의 길이 다르지 않다

서울의 삼각산 (북한산)에는 드물기는 하지만 다래덩굴이 있었다. 내가 아는 다래 덩굴 하나는 북한산성 계곡에서 멀지 않은 곳에 있었는데, 해마다 가을철이면 ㄱ 나무 아래에 떨어져 있는 다래를 주워 먹곤 하였다. 시골 ㄱ향에서나 맛볼 수 있었던 다래를 서울의 산에서도 맛볼 수 있다는 것은 나로서는 작은 행복 중 하나였다.

다래나무는 넝쿨성 다년생 식물로, 다른 나무의 몸을 감아 돌면서 성장한다. 저 혼자서는 바로 설 수 없는 숙명을 지니고 태어난 나무다. 버팀목이 되어 주는 다른 나무와 함께 키가 큰 다래넝쿨은 사람의 손이 닿을 수 없는 높은 곳에서 열매를 맺고 스스로 익어 떨어지곤 하였다. 어느 해 추석이 막 지난 후였다.

삼각산 대동문에 올랐다가, 산성 계곡에 있는 그 다래덩굴을 찾아갔다. 몇 알쯤 떨어져 있어야 할 다래가 눈에 띄지 않았다. 자세히 살펴보니 다래덩굴은 예리한 칼로 베어진 듯 토막이 되어 있었다. 참담했다. 나의 가장 소중한 것 하나가 무자비한 사람의 폭력에 희생된 현장이었다.

나는 한동안 망연자실한 채 서 있다가 발길을 돌려야 했다. 누가 왜 그 다래덩굴은 잘라 버렸을까. 땅에 떨어진 다래 만으로는 만족할 수 없었던 어떤 인간이, 손에 닿지 않는 높은 곳의 다래까지 '싹쓸이' 하기 위해 그랬을 것이었다. 사람의 탐욕과 잔인함이란 참으로 무서웠다.

배운 사람이 벼슬살이에 얽매이는 모습은
덩굴에 달린 박이나 외와 같다?
젊은 나이에 이런 생각하며 산을 살폈으니

더덕 산행에서 제일 즐거운 냄새를 안겨 준다.

나같이 삼십년 월급쟁이 끝에 물러나와

다래 달린 덩굴 보며 깨닫는

이 놀라움 어디다 쓸꼬

높은 곳에서는 비바람 몰아치거나

자꾸만 밀어뜨리는 것들 있어 위태롭고

낮은 곳에서는

땅 위의 도끼들 만나

해를 입기 마련이다

덩굴에 달린 박이나 외는 떨어져 나가

저의 꿈이 달리는 데로 가고 싶을 뿐

사람은 움직이는 것이어서

나무처럼 끄떡없이 살지 못하고

나무는 그 안에 흐르는 생을 담고 있어

바위처럼 오래 살지 못한다

나의 시집 「지리산」에 수록되어 있는 '김일손이 이렇게 말하였다' 부분을 옮겨 놓았다. 김일손(1464-1498)은 벼슬아치들의 길을 '덩굴에 달린 박이나 외(오이)'에 비유했다. 박이나 오이는 조만간 떨어져 나갈 운명에 처해 있다. 그러므로 매우 위태롭게 보인다. 그럼에도 불구하고 인간(소위 지식층)은 그 위험을 인식하지 못한 채 벼슬(권력)에만 연연하는 탐욕의 삶을 살아간다. 높게 달린 열매는 익을 대로 익은 다음 땅에 떨어지기 마련이다.

비바람에 흔들려 떨어지기도 하고, 스스로의 무게를 견디지 못해 떨어지기도 한다. 자연의 순리다. 땅에서 솟아오른 나무는 사람의 '도끼'를 만나 죽음을 맞이하기도 한다. 벼슬살이를 하는 사람이나, 나무에 달린 열매의 길이 결코 다르지 않다. 모든 살아있는 것

다래 줄기 나무로 달콤한 열매는 사람과 짐승 모두를 달려 오게 한다.

들의 탄생과 소멸, 흥망성쇠가 이러한데, 만물의 영장이라는 사람들 가운데에 이것을 깨닫지 못하는 사람들이 많다. 얼마나 아슬아슬하고 위험한가.

내가 아는 삼각산의 다래덩굴은 땅 위의 사람에 의해 그렇게 죽었다. 다래덩굴을 잘라버린 그 사람도 언젠가는 죽게 마련이다.

식물에게도 영혼이 있다

나와 함께 산행을 하는 산악인 가운데 유달리 더덕을 잘 캐는 후배가 있다. 그래서 별명이 '더덕맨'이다. 이 친구가 캐오는 더덕을 잘 손질해 소주에 담가 마시면 즉석 더덕주가 되었다. 더덕 향과 술맛이 그렇게 좋을 수가 없었다. 이 후배는 그러나 아직 어린 더덕은 캐지 않았다. 적어도 4, 5년은 됐음직한 것들만 골라 캐는 능력도 지니고 있었다. 더덕도 또한 덩굴식물로, 다른 나무의 몸통을 휘감아 오르면서 성장한다. 가을철에 잎을 모두 떨군 덩굴은 겨울 내내 말라 비틀어져 흰빛을 띤다. 흰빛의 덩굴은 사그라지고, 이듬해 봄이 되면 그 뿌리에서 새로운 순이 올라와 역시 다른 나무를 휘감아 오른다.

밥먹는 자리 저만치에서 문득 너를 보았다
지난해 몸통을 왜 버리지 못하고 새봄에도
희물그레 사그라져 내 눈에 띄었더냐
그 가까이에 너의 다른 몸 새로 태어나 초록 연한 잎줄기
남의 몸에 기대거나 휘감아서 피어올랐더냐
삶도 사랑도 무엇엔가 기댈 언덕이 없으면
홀로 서기 어려워 휘청거리는 것
아무리 애를 태워도 볕에 바래고 바래져서

삭아 부숴 질 수밖에 없는 네 몸둥어리

바람으로 먼지로 또는 내음으로 사라질 뿐

네 뿌리뽑아 내 지저분한 손톱으로 껍질 벗기고

아그작 싸그작 씹어 삼키는 이 몰골

몸에 좋다고 너를 죽여버린 내 탐욕이

죄스럽고 슬프고 또 그게 그렇게

나를 덤덤하게 만드는구나

나의 시 '더덕 한 뿌리를 슬퍼함'의 전문이다. 어느 해 봄, 산행 중 우연히 내 눈에 뜨인 더덕 한 뿌리를 캐먹고 돌아와서 이 시를 썼다. 한 생명을 죽여 없애버린 죄책감이 두고두고 지워지지 않았다. 식물에게도 영혼이 있어 나를 원망하는 것만 같았다. 그 영혼에게 빌고 또 빌었다. 비록 사람이 먹고살아야 하는 식물이지만, 내 눈에 띄어 내 손으로 그 생명을 죽였으니 마음이 개운할 수가 없었다. 백두대간을 구간종주하는 동안 나는 몇 군데에서 더덕이 지천인 곳을 볼 수 있었다. 대체로 그냥 지나쳐 버리기 일쑤였다. 그것을 캐 먹을 만큼 시간적 정신적 여유가 없었다. 또 자꾸만 몇 해 전의 그 '한뿌리'가 떠올라 손을 대지 않았다. 가끔 함께 산행하는 친구들이 캐온 더덕을 맛보기는 하지만, 내 마음의 미각도 혀와 함께 '씁쓰름'하기만 했다.

서로 베풀며 살아가야

십 수년 전에 오대산을 무박 일주하는 산행을 했었다(무박산행이란 토요일 밤에 떠났다가, 일요일 이른 새벽부터 산행을 하고, 그 날로 돌아오는 산꾼들의 용어. 주로 직장인들이 이용하는 산행 스타일이다). 진고개산장→동대산→두로봉→상왕봉

→비로봉→호령봉→오대산장까지, 도상거리 18km에 열시간이 넘게 걸리는 산행이었다. 이른 새벽 4시경부터 랜턴 불빛의 긴 행렬이 뱀처럼 구불구불 이어졌다.

동대산을 넘어 거의 평지와도 같은 길에서 먼동이 트기 시작했다. 그런데 산길 곳곳에서 예사롭지 않은 광경이 목격되었다. 누군가가 길섶을 마구 파헤쳐 나무 뿌리가 곳곳에 그대로 드러나 있었다. 방금 그랬던 것처럼 나무 뿌리와 흙에서는 김이 모락모락 피어올랐다. 이 높은 곳까지 누가 올라와서 저 지경을 만들어 놓았을까. 심마니(약초 캐는 사람)들의 짓일까.

그러나 나는 오래지 않아 그렇게 만들어 놓은 주범이 멧돼지 떼라는 것을 알았다. 함께 가던 산꾼이 "멧돼지 떼가 방금 지나갔다"고 했다. 굶주린 멧돼지 떼가 먹이를 찾아 잡목 숲을 헤집어 놓은 것이었다. 멧돼지도 자연의 일부이므로, '즈그덜도' 먹고 살아야 했다.

비로봉(오대산 정상)을 통과할 때는 이미 정오가 넘어 있었다. 그동안 몇 차례 물과 간식을 섭취하긴 했지만 나는 웬일인지 무얼 먹고 싶지가 않았다. 너무 많은 땀을 흘린데다가 무리한 강행군 산행이었으므로, 거의 탈진 상태가 된 것 같았다. 긴 산행을 할 때는 시장기가 돌기 전에 먹고 목마르기 전에 마시고 지치기 전에 쉬어야한다는 것을 그때는 미처 몰랐던 시절이었다.

호령봉 가까운 곳에서 나물 뜯는 세 아주머니를 만났다. 그네들은 나무 그늘 아래에서 점심을 먹는 중이었다. 한 아주머니가 나에게 말했다. "이것 좀 맛 보세요" 가까이 가서 들여다보니 그네들은 산나물에 밥과 된장을 싸먹고 있었다. 내 코 끝을 스치는 된장 내음과 갓 뜯은 곰취, 참나물 따위에 나도 슬그머니 식욕이 돌아왔다. 곰취와 된장에 싼 밥을 손으로 받아먹었다. 기막히게 맛이 좋았다. 나는 아예 주저앉아 도시락도 풀어놓고, 그 된장 쌈밥으로 '풀밭

위의 식사'를 흡족하게 마칠 수 있었다. 탈진 가까이에서 시들었던 내 육체는 곧 원기를 되찾았다. 금세 날아 갈 것만 같았다.

그러니까 나는 벌써 두로봉 쯤에서 시장기를 느꼈던 것 같다. 너무 속도를 내다보니까 먹어야 할 타이밍을 놓친 것이고, 탈진 상태에 가까워 식욕을 잃게 된 것이었다. 곰취와 참나물과 된장과 밥이, 나를 빠른 시간에 회복시킨 셈이었다. 만약 그곳에 곰취와 참나물이 없었더라면, 나는 아마도 밥 먹을 엄두도 내지 못했을 것이었다.

사람은 이렇게 숲(자연)에서 얻는 것이 많다. 양광陽光을 받은 숲이 뿜어내는 산소, 토양과 나무 뿌리와 바위 사이를 흘러내리는 청정수, 많은 열매와 나물, 약초, 버섯 따위, 그리고 무엇보다도 숲이 사람에게 안겨주는 정신적·정서적 풍요함, 야성·원시 회귀의 호기심과 모험심이 모두 숲을 매개로 하여 얻어진다. 잘 가꾸어진 공원의 숲길을 거닐 때나, 험한 산에서 잡목숲을 헤치고 나아갈 때나 잠시 쉬고 있을 때나 숲은 항상 인간에게 정신적 자양과 명상의 미덕을 제공해 준다.

그러나 사람이라는 동물은 탐욕스럽고 잔인하다. 숲이 사람에게 주는 많은 혜택을 외면한 채 끊임없이 숲(자연)을 착취하고 파괴한다. 산업화와 자본주의의 속성이라고는 하지만, 사람의 편리주의. 이기주의가 우리의 아름다운 자연을 도처에서 깔아뭉개고 있다.

머지 않아 그 폐해는 사람에게 돌아올 것임에 틀림없다. 아니 이미 인류는 사람들이 저지른 그 만행의 보복을 자연에게서 받고 있는 지도 모른다. 온갖 자연재해, 새로운 질병들의 창궐, 지구 온난화, 대기 오염, 기형아의 속출 등등.

이제부터라도 사람은 자연에게 베풀어야 한다. 자연에게 베풀어야 사람이 살게 된다. '즈그덜도' 살 수 있도록 항상 아끼고 보호하고 남겨 두어야 한다. 옛 사람들의 조금쯤은 남겨 두는 지혜를 현대인들의 이기주의가 크게 깨달아야 한다.

이성부 ◆ 1942년 전남 광주에서 태어났다. 광주고, 경희대학교 문리대 국문과를 졸업했다. 1962년 〈현대문학〉에 3회 추천 받아 문단에 데뷔하다. 현대문학상, 한국문학작가상. 대산문학상, 광주광역시 문화예술상 수상하다. 저서로 시집「이성부 시집」「우리들의 양식」「백제행」「전야」「빈산 뒤에 두고」「야간산행」「지리산」산문집으로「산길」—수문출판사「저 바위도 입을 열어」시선집으로「너를 보내고」「평야」등이 있다.

창녀의 첫인상

안정효
소설가

1980년, 지리산 종주를 처음 하게 되었을 때, 노고단의 고사목지대를 지날 무렵에 내가 받았던 인상은 그동안 자주 다녔던 설악과 참 다르다는 것이다.

지리산이 좋은 까닭은 웅대하고 힘차고 남성적이기 때문이다. 강원의 설악은 온갖 기암괴석이 기기묘묘한 아름다움을 뽐내는 악산인 반면, 육산인 지리산은 모양을 뽐내려고 하지 않는다. 설악은 사람을 손짓해 불러 예쁜 모습을 구경해 달라고 조바심을 하는 반면, 지리산은 인간에게 이런 말을 하고 돌아서서 휘적휘적 가버리는 신선을 생각나게 한다.

"애써 올라왔으면 이제는 내려갈 때가 되었구려."

그렇게 그냥 올라왔으면 이제는 내려가라고 일러주는 산이기에, 지리산은 인간의 왜소함을 일깨우고 겸손을 되찾게 하는 아름다운 경험이다.

그럼에도 불구하고, 그 후 25년이 지나도록 지금까지, 나는 지리산을 다시는 오르지 않았다.

어느 잡지사로부터 남도 기행문 청탁을 받아 20년 후에 다시 화엄사를 들렀을 때, 비가 오기라도 해서 주말에 화엄사와 지리산을 들러가는 관광객의 수가 줄기라도 하면, 그곳 사람들의 월요일 표정에서 기운이 빠진다는 현지 안내인의 설명을 들었을 때, 그리고 지리산은 이곳 사람들의 밥줄이라는 설명을 어느 찻집 주인에게서 들었을 때에도, 나는 더 이상 그곳에 머물고 싶다거나, 노고단으로 오르는 길을 쳐다만 보고 돌아서는 아쉬움이 조금도 머리를 들려고 하지 않았다.

내가 지리산에 대해서 좋은 추억을 갖지 못하게 된 까닭은, 인간의 왜소함을 일깨워주는 산신령의 인상보다도, '관광지'라는 첫인상을 훨씬 더 강하게 받았기 때문이다.

늘 청개구리 짓만 하는 인간들

1980년 10월

내가 몇 명의 연극인과 지리산에 올랐을 때는 연휴기간이었다. 너도나도 바쁜 사람들이 모처럼 짬을 서로 꿰맞춰 우리들의 등반이 이루어졌고, 그리고 지리산은 우리들처럼 그렇게 연휴를 틈타 모처럼 찾아온 사람들이 구름을 이루었다. 그래서 지금까지도 지리산이라고 하면 나는, 나무와 바위와 바람과 하늘이 아니라, 바로 코 앞에서 줄지어 행군하던 앞사람들의 수많은 엉덩이가 가장 먼저 머리에 떠오른다. 그리고 소리도 생각난다. 젊은이들이 너도나도 들고 온 시커멓고 커다란 카세트의 시끄러운 음악 소리 말이다.

도대체 산에 온다는 사람들이, 왜 그렇게 시끄러운 소리를 내는 기계를, 그토록 무거운 기계를 들고 와서, 걸어가면서도 계속 틀어대야만 했던 것일까? 요즈음에는 낚시를 훨씬 열심히 하느라고 먼 산행을 오랫동안 다니지 않아서, 음악을 휴대한 등반이 당시에만

수렴동 계곡의 풍요가 넘친다.

유행했던 일시적인 현상이었는지, 아니면 요즈음 젊은이들도 그렇게 시끄러운 산행을 즐기는지, 잘 모르겠다.

산에 간다 하면, 일상과 도시를 벗어나려는 행위일텐데, 음악이라기보다는 소음에 가까운 시끄러운 소리기계를 들고 다니며, 자연의 조용한 소리를 듣고 자연의 푸르른 풍경을 보고 싶어하는 사람들을 괴롭혀야 하는 까닭이 무엇일까?

그리고 지리산이라고 하면 나는 또한, 야영지마다 떼를 지어 밥을 짓던 사람들과, 수북하게 여기저기 쌓아놓은 쓰레기가 생각난다. 그나마 지정된 곳에 모아놓는 정성을 보이기는 했지만, 아무리 한 곳에 곱

게 쌓아 놓더라도 쓰레기는 쓰레기이고, 아무리 정성스럽게 정돈한 쓰레기라고 해도, 더러워 보이는 모습은 크게 달라지지를 않는다.

나는 글을 쓰다가 피곤하거나, 일이 잘 풀리지 않을 때면, 동네(은평구 갈현동) 뒷산龜山을 오른다. 날씨가 좋으면 거의 날마다 올라간다. 짧게는 반시간, 길게는 거의 두 시간 동안, 조용하고 푸른 숲 속을 거닐면 머리가 맑아지고, 그래서 맑은 글이 나오기 때문이다. 더구나 사람이 별로 없는 평일의 낮 시간이면, 인적이 없는 숲 속을 이리저리 한가하게 돌아다니며, 도시 속의 원시를 누리면서, 이러저러한 구상을 거듭하여, 나의 글을 살찌게 한다.

우리 동네 뒷산은 그나마 아끼며 가꾸는 사람들이 꽤 많은 편이어서, 늘 좋은 숲의 인상을 유지한다. 그래서 숲 속에서의 산책은 휴식을 제공하는 데서 그치지 않고, 나의 글쓰기를 풍요하게 한다.

그래도, 참으로 슬픈 일이지만, 가끔 쓰레기가 오솔길 가에서 힐끗 보이기라도 하면, 맑았던 풍경과 마음이 흐려지고는 한다.

산길의 쓰레기는 참으로 이해가 가지 않는다. 산책길에 앉아서 읽은 다음 버린 신문지나, (사랑하는 여인을 배반한다던가, 정치인들의 '토사구팽' 등등) 알맹이만 빼먹고 껍질은 (쓰레기처럼) 버리는 못된 인간 습성의 대표적인 증거물 노릇을 하는 과자 봉지, 심지어는 휴식처 주변에 화투짝과 술병도 보인다.

모든 물건은 산으로 가지고 올라갈 때가 내려갈 때보다 훨씬 무겁게 마련이다. 그런데도 힘들여 무겁게 가지고 올라와서는, 힘 안 들이고 다시 가지고 내려가는 행위만큼은 사양하는 사람들이 많다.

현대인 중 일부는 동물적인 배설자

나는 어느 잡지에다 사람들이 낚시터에 쓰레기를 버리는 까닭이

숲을 두번 걷다

푸른 하늘로 붉게 타오르는 가을의 설악. 바위, 물, 숲이 모두 살아 꿈틀거린다.

지리산 노고단 사람들의 발길로 황폐화된 노고단이 복원되어 서서히 옛 모습을 찾아가고 있다.

그곳을 창녀처럼 생각하기 때문이라는 글을 쓴 적이 있는데, 산에 대한 보통 사람들의 심리도 마찬가지이리라는 생각이다.

산에 자주 가는 사람은 산을 더럽히지 않는다. 나중에 다시 찾아올 때에도, 깨끗한 모습으로 기다려 준 조강지처 같은 산과 숲을 다시 보고 싶기 때문에, 산을 사랑하는 사람은 남들이 버린 쓰레기까지도 치운다. 내가 매주일 낚시를 하러 찾아가는 석모도의 쓰레기를 열심히 주워 모으는 까닭 또한 마찬가지이다.

자신이 사는 집은 날마다 다시 들어가 잠을 자야 하기 때문에 청소를 하지만, 한 번 잠시 들렀다가 다시는 돌아오지 않을 곳이라면, 사

지리산 산에서 산으로 끝없이 펼쳐지고 연결되어 국내 제일의 경관과 생태계를 이루고 있다.

람들은 깨끗하게 가꿔야 할 필요성을 느끼지 않는 모양이다. 그래서 인지 집에서 까만 비닐 봉투에 차곡차곡 싸 가지고 온 쓰레기까지 시골 길, 물가와 숲 속에 몰래 버리고 가는 사람들도 가끔 눈에 띄는 세상이 되었으며, 오락가락 어쩌다가 한 번 찾아가는 사람들이 오히려 더 열심히 쓰레기를 버리고, 자연을 적극적으로 훼손한다.

그것은 그들이 산을, 낚시터를, 그리고 자연을, 사랑하는 아내로 생각하지를 않고, 한 번 찾아가서 얼굴조차 별로 신경 쓰지 않고 동물적인 배설 만을 위해 잠자리를 같이 하고는, 하룻밤조차 잠을 자지 않고 얼른 돈을 주고 황황히 돌아서는 창녀 쯤으로 생각하기 때문이다.

그런 식으로 낚시터나 산을 찾는다면, 그것은 사랑하는 대상(여인)을 만나는 태도가 아니다. 그런 사람은 산을 사랑하거나, 물을 사랑하거나, 자연을 사랑하는 사람이 아니다. '모처럼 야외에 나와 자연을 벗하여 스트레스 확 풀어버린다'면서, 낚시터에 와서 술에 취해 밤하늘을 찬양하면서 한참 게걸거리다가, 아침에 음식 쓰레기와 술병과 심지어는 찢어진 천막이나 큰 양산까지 잔뜩 버리고 가는 사람이라면, 아무리 스스로 자연을 벗한다고 우기더라도, 결코 그런 사람은 자연의 벗은 아니다.

그리고 창녀를 찾아가는 남자는 그 스스로가 별로 존경할 만한 남자가 아니겠고, 자신도 떳떳할 만큼 (그가 버리는 쓰레기보다 조금이라도) 깨끗한 사람이 아니기가 쉽다.

그리고 아내를 창녀처럼 취급하는 남편은 아내의 미움을 받아야 마땅하듯이, 산을 창녀처럼 다루는 사람이라면, 그는 고마움을 베푸는 자연을 찾아 즐길 권리가 없는 사람이다.

아름다운 자연을 찾아간다면서, 그렇게 아름답고 정답고 고마운 자연에 쓰레기를 설사하듯 버리고 오는 사람이라면, 그는 창녀를 찾아가는 사람과 마찬가지이다.

내가 25년 전에 지리산에서 받아 가지고 돌아온 첫 인상 가운데에는, 줄지어 가는 엉덩이와 카세트 소리와 쓰레기와 더불어, 3박4일 동안 무거운 배낭을 메고 열심히 능선을 타고 나서 드디어 천왕봉에 이르렀을 때 보았던, 떼를 지어 "야호" 하던 사람들의 모습도 있다.

그리고 그 군중 속에는, 시내 외출에나 어울리는 양장 외투 차림에, 등산화나 운동화가 아니라 보통 검정구두를 신고, 쇼핑백을 들고 올라온 30대의 여자도 눈에 띄었다.

마치 근처 어디에서 데이트를 하다가 나타난 듯싶은 이 젊은 여성을 보고 나는 등에 짊어진 높다란 배낭과 우리 일행이 끌고 다닌 어마어마한 장비가 얼마나 쑥스러웠는지 모른다. 그래서 우리 등반을 이끌었던 사람에게 어찌된 영문인지를 물었더니, 진주쪽인지 어디에선가, 천왕봉을 쉽게 올라오는 지름길이 있다는 얘기였다. 설악산 대청봉도 한계령 어디까지 차를 타고 와서 한 시간이면 닿는 지름길이 있다더니, 아마도 그런 샛길로 장난삼아 올라온 여자인 듯싶었다.

'좋은 구경은 함께 하자'

나는 등산의 본질은 그런 '속성速成' 지름길은 아니리라고 생각한다. 대부분의 사람들은 인생을 살아가면서, 성공이라는 목적 만을 생각한다. 그래서 빨리, 지름길로 가서, 남들을 모두 젖혀놓고, 어서 성공하겠다는 일념 만으로 인생을 살아간다.

하지만 인생이란 단거리 경주가 아니라 마라톤이요, 모든 사람의 인생에서는 성공을 달성하는 순간만이 아니라, 살아가는 과정 전체가 모두 의미를 지닌다. 말을 타고 달리는 주마간산走馬看山의 행위가 아니라, 발로 걷는 등반이라면, 여름 아침의 안개 냄새를 맡고, 푹신하게 쌓인 겨울 낙엽을 밟고, 숲 속 가을밤의 고요한 침묵에 귀를 기울이고, 천천히 새김질을 하는 과정이 본질이겠다.

쇼핑백을 들고 천왕봉에 올라 "야호"를 했다고 해서, 그 여성이 제대로 지리산을 보고 느꼈다고는 생각되지가 않고, 그런 식으로 요령껏 재빨리 성공만 거듭하면서 삶을 살아가는 사람이라면, 아무래도 참된 인생의 참된 승리자라고는 생각되지 않는다.

무엇인가 달성했다는 목적지향적 즐거움을 맛보려는 사람이라면, 굳이 천왕봉이나 대청봉이 아니더라도, 예를 들어 여의도의 63빌딩이나, 남산이나, 백운대만 해도 족하리라는 생각이다. 시끌벅적

한 관광지를 즐겨 찾는 사람들, 휴가철 해수욕장처럼 더러워진 산에서 사람(군중) 만나기를 원하는 사람들이라면, 구태여 높은 산을 힘들여 오를 필요가 없다.

내가 지리산을 처음 올랐을 때는 (지금은 이미 현실로 존재하지만) 지리산 도로 건설에 대한 문제가 대두되었던 무렵이었다. 그때 지리산의 허리를 잘라 자동차들이 기어오르게 하자는 발상에 많은 사람들이 반대했던 까닭은 물론 자연보호가 첫째 이유였지만, 도로 건설을 추진하던 사람들은 '관광사업'과 지역발전을 앞세웠을 뿐 아니라, '좋은 구경은 다 함께 하자'는 민주적인 논리도 크게 강조했었다.

쇼핑백을 들고 천왕봉을 오르고, 한계령에서 한 시간 만에 대청봉을 올라, '대자연'을 굽어보며 "야호"를 외칠 수 있는 기회를 최대한 많은 사람들에게 공평히 베풀자는 민주적인 개념은, 결과적으로 설악산에다 케이블카를 설치하기도 했다.

하지만 나는 그런 식의 민주주의는 별로 마음에 들지 않고, 그래서 찬성하지도 않는다. '좋은 구경 같이 좀 하자'는 사람들의 욕심이야 탓할 일은 아니겠지만, 문제는 하루 종일 온갖 먹을거리 탐방이나 일삼고 여기저기 떼를 지어 놀러가서 맛있는 먹을거리를 찾아먹는 원시적인 얘기만 줄줄이 늘어놓는 텔레비전에서 동강의 아름다움을 널리 홍보하여, 결국 시끄러운 '관광지'로 만들어 놓아서, 고무배와 먹을거리를 들고 울긋불긋 옷차림으로 정신없이 몰려오는 사람들이 과연 모두 '좋은 구경'을 즐길 권리가 있느냐 하는 대단히 이기적인 시각을 떨쳐버리기가 어렵기 때문이다.

왜냐 하면, 그들 가운데 많은 사람들이, 창녀를 찾아가듯 무책임한 경우에 해당되기 때문이다.

산을 깨끗하게 지킬 줄 모르는 사람은 입산금지를 시켜야 한다고 내가 퍽 편협하고 고약한 원칙을 주장하는 까닭은, 의무를 모르는 사람이라면 권리를 누릴 자격이 없다고 믿기 때문이고, 자연을 보호할 의무를 마다하는 사람이라면, 깨끗하게 스스로 몸을 지켜온 처녀 자연을 창녀처럼 즐길 권리가 주어져서도 안 된다는 원칙을 믿기 때문이다.

산의 참된 맛을 알려면, 자연과 정말로 가까워지는 감각을 익히려면, 혼자 가야 한다.

인생의 길은 결국 혼자 가야만 하듯, 자연을 찾아가는 길도 그렇게 혼자 가야 한다고 나는 믿는다.

내가 그렇게 믿게끔 되었던 까닭은, 설악산의 첫 인상 때문이었다. 내가 설악산을 처음 밟은 것은 1968년 9월 5일부터 10일까지 한 주일 동안이었고, 오대산의 우람한 나무들로 우거진 숲을 베어내려던 상원사의 계획을 이상한 인연으로 인해서 내가 '훼방'하여 적멸보궁 주변의 숲을 보호하도록 막아주었던 사건이 계기가 되어, 오대산 상원사의 선승禪僧이 고맙다면서 산행이나 같이 하자고 길잡이로 나섰을 때였다.

당시에는 차편이 좋지 않아 용대리에서부터 검문소에 신분증을 제시하고, 백담사까지 걸어서 들어가야 했고, 인적도 보이지 않았으며, 그래서 스님과 나는 유람하듯 이곳저곳 암자를 들러 한가하게 돌아다녔으니, 그 맛이 어떠했을지는 쉽게 상상이 가리라고 생각한다. 아름다운 용대리 계곡을 따라 수렴동에 이르렀을 때까지 도대체 사람이라고는 만난 기억이 없고, 그냥 맑은 물과 바람소리, 상쾌한 수목의 냄새가 사방에 가득했고, 들려오는 소리라고는 자연의 정적과 인간의 침묵이 대부분이었다.

이때 워낙 좋은 첫 인상을 받았던 터라, 80년대로 접어들기까지 나는 여러 해 동안 해마다 설악을 혼자서 며칠씩 다녀오고는 했었는데, 여름에는 새들이 인적에 놀라 도망치지 않을 정도로 한가한 날을 골라서 찾아갔고, 겨울에도 너와집 양지가 잔등에 따뜻할 만큼 바람이 자는 날을 골라 수렴동 계곡을 따라 마등령을 넘어 외설악으로 내려가, 낙산사 밑 전진리까지 내쳐 나가, 바다를 구경하며 마지막 휴식의 밤을 보내고는 했다.

특히 1월 연휴가 끝난 직후에 내설악을 가면, 때로는 백담사 앞 서울여관을 출발하여 저녁에 비선대로 내려갈 때까지 단 한 명의 등산객을 만나지 못했던 적도 있었다. 마등령 깔딱고개에서 연휴동안 수많은 사람들의 발길에 반들반들 얼어붙은 눈에 미끄러져 골짜기로 추락하여 큰 사고를 당할뻔하기도 했지만, 그래도 굳이 혼자서 설악을 다니고는 했던 까닭은, 가다가 지치면 눈밭이 녹은 낙엽더미에 누워 잠깐 눈을 붙이는 낮잠이 포근해서 좋았고, 대피소 옆 검푸른 소沼의 짙은 빛깔과 계속 나타나는 폭포의 소리가 마음에 들었기 때문이며, 천불동 계곡의 각박한 요란함과 대조를 이루던 너와집 주인의 인심이 넘쳐 선물로 내주었던 꿀이 참으로 맛좋았기 때문이었다.

누가 그렇게 한가한 산행이 좋은 줄 몰라서 사람이 없는 날 한가하게 찾아가지 않느냐며, 귀한 연유에 날림 산행이나마 하겠다고 지리산 차도와 설악산 케이블카와 모든 지름길을 부르짖는 사람들도 많겠지만, 그래도 인간으로부터 멀리 그리고 깊이 숨고 싶어하는 산의 은은한 맛을 접하려면 역시 배낭을 메고 고생스럽게 올라야 한다고 생각하는 까닭은, 아름다운 자연이 창녀처럼 호락호락 몸을 내주어서는 안 된다는 믿음 때문이다.

쓰레기 투기는 영업여성 찾는 격

사람(군중)을 만나 인연을 맺기 위해 산을 가는 사람이라면 차라리

수많은 인파로 엉덩이만 보고 오르는 등산문화. 자연하고는 너무 멀기만 하다.

'부킹'을 해주는 술집으로 가고, 케이블카를 타고 지름길로 설악의 높은 곳에 올라 "야호"를 하고 싶은 사람이라면 남산의 케이블카를 타고 팔각정에 오르면 되겠고, 창녀를 찾아가듯 자연에 쓰레기를 쏟아버리러 갈 사람이라면 차라리 영업여성의 비좁은 방으로 들어가라는 얘기이다.

좋은 산은 좋은 산으로 그대로 남겨둬야 하고, 요령을 피워 지름길을 가는 대신 미련하게 걸어서 접근이 어려운 곳을 찾아가 혼자 만의 세상을 누리는 즐거움을 찾으려는 사람에게는, 어려움과 인내를 마다하지 않는 사람에게 인생이 보답하듯, 그렇게 남겨놓은 아름다운 처녀같은 산으로 들어가는 작은 문을 남겨줘야 한다.

참된 아름다움이 무엇인지 그 가치를 모르기 때문에 정성껏 보존하지 않는 돼지에게 진주를 내놓는 짓은, 미련함이다.

물론 때를 잘못 선택했기 때문이었지만, 여러 가지로 답답했던 첫인상 때문에 지금까지 지리산은 찾아가고 싶은 마음을 자극하지 않는 대신에, 홀로 찾아가는 기쁨을 알려주었던 설악산의 추억은 나의 마음 속에서 지금까지도 추억으로서 아름다운데, 그렇게 아름다운 추억을 아무나 찾아가 쓰레기를 버리고 올지도 모른다는 생각을 하면, 자연은 인간이 찾아 들어가는 순간부터 더러워진다고 했던 필벅의 말이 생각난다.

처녀같은 자연의 몸은 오직 지아비에게만 바쳐야 한다.

창녀를 찾아 자연으로 가려는 사람은 아름다움을 나눠갖자고, 산을 함께 누리자고 나설 권리가 없다.

안정효 ◆ 1941년 서울 태생으로, 서강대학교 영문과를 졸업했고, 〈코리아 헤럴드〉와 〈주간여성〉 기자, 〈코리아 타임스〉 문화체육부장을 거쳤으며, 150권 가량의 번역작품 중에는 프랭크 스마이드Frank Smythe의 「산의 영혼」과 「산의 환상」—수문출판사가 있고, 번역문학가협회 제

정 제1회 번역문학상을 수상했다. 작품으로는「하얀전쟁」「은마는 오
지 않는다」「헐리우드 키드의 생애」그리고 바다낚시를 통해 인간과
자연의 관계를 다룬「미늘」을 발표했으며, 김유정 문학상도 받았다.
개인적으로 1968년 오대산 상원사 일대의 벌목을 막는데 기여했고,
1970년 가야산 국립공원 헬리콥터 착륙장 등의 공사를 놓고 해인사의
'금난방禁亂榜' 사태가 났을 때도 현지로 가서 해결에 도움을 주었으
며, 낚시환경 개선을 위한 '5·5 클린 운동'에 끼친 영향으로, 2003년
낚시인 환경대상(개인부문)을 받기도 했다.

꽃으로 본 우리 땅의 풀과 나무

윤후명

시인 · 소설가

봄	

봄이 오는 기척이라도 들리면 먼저 매화 꽃망울이 부푼 것을 본다. 흰 매화는 흰빛이, 붉은 매화는 붉은 빛이 완연하다. 이 꽃망울이 새록새록 밝아지는 때깔에 봄은 깃든다. 그리하여 마침내 다섯 장의 꽃잎이 맑게 피어난다. 옛 어른들이 몹시 아낀 뜻을 알 듯하다. 예전에 퇴계 이황 선생이 매화를 좋아하여 세상을 떠나는 날에 "매화 화분에 물을 주라"는 말을 남겼다는 일화가 떠오르기도 한다.

매화는 종류가 많아서 백여 가지도 넘는다고 하는데, 이 가운데 홑꽃잎의 흰 매화를 높이 친다. 봄이 채 오기 전에 눈이 분분히 날리는 속에 피어나는 이른바 설중매雪中梅에서 보는 푸른 빛 감도는 옥설玉雪의 빛깔과 그윽한 향내暗香를 모르고서는 매화를 말하기는 어렵다 할 것이다.

해마다 며칠이라도 일찍 봄을 맞으러 남쪽 섬진강 가의 매화 축제로 달려가 들을 희게 물들이고 있는 매화를 본다. 암울한 겨울이 어느새 뒤로 물러가 있는 모습에서 삶을 새삼스레 확인한다.

희고 붉은 봄이 매화와 더불어 온다면 노란 봄은 산수유꽃과 함께 열린다. '산수유꽃 노랗게 흐느끼는 봄(박목월 시인의 시 구절)'이다. 산수유는 겨울 동안 하나의 딱딱한 깍지 속에 자디잔 꽃송이 여러 개를 간직하고 있다가 겨울이 지날 무렵 벌써 벌어지며 노랗게 내놓기 시작한다. 자세히 보아야 구별되는 이 여러 개의 꽃망울은 활짝 벌어지지 않아도 마치 꽃이 핀 것처럼 보인다.

지리산 기슭에서 산수유 축제가 열리면 사람들이 꽃 속에 묻혀버린다. '이 별난 세상은 인간의 것이 아니다(別有天地非人間)'는 말은 이를 두고 한 말인 듯하다.

산수유보다 좀 앞서서 풍년화며 영춘화의 꽃잎이 노랗게 벌어진다 해도 그건 대세가 아니다. 산수유에서 다시 개나리로 이어지며 우리의 봄 땅은 온통 노랗게 물든다. 산수유는 가을에 빨갛게 익는 열매도 볼품이고, 차나 술로 만들어 먹을 수 있어 아낌을 받는다.

이들 나무꽃과 더불어 땅 속에서 뾰족거리며 돋는 새싹들이 피워 올리는 풀꽃들도 봄의 전령이다. 우리 땅에 가장 먼저 피어나는 우리 꽃은 무엇일까. 복수초와 노루귀를 첫손에 꼽아야 한다. 해마다 복수초는 어김없이 우리 땅의 첫 봄꽃으로 제주도에서는 눈 속에서 피는 꽃이라고 소개된다.

깃털 모양 잎에 싸여 어느 날 손가락 굵기로 뭉툭 올라온 꽃망울이 터지면, 그냥 노란 게 아니라 샛노랗게 윤나는 다섯 장 꽃잎이 눈을 환하게 한다. 그리고 산기슭 풀밭에 무리지어 피어나는 노루귀를 본다. 가는 털이 덮인 잎사귀가 쫑긋쫑긋 펴지는 모습이 노루의 귀를 닮았다고 붙여진 이름도 귀엽다. 1센티미터 남짓 크기에 8, 9장의 꽃잎(꽃받침 조각)이 종류에 따라 흰색, 분홍색, 연보라색 등으로 피어나 낮별처럼 빛난다.

이들이 피고 지는 동안 3월이 지나가고 있다. 그리고 제비꽃, 현호색, 돌단풍, 깽깽이풀, 할미꽃, 매발톱꽃, 미나리아재비, 며느리주머니, 민들레, 개불알꽃, 수선화, 초롱꽃 등등이 서로 뒤질세라 자태를 뽐낸다. 어느 것 하나 소중하지 않은 것이 없는 게 생명이다. 작아서 코딱지풀이라고도 불리는 광대나물의 붉은 루비 같은 꽃이나 흔히 발에 밟히는 봄맞이꽃의 하얀 하늘거림이나 다 제각기 아름다움의 극치를 자랑하려는 것이 생명이다. 그 극치의 차이를 될 수 있는 대로 가장 잘 드러내려는 것이 자연이다. 이들 여러 꽃들은 생활에 부대껴 찌든 우리를 봄 땅에 나아가 생명과 자연과 하나가 되어 숨쉴 수 있게 한다. 나무꽃들도 한창이다.

① —— **산수유** 이른 봄을 '흐느끼는' 노란 꽃빛에 우리들 삶은 잔잔한 환희를 노
래한다.

② —— **현호색** 투명한 연보라빛 꽃잎이 봄을 은은하게 비추면, 세상이 왜 신비
한지 알 것 같다.

③ —— **하늘나리** 하늘로 얼굴을 향해 핀다하여 '하늘' 이 붙은 꽃. 무엇을 열망
하여 스스로를 환하게 드러내는가

진달래가 울긋불긋 봄 산을 물들여 가슴 속이 울렁거린다. 꽃멍울이 든다. 예전에 먹을 것이 없을 때 뜯어먹기도 했던 이 꽃은 우리네 오랜 정서 속에 봄의 대표적인 꽃으로 피어난다. 산당화의 주홍색 꽃이 짙고, 벚꽃이 흐드러지게 피었다가 바람에 온통 흩날린다. 살구꽃, 앵두꽃이 화사하게 피어 유난히 달콤한 향기를 뿜는다. 철쭉꽃, 황매화가 피고, 찔레꽃, 목련꽃이 있다.

어디 그뿐이랴. 그밖에도 이루 헤아리기 힘든 꽃들의 천국이다. 우리 강산의 빼어남은 이들과 어우러져 영원한 고향으로 마음에 자리잡는다. 크고 탐스럽고 향기로운 목련꽃이 4월을 하얀 순결로 노래하더니, 산기슭의 산딸나무가 하얀 꽃잎을 뽐내고 어느덧 역시 크고 탐스럽고 향기로운 모란이 붉게 붉게 핀다. 모란에 향기가 없다고 잘못 아는 사람도 있지만, 전혀 그렇지 않다. 모란의 향기는 독할 정도로 짙다.

'모란이 지고 말면 그뿐, 내 한 해는 다 가고 말아/삼백예순 날 하냥 섭섭해 우옵네다.─김영랑 시인의 시 구절' 하는 아쉬움으로 '뚝뚝' 지는 꽃잎을 바라보며 5월을 보낸다.

그리하여 어떤 노래 가사는 '꽃이 피면 같이 웃고 꽃이 지면 같이 울던 알뜰한 그 맹세에 봄날은 간다'고 LP레코드판 속에서 흐느낀다. 화려하게 '함박' 핀다고 하여 함박꽃이라는 이름이 붙은 작약은 봄에 뾰족뾰족 돋는 빨간 새싹부터 범상치 않다. 작약과 모란을 혼동하는 사람이 많으나, 작약은 여러해살이 풀이고 모란은 나무다. 홑겹이든 겹꽃이든 빛깔도 다양한 데다 꽃송이가 크고 아름다워 예로부터 뜰에 가꾸는 꽃으로 빼놓을 수 없게 되었다. 봄과 여름을 이어주는 꽃으로 손꼽힌다. 이 가운데 산작약 혹은 백작약으로 불리는 것이 청아하고 고귀한 모습이어서 아는 이들이 남몰래 사랑을 보낸다.

여름

여름에 피는 꽃으로는 먼저 주황색이 눈에 들어온다. 나무로는 능소화, 풀로는 원추리, 나리꽃, 동자꽃이다. 이런 꽃들은 태양이 활활 타오르는 여름에 그 기세를 닮아 주황빛으로 피어나는 것일까.

덩굴성인 능소화는 나무나 벽을 타고 올라 무성하게 자란다. 예전 조선시대에는 너무 귀하게 여겨서 보통 사람들은 기르지도 못하게 했다고 전해진다. 덩굴 위에서 꽃줄기가 쭉쭉 벋어나와 커다란 주황색 통꽃을 송이송이 매달고 눈길을 끈다. 나무 아래 무리지어 떨어져 있는 낙화落花도 그저 지나칠 풍경이 아니다.

원추리는 근심을 없애준다는 꽃이다. 봄에 새싹을 살짝 데쳐 나물로 먹으면 아삭아삭 씹히는 소리에 향기가 감돈다. 볼품도 있고 생명력도 강해서 요즘은 도심의 가로변을 단장하기도 한다.

나리꽃이 피면 이미 여름은 무르익을 대로 무르익는다. 말나리, 털나리, 중나리, 하늘나리 등 여러 가지 나리꽃들이 다 특색이 있는데, 당당하게 서서 여름을 대변하는 것은 주황색 꽃잎에 주근깨처럼 점이 박힌 참나리라 하겠다. 우리 땅의 나리꽃들이 세계적이라는 사실은 널리 알려져 있다. 그래서 외국 사람들이 어느새 가져다가 개량한 것을 우리가 들여오고도 있는 실정이다.

주황색이 아니어도 우리의 흰 백합꽃은 나리꽃의 중요한 한 종류로 세계인들의 칭송을 듣는다. 백합은 희다는 뜻에서 붙여진 이름이 아니라 구근의 비늘이 백 개나 되도록 합쳐 있다는 데서 붙여진 이름이다. 흰나리꽃으로 해야 한다는 의견에 귀를 기울여 봄직하다.

동자꽃은 겨울에 절에 있던 어린 동자승이 배고픔과 추위를 견디지 못해서 그 죽은 넋이 피어났다는 전설을 간직한 꽃이다. 여름 숲 속에 무리지은 동자꽃은 그래서 때묻지 않은 모습이 해맑아 보인다.

절과 관련해서 상사화도 잊을 수 없는 꽃이다. 상사화는 이른 봄에

꽃으로 본 우리 땅의 풀과 나무 **187**

진달래 연분홍의 뜻을 아는가. 이 강산을 이처럼 첫 순정으로 물들이는 꽃을
마음에 아로새길 때, 그대의 사랑은 늘 새로우리 가슴 속이 울렁거린다.

소나무 우리 땅의 대표적인 나무로 굳센 기상이 옷깃을 여미게 한다.

넓고 긴 잎이 가장 먼저 돋아 싱싱함을 자랑하다가 초여름에 그만 모두 시들어버린다. 그리고 나서 아무 것도 없는 맨땅 위에 긴 꽃대만 쭈욱 뽑아 올려 5~8장의 자홍색 꽃을 피운다. 잎과 꽃은 서로 함께 하지 못하고 그리워할 뿐이다. 그래서 서로 그리워한다相思는 뜻의 이름을 갖는다. 예전에 절에 많이 심은 것은 땅속에 있는 둥근 비늘줄기로 풀을 쑤어 경전을 만들었기 때문이라고 알려져 있다. 관상용으로 집에서도 많이 심어 가꾼다.

여름 꽃나무로는 자귀나무와 배롱나무를 손꼽아야 한다. 자귀나무는 아까시나무 잎과 비슷한 양쪽 잎이 밤이면 서로 합치는 모양이 남녀가 합쳐지듯 금실이 좋다고 합환목合歡木이라고도 한다. 새의 깃 같은 꽃잎은 안쪽이 솜처럼 희고 바깥으로 갈수록 분홍빛이 짙어져 아름답다.

배롱나무는 매끈매끈한 줄기가 미끄러워 일본에서는 '원숭이도 미끄러지는 나무'라고 한다. 목백일홍이라는 다른 이름에서도 알 수 있듯이 일 년에 세 번에 걸쳐 오랫동안 핀다. 그러고 나면 벼가 익는다는 말이 있다. 붉은 보라와 흰 꽃도 있다.

노각나무 흰꽃이 그윽함을 다하면 여름 산길을 가다가 숲가에 호젓이 핀 도라지꽃을 만나 발걸음을 멈춘다. 꽃잎이 다섯 갈래로 갈라진 보라빛 통꽃이다. 흰 꽃도 있다. 청초한 모습이 하늘의 어느 별에서 별 모양 선녀가 내려와 세파에 물든 사람의 마음을 위로해 주는 듯하다.

그리고 옥잠화와 연꽃이 여름의 마지막을 장식한다. 옥으로 만든 비녀 같다는 옥잠화의 희고 큰 꽃은 목을 빼고 앉은 학을 연상케 하여 고고하고, 썩은 뻘 속에서 환하게 피어나는 상징으로 불교의 꽃이기도 한 연꽃은 아름답고 고귀한 모습이 화가들의 훌륭한 제재가 된다.

가을

매미가 울다 간 다음 풀벌레 소리가 높아진다. 가을은 뭐니뭐니해도 국화의 계절이다. 그런데 국화를 포함하고 있는 국화과의 꽃은 너무나 많아 가지가지 다양하기만 하다. 먼저 취 종류가 있다. 봄나물이나 묵나물의 대표로 꼽히는 취나물인 참취를 비롯하여 여러 가지 개미취가 산기슭과 들녘을 수놓는다.

게다가 쑥부쟁이, 구절초, 고들빼기에 흔히 말하는 들국화도 피어난다. 이들 모두가 국화과에 들어 있는데, 일년초인 백일홍과 코스모스, 구근 식물인 달리아까지 국화과에 든다는 사실은 식물학자가 아니고선 이해하기 어렵다.

여러 쑥부쟁이는 가을빛처럼 소슬하게 꽃핀다. 감국과 산국도 어딘지 외로운 빛이다. 그래서 가을이 시작되었음을 알린다. 이들을 뭉뚱그려 들국화라고도 부르지만, 정식 이름은 아니다. 큰 키에 삐죽삐죽한 잎의 왕고들빼기가 미색의 꽃을 피우고, 구절초 크고 기품 있는 꽃이 한가위 달빛을 담아낸다.

다른 가을꽃들이 가을을 보내는 꽃 같다면, 구절초는 가을을 맞이하는 꽃 같다. 어차피 가을은 마중과 배웅을 함께 할 수밖에 없는 것일까. 그렇게 가을 어귀에서 우리를 기다리는 모습에서 가을이 사뭇 큰 의미로 다가온다.

가을에 꽃피는 나무는 아니어도 단풍의 계절에 잎이 붉게 물드는 단풍나무와 노랗게 물드는 은행나무는 가을의 정취를 듬뿍 느끼게 한다. 진달래와 화살나무와 붉나무와 담쟁이 덩굴의 붉은 잎들도 마지막 인사를 드린다. 군데군데 멍이 든 느티나무 잎이 가을비에 스산하게 흩날린다.

이 가을에 가슴이 아파 잠 못 들고 있는 이 있음을 가을잎들은 안다. 이별을 앞둔 자연이 인간을 감싸안으려 해도 헤매는 인간에게

주목 고고하게 푸르러 살아 천년, 죽어 천년이라는 그 모습이 단아하다.

는 더욱 깊은 외로움일 뿐이다. 그리하여 '빗속에 산열매 떨어지고 雨中山果落, 등불 아래 풀벌레 운다燈下草蟲鳴─중국 왕유 시인의 시 구절' 는 평범한 시 구절이 가슴을 헤집고 깊이 스며든다. 그 가슴 속으로 누군가 속삭이는 소리가 들려온다. '시몬, 너는 듣느냐. 낙엽 밟는 발자국 소리를─프랑스 구르몽 시인의 시 구절'

가을꽃의 빛깔이 오묘함은 용담에서 두드러진다. 이토록 짙은 청람빛 꽃이 바위틈에 숨어 있다니, 용의 쓸개龍膽처럼 쓰다는 뿌리로 꽃피워 한 해를 보내는 가을의 절규를 듣는다.

그리하여 국화가 가을을 마감한다. '한 송이의 국화꽃을 피우기 위해/봄부터 소쩍새는/그렇게 울었나 보다─서정주 시인의 시 구절' 예로부터 국화는 많은 시와 그림과 노래의 대상이 되어 왔다. 우리 땅에서도 신라시대부터 가꾸었다는 기록이 엿보일 정도로 역사적인 꽃이다. 오래 가꾸어온 만큼 빛깔, 모양, 크기로 따져서 모두 그 종류가 가지각색이고 가을마다 열리는 전시회에는 새로운 종류가 줄을 잇는다. 그러니까 국화는 단순히 꽃이 아니라 하나의 문화라 하겠다. 아직도 한창 꽃이 피어 있다가도 서리를 맞으면 그만 시드는 꽃잎이 가련하여, 꽃 옆을 맴도는 가을날이 스스로의 연민을 자아낸다. 삶도 이토록 덧없는가. 그래서 옛 시인이 읊었듯이 '동쪽 울타리 밑의 국화를 꺾어 들고採菊東籬下, 멍하니 남산을 바라본다悠然見南山─중국 도연명 시인의 시 구절' 는 뜻을 알 듯하다.

꽃이 스러지고 가을이 스러진다.

겨울

우리 땅의 겨울은 혹독하다. 얼어붙은 땅에서 꽃을 보기는 어렵다. 제주에서는 수선화가 겨울에 핀다고는 해도 봄에 접어들어서야 한가득 피는 것이다. 활엽수들도 잎을 떨구고 헐벗은 나무로 견디며, 준비된 꽃망울들은 두터운 외피를 뒤집어쓰고 움츠리고 있다. 어떤 사람들은 겨울에 피는 꽃에 동백을 끼워 넣기도 하지만, 아무려나 어려운 노릇이다. 동백은 엄연히 봄에 꽃을 피우는 나무로 쳐야 한다.

이제 서야 추사秋史선생이 '겨울 추위를 지나면서 소나무와 잣나무가 푸르름을 안다'고 말한 뜻을 헤아린다. 만물이 죽어 있을 때 소나무와 잣나무는 진정 푸르름을 자랑하며 이 땅의 자연에 생명을 불어넣는다. 이때, 이들은 우리 땅의 모든 나무들을 아울러도 비견할 수 없는 나무로 우리 앞에 우뚝 선다. 특히 소나무는 척박한 땅에서 자랄수록 더욱 늠름하고 빼어난 모습이 된다는 말도 교훈이 된다.

추운 겨울에 침엽수는 자연의 깊이를 더해준다. 주목이나 구상나무 그리고 향나무도 보람이며 위안이다. 태백산맥의 주목이 고사목으로 군락을 이룬 모습을 보노라면 정신이 번쩍 든다. 살아서 몇백 년, 죽어서 몇 백 년이라고 하는 이 나무를 새삼 우러러본다. 삶이란 이토록 준엄한 것이란 말인가!

그리고 대나무가 있다. 어느덧 기후의 변화 덕분에 서울에서도 겨울을 나는 대나무 청청한 잎을 보는 것은 축복이다. 매화, 난초, 국화와 더불어 사군자로 손꼽히며, 줄기가 곧게 자라고 잘 부러지지 않아 선비의 기개를 나타내는 나무였으니, 흠모할 지경인 것이다. 눈 덮인 소나무 가지가 툭툭 부러져나가는 소리가 들린다. 대나무 잎새에 이는 겨울바람이 선비처럼 옷깃을 여미며 살라 한다. 우리의 긴 긴 겨울이 느리게 지나고 있다.

아아, 제주에서 복수초 피었다는 소식은 언제 전해지려는가. 수선화 짙은 향기는 언제 전해지려는가.

윤후명 ◆ 강원도 강릉에서 태어나 시인이자 소설가로 활약하고 있다.

연세대학교 철학과를 나왔으며, 경향신문과 한국일보 신춘문예에서
각각 시와 소설이 당선되었다. 「하얀 배」로 이상문학상을 받고 녹원문
학상, 소설문학작품상, 한국일보문학상 현대문학상, 이수문학상 등
많은 상을 받았다. 소설집으로 「약속 없는 시대」 「이별의 노래」 「협궤
열차」 「돈황의 사랑」 「부활하는 새」 「여우사냥」 「가장 멀리 있는 나」
시집으로 「명궁」 「홀로 등불을 상처 위에 지다」A 산문집으로 「꽃」 등
이 있다.

작가의 산행일지

전 상 국

소설가 · 강원대교수

영원한 것은 없다. 그러나 인류 존속에 결정적 역할을 하는 자연은 그 생성과 소멸의 섭리를 통해 영원을 지향한다. 숲이 그것을 증명한다. 수없이 바뀌고 사라지면서도 이 지구상의 숲은 항상 생명의 원천으로서 건재하다. 키 큰 나무가 잎을 피우기 전 키 작은 나무들은 부지런히 햇빛과 사랑을 나눈다. 그 작은 나무들 아래의 풀들은 자기들 머리 위의 나무가 잎을 달기 전 부지런히 꽃을 피우고 열매를 맺는다. 그것은 치열한 싸움이며 동시에 가장 아름다운 평화 공존의 방식이다.

숲은 녹색 탱크. 나는 생활에서 피폐하고 고갈된 에너지를 숲에서 충전 받는다. 자연과의 만남, 그것은 항상 덧셈이었다. 자연은 내 감성대로 살고 싶은 욕구의 충족, 충만한 위안이었다. 자연 앞에서 나는 거침없이 감동한다.

나는 산을 오르기 위해 산에 가는 것이 아니라 산 속 나무숲 아래에서 나를 기다리는 산야초를 만나러 간다. 그 작은 생명들과의 만남, 그것이 바로 내가 찾는 삶의 가장 깊은 감동이고 신명이다.

산과 숲에 들어가 보고 느낀 것들이 작품 속에 묘사됨으로써 그것들은 비로소 그 존재를 드러내며 문학을 통한 영원을 꿈꾼다. 그때 그 장소에서 본 것들이 작품 속에 어떻게 그려졌는가를 확인하는 의미에서 산행일지 중간에 작품의 일부를 삽입하기로 한다.

1991년

02.14. 춘천댐 매운탕 골목지나 삿갓봉(716m) 산행. 산비탈 눈 속의 노루발풀 싹을 보다.

03.15. 동면 만천리의 구봉산 기슭 왜가리 서식지 돌아보다. 백로와 함께 경관 좋은 산자락 소나무 숲에 서식하는 왜가리. 내가 태어난 내촌 물걸리 장수원 뒷산에는 6·25때 떠난 왜가리가 다시 돌아 오지 않는다. 솔잎흑파리 피해로 소나무를 모두 베어버렸기 때문.

04.14. 다시 만천리 박씨묘 근처의 노송군락. 고등학교 때 소풍왔던 장소. 주변의 숲이 많이 없어졌다. 잔설 속에 핀 꽃다지, 괭이눈 (연두색… 꽃잎? 아니면 잎?)

05.03. 태백문화원 김강산씨와 태백산 산행.

 그날 새벽 태백산으로 오르는 산등성이는 무릎까지 올라오는 눈으로 덮여 있었다. 더구나 높되(1,566m) 가파르지 아니하고 남성적인 중후함과 어머니 젖가슴 같은 포용하는 자세를 가진 태백산은 주목 고목 군락이 살아 천 년 죽어 천 년의 기개로 눈 속에 장관을 이뤘다.
그리고 눈 위에 자줏빛으로 핀 얼레지꽃 군락은 영산의 신비로움

을 한층 더했다. 길쭘한 두 장의 잎 한가운데 꽃자루를 키워 사뿐
히 피어난 얼레지꽃은 그 이름만큼이나 모습이 이국적이었다. 실
제로 백합과에 속하는 얼레지꽃은 겨울꽃으로 인기있는 시크라멘
과 그 모양새가 비슷했다.

산행에서 얼레지꽃을 가끔 보긴 했어도 이렇게 눈 속에 지천으로
군락을 이뤄 핀 것을 보기는 처음이어서 와아－하는 탄사가 저절로
쏟아질 수밖에 없었다.

나는 다시 팔부 능선쯤에서 걸음을 멈춰야 했다. 어, 저 눈 위의 흰
꽃! 그것을 본 순간의 그 형언하기 어려웠던 감동을 어찌 말로 표
현할 수 있으랴. 정말 신비로웠다. 그때 나는 말을 잃었다. 함께 산
행에 나선 두 사람에게 그 흰꽃을 그저 손가락질해 보였을 뿐이다.
흰빛의 한 송이 얼레지꽃. 자줏빛으로 무리지어 핀 그 숱한 얼레지
꽃 속에 숨은 듯 피어있는 그 흰빛 얼레지꽃의 발견은 현실 같지가
않았다.

그러나 우리는 산 정상의 천제단에서 맞이할 일출 시간에 쫓겨 그
흰빛 얼레지꽃 앞에 더 오래 머물 수 없었다.

나는 그날 산 정상에서 일출맞이를 하면서도 방금 보고 온 그 흰빛
얼레지꽃의 잔상에서 헤어나지 못했다. 천제단 위에서 촛불을 밝
히고 뭔가 축원하는 샤먼들의 그 역동적인 모습이 그대로 그 흰빛
얼레지꽃으로 보이기도 했다.

한 송이 그 흰빛 얼레지꽃을 다시 보리란 기대는 하산길을 다른 데
로 잡은 탓에 무산되고 말았다.

그로부터 10여일 뒤 나는 동아일보 1면에 꽃사진과 함께 난 박스
기사를 하나 보게 되었다. 일본에만 자생하는 흰빛 얼레지꽃이 우
리나라 오대산에서도 처음 발견됐다는 특종기사였던 것이다.

어느 초가을 치악산 돌틈에 숨어 있다가 나를 반기던 그 금강초롱

한 송이를 아직도 잊지 못하듯 나는 태백산 눈 속에서 만난 그 흰빛 얼레지꽃의 그 애잔한 아름다움을 결코 잊을 수가 없다.

내가 태백산 눈 속에서 만난 흰빛 얼레지꽃 한 송이는 어느 고결한 영혼의 환생이었는지도 모른다. 그 영혼은 다시 세속의 내 가슴속에 묻어와 또 다른 환생을 기다리고 있는 것은 아닐는지.

—태백산 눈 속의 흰빛 얼레지꽃

05.21. 춘천 동산면의 연엽산(850m) 산행. 강원대 연습림의 잣나무숲. 국수나무, 기린초, 졸망제비꽃, 애기나리, 천남성 보다.

06.06. 대암산 용늪에 오르기 위해 양구 팔랑리 뒷산으로 접어들었으나 군초소에서 제지당함.
은방울꽃, 큰앵초 처음보다.

06.22. 춘천 실레마을 금병산(654m) 16번째 산행. 봄 · 봄길, 동백꽃길, 산골나그네길, 만무방길, 금따는 콩밭길 등 김유정의 작품 이름으로 등산로 이름을 처음 발상했을 때 생각이 나다. 금병산기슭 산국농장에서 앵두 따먹다.

07.23.-   중국 여행. 북경→상해→ 항주→ 소주→ 장안→
08.05.   연길→ 백두산. 장백폭포 밑 계곡에서 노랑 두메양귀비 군락에 취하다.

10.05. 강촌 검봉 산행. 최돈선 이철준과 생강냄새 나는 생강나무가 김유정 소설 〈동백꽃〉이라는 것을 화제로 삼다. 생강나무, 아직 냄새 안 나다. 산국, 구절초, 개미취, 쑥부쟁이의 계절.

이 금병산이 김유정의 〈동백꽃〉의 작품 무대일 겁니다. 봄이면 정말 노란 동백꽃이 많이 피지요. 꽃이나 나무가지를 꺾으면 말 그대로 알싸한 향기가 납니다. 그래서 학명이 생강나무지요. 들에 산수유가 필 때 산골짜기 이곳저곳에 노랗게 피는 그 꽃이 바로 강원도의 동백, 즉 생강나무라 그겁니다. 그런데 대부분의 사람들은 김유정 소설의 동백꽃에 대해 잘못 알고 있습니다. 즉 제주도나 남해안에서 흔히 볼 수 있는 차나무과인 상록교목에 피는 그 붉은 꽃으로 생각하는 거지요. ─**장편 「유정의 사랑」 중에서**

11.02. 덕만리고개 너머 홍천강 물굽이에 수반처럼 앉은 끝자락 팔봉산 건너편 명적사 돌아보다. 수백 년 고목 느티나무, 나보다 더 오래 이 세상에 머물 터. 겨울 속의 봄빛.

12.22. 광릉수목원 돌아보다. 50년대까지 춘천 추곡약수터 뒷산에서 서식이 확인됐던 장수하늘소, 보고 싶다.

60년대까지만 해도 장수하늘소가 서식했다는 추전리 일대 원시림 숲은 대부분 물 속에 잠겼다. 그러나 추곡리 태모산에는 아직도 수십 년 된 서어나무며 참나무가 하늘을 가려 그 일대 소나무는 모두 정상으로 쫓겨 올라갔다. 그네 말마따나 음기가 센 산이어서 그런지 습지가 많아 활엽수들이 잘 자랐다. 참나무 숯을 굽는 사람들도 워낙 산세가 험해 접근이 어려웠던 모양이다…

그날 밤 꿈에 나는 기어이 장수하늘소를 보았다. 나 또한 장수하늘소가 되어 하늘을 날고 있었다. 나 혼자가 아니었다. 학교에 있는 곤충도감 속 장수하늘소보다 몇 배나 큰 상대가 내 앞에서 날개를 퍼덕이며 서어나무 숲을 날아다니고 있었던 것이다. 장엄했다. 딱딱한 적갈색 날개를 활짝 펼치자 앞가슴과 등판에 광택이 휘황했다. 암컷 장수하늘소였다. 상대를 따라잡기 위해 나도 긴 더듬이를 활처럼 휘며 솟구쳐 올랐다. 암컷을 놓칠 것 같은 초조감 속에서도 사정 직전의 떨림으로 온몸이 팽팽히 부풀었다. 그러나 어느 순간 내 날개는 점점 뻣뻣하게 굳어갔고 나는 아래로 아래로 한없이 떨어져 내리기 시작했다. 그 황홀한 비상으로부터 내던져지는 낭패의 가위눌림에서 허덕이다가 잠을 깼다. 잠을 깨고 나자 내가 꿈에서 좋아다닌 것이 장수하늘소가 아니라 산에서 본 그 여자였다는 생각이 들었다. 그 여자 생각으로 새벽잠을 설쳤다.

—단편 「소양강 처녀」 중에서

1992년

05.09. 정선 화암약수. 몰운대 바위 위의 노송, 경건한 마음으로 바라보다. 광대곡 계곡에서 노루귀광대 수염. 폭포 웅덩이에 뛰어들었다가 냉기에 기겁을 하다.

05.24. 제천 의림지. 의림지 둑의 적송 고목 인상 깊다. 잘 생긴 소나무를 보면 왠지 신이 난다.

09.01. 장편 분재 「유정의 사랑」원고 1부 '산행' 탈고. 금병산, 구절산 등 춘천 근교의 산을 배경으로 한 작품.산야초 이름 이십여가지 사용.

"신의 권능 중 가장 뛰어난 건 예술적 감각일 거예요. 그런 뜻에서 신은 예술가예요."
산이 그런 신의 예술적 감각을 만끽하게 해준다는 말을 하고 싶었는지 모른다.—생략—

숲을 두번 걷다

① —— **얼레지** 제주도를 제외한 전국 고산지대의 비옥한 땅에 자라며 봄꽃의 여왕
이라고 불리운다.

② —— **원추리** 산과 들에서 흔하게 자라며 여름의 대표적인 꽃이다.

③ —— **큰까치수염** 산지의 볕이 잘 드는 풀밭에서 드물게 자라는 여러해살이풀이
다. 까치수염이라고도 한다.

④ —— **금강초롱** 한국특산식물로 경기 이북 높은 산에 드물게 자라는 아름다운 여
러해살이풀이다.

⑤ —— **미역취** 산과 들에서 흔하게 자라는 여러해살이풀로 가을을 빛내주고 있다.

"가만, 무슨 향기가 나지 않습니까?"

"이 공기 냄새 말이에요?"

"이게 바로 숲에서 나는 냄새인데 피톤치드라고 한답니다. 피톤은 식물이고 치드는 다른 생물을 죽인다는 뜻인데 이 두말의 합성어지요. 곤충이나 동물들은 냄새를 남기거나 나무 등에 흠을 냄으로써 자기 영역을 표시하면 살다가 더 강한 적이 나타나면 도망칠 수도 있지만 식물은 그게 안 되지 않습니까.… 그래서 식물은 자기 보호를 위해 병균을 죽이는 물질을 발산한다는, 그런 얘깁니다. 피톤치드는 이런 여러 가지 효능을 살리기 위해 방향물질, 즉 테르펜을 포함하고 있다더군요… 또한 삼림 속에선 테르펜만 나오는 것이 아니고 마이너스 전기를 띤 공기이온이 아주 작은 입자로 떠다니고 있어 긴장된 신경을 이완시켜 주는 효과가 있답니다."

—장편 「유정의 사랑」 중에서

09.26. 구룡사에서 치악산 비로봉(1,288m)까지 올라감. 홀아비꽃대, 그리고 등산로 바위틈에서 금강초롱 두 송이 발견하다. 금강초롱 발견한 그 경이로움 평생 잊지 못할 듯. 물매화, 분홍구절초 보다.

12.12. 눈 덮인 금병산 산행. 소나무 수십 그루 눈 무게 이기지 못해 부러지다.

나는 겨울 산의 어두운 갈색 한 자락을 늘 푸르게 두르고 있는 소나무 군락을 좋아한다. 겨울 산의 앙상한 가지만 드러난 낙엽교목 숲을 지나다가 문득 마주친 한 그루 노송은 더더욱 반갑다. 멀리 능선 한가운데 군림하듯 우뚝 솟아 있는 한 그루 소나무나 황량한 겨울 밭 가장자리의 누운 듯 휘어있는 노송은 형언하기 어려운 향수를 불러일으킨다.

산야의 소나무들은 겨울이라야 제대로 햇볕 쪼임을 한다. 봄부터 가을까지는 주변의 활엽수들과의 일조권 싸움에서 당할 수가 없기 때문이다. 키 자람이 빠른 활엽수들은 소나무를 앞질러 햇빛을 막은 뒤 왕성한 가지로 에워싸 고사시켜버리는 것이다. 그리하여 소나무는 키가 큰 나무들을 피해 산 위로 쫓겨 올라가게 마련이다. 산행을 하다 보면 활엽수 군락에 묻혀 키 경쟁을 하느라 키만 멀쑥하게 키운 소나무가 결국은 배배 말라죽은 것을 보게 된다.

소나무의 주검을 보는 일은 정말 안타깝다. 한겨울에도 푸른 잎을 그대로 달고 있어 그것이 화가 되어 소나무의 죽음을 가져오기도 한다. 폭설로 가지에 내려앉은 눈의 무게를 감당하지 못해 나무 중동이 부러지기 때문이다. 겨울밤 깊은 산속의 생소나무 부러지는 소리만큼 처참한 것도 없을 것이다. 설해목을 보는 것도 그렇지만 솔잎혹파리의 피해로 송림 전체가 시커멓게 죽어가고 있는 모습을 보았을 때는 정말 마음이 무겁다.

산야의 송림 속에서 듣는 솔바람 소리는 계절에 따라 그 느낌이 다르다. 송홧가루 날리는 오월의 미풍이 일으키는 솔바람이 풍경소리의 여운 같다면 한여름 산등성이 송림을 스치는 마파람은 그 울림이 달고 쇄락하다. 겨울바람은 얼어붙은 솔잎의 냉랭함을 의식이라도 하는 듯 휘파람 같은 곡성을 낸다.

바람이 소나무 사이를 지나면서 내는 솔바람 소리와는 달리 부는 바람에 소나무가 움직이며 스스로 내는 소리를 송운松韻이라고 한다. 송운 또한 네 계절의 느낌이 다르다. 봄과 여름날 송림에서 듣는 송운이 여린 음조의 음악이요 애상적인 시라면 한겨울밤의 송운은 한이 서린 사내의 절절한 울음이다.

세찬 겨울바람으로 몇 날을 송운이 울고 나면 그해 봄의 진달래는
유난히 붉다.
　　　　　　　　　　　　　　　　　—수필, 「겨울소나무」 중에서

1993년

02.09.　양평 용문산 산행. '눈 있는 산이 겨울산'이란
　　　　생각. 용문사 1,100년 된 은행나무 고목. 산기슭
　　　　의 부도군.

04.30.　민통선의 백암산(596m) 칠성전망대. 종꽃, 산
　　　　수국, 조팝나무, 철쭉.

05.15.　정선 숙암약수터에서 개회나무, 싸리꽃, 찔레
　　　　꽃, 개망초, 쪽제비싸리. 〈걸프전〉터지다.

05.23.　횡성 덕고산의 봉복사 근처에서 큰꽃으아리, 금
　　　　낭화군집, 둥굴레, 산괴불주머니, 노루오줌, 까
　　　　치수영, 개망초밭, 중나리, 두릅나무 군락지.

05.30.　홍천 동면의 공작산(887m) 세 번째 산행. 칼날
　　　　같은 정상. 서울 섭씨 31도라는 이른 더위. 땀
　　　　많이 흘리다. 고광나무, 국수나무꽃, 은대난초,
　　　　쪽동백나무꽃 보다.

07.17.　횡성 울비산에서 고사리 뜯고 동자, 달맞이, 쥐
　　　　방울덩굴, 으아리꽃, 무덤가의 타래난초 보다.

08.05.　횡성 갑천의 병지방리 토종마을을 찾다. 산디계
　　　　곡 입구 이장집에서 두부 사먹다, 계곡 찬 바위
　　　　에서 낮잠. 산더덕, 다래 열매 주어 먹다. 귀가
　　　　길에 원추리, 무릇, 참나리, 노루오줌, 마타리.

09.26.　횡성 어답산 산행. 길 잃어 헤매다. 단풍취, 정
　　　　상엔 곰취, 천남성 열매, 쑥부쟁이, 구절초, 며

느리밥풀꽃.

10.23. 강원대 인문대 산악회 공작산 산행(네번째 산행)
능선 타기에 괜찮은 코스 찾아내다.

10.24. 운두령에서 계방산(1,577m) 산행. 제법 많은 눈
이 산죽(조릿대) 덮인 길에 운치를 더하다. 칠부
능선쯤에서 팥배나무 열매를 새들과 함께 따먹
다. 수리취 마른 가지 꺾어오다.

1994년

03.05. 정선 구절리 노추산 산행. 산 위의 '이성대' 암
자 인상적.

05.02. 계방산에 오르기 위해 운두령 정상에 차를 세웠으나
군 작전중이라 이승복 옛집터가 있는 계곡 맞은 편 습
한 산을 오르다. 땅꾼들이 뱀 잡아 저장하는 항아리
발견. 피나물, 족도리풀, 나도개감채, 개별꽃무리, 참
동의나물, 괭이눈, 애기괭이눈, 귀룽나무, 태백제비
꽃, 화살나무, 미나리냉이. 물가에서 개두릅(엄나무
순) 고추장 찍어먹다.

05.18. 홍천 두촌면 가리산(1,050m) 산행. 금마타리 및
철쭉군락 발견. 홀아비꽃대, 큰애기나리, 민백
미꽃, 삿갓나물꽃, 참꽃마리, 당개지치, 고추나
무, 괴불나무, 은방울꽃봉우리, 용둥굴레, 철
쭉, 고광나무.

06.01. 가리왕산(1,561m) 산행. 정상에서 곰취 뜯다. 가
리왕산휴양림으로 내려와 채취한 곰취로 쌈을 싸
먹다. 머리가 맑아지며 새벽까지 잠이 오지 않는

것으로 봐 곰취 속에 카페인 성분이 함유 된 듯.

07.21. 양구 평화의 댐 근처 어느 계곡 '화 폭포'(라 이
름 붙이다)에서 벌거벗고 폭포수욕하다.
그 폭포 바위 틈에서 〈구름병아리난초〉 채취하
다. (올 여름 들어 가장 무더운 날)

08.17. 화천군 화악산(1,453m) 산행. 지독한 안개, 비속
에서 기 〈닻꽃〉 보다. 송이풀, 마타리 만개, 당
귀, 산오이풀, 흰물봉선. 내려오다 촛대바위 아
래 폭포에서 금광굴 발견. 바위떡풀 채집. 바위
채송화, 산일엽초.

08.27. 가리왕산 두번째 산행, 숙암계곡 쪽 임도 흐리
목 위 100m 지점에서 등반. 습한 계곡. 진범, 곰
취, 칼송이풀(노랑색—한국특산), 승마, 촛대승
마 군락. 쥐털이슬, 만병초, 이질풀, 모시대, 떡
갈나무 줄기 위의 산일엽초를 걷어오다. 밤 하
산 길에 산토끼 한 마리가 계속 길 안내하다.

09.07. 계방산 네번째 산행. 올해는 산팥배나무 열매가
없었다.(기상이변 때문?) 도토리 줍다. 구부 능
선에서 이질풀(쥐손이풀) 군락 보다. 정상에서
용담, 벌개미취, 칼송이풀, 서덜분취.

10.25. 화천 용화산(878m) 산행. 바위 줄타기. 쌍바위
위에 앉아 낙엽 하나 계곡 기류를 타고 고요히
파란 하늘로 높이높이 승천하는 모습에 넋을 놓
다. 뒤따라 두 개의 잎이 다시 시도했으나 실패.
바위 구절초 약간. 바위에 납작하게 자란 진달
래와 철쭉 인상적.

조팝나무 봄에 피는 꽃으로 흰 꽃의 화려한 극치를 보여주고 있다.
이른봄 전국 양지 바른 곳에 흔하게 자라는 낙엽떨기나무다.

11.05.　홍천 매봉 산행. 통닭처럼 생긴 고목 뿌리 줍다.
　　　　뱀이 많은 산이라고. 임도 개설로 자연이 얼마
　　　　나 훼손되는가. 얻음보다 잃는 것이 많은 임도
　　　　에 대한 불만들 얘기함.

시간이 흐르면서 여자의 행동범위가 넓어졌습니다. 한 곳에 오래
머물기보다 남자의 걸음을 따라 산을 오르면서 매크로 렌즈가 아
닌 육안으로 자연을 바라보게 되었습니다. 교육으로 채워진 머리
보다는 체험 중심의 본능과 달빛만 비쳐도 출렁이는 가슴을 느꼈
습니다. 산 기운으로 수혈된 몸의 피돌기도 도심에서보다 한결 싱
싱해졌습니다. 산에 들어오면서 남자가 산사람이 되듯 여도 산 냄
새를 맡는 순간부터 들짐승처럼 저돌적으로 내닫곤 했습니다.
산은 여자와 남자의 집이었습니다. 두 사람의 온 생애가 목말라 찾
고 있는 낙원이고 해방구였습니다. 자연은 여자와 남자가 구석기
시대로 가는 타임머신이기도 했습니다. 녹색 탱크이기도 한 산이
침묵으로 여자와 남자의 만남을 자연현상으로 자연스럽게 받아들
였습니다. 자연의 소리와 빛이, 오묘한 자연의 법칙이 여자와 남자
의 만남에 들러리를 섰습니다. 가을은 갈잎 떨어지는 소리로, 여름
은 짙은 나뭇잎 그늘로, 봄은 진달래꽃 생명의 빛으로, 겨울은 벌
거벗은 나무의 겸손으로 여자와 남자의 보호색이 되어주었습니다.
산에서의 만남은 여자와 남자의 생애 한 복판을 관통한 행복이었
습니다. 행복이 구체적으로 구석구석 만져지는 황홀한 떨림의 시
간이었습니다. **—단편 「온 생애의 한 순간」 중에서**

12.28.　춘천 삿갓봉 근처 가덕산 산행. 옛날 광산하던
　　　　흔적. 계곡 눈 위 속에서 산갓 발견. 시골 사람들

이 흔히 산갓이라고 부르는 이 들풀 이름을 알기
위해 야생화 전문 사진작가 김태정씨를 찾아갔
으나 그도 모른다고. 나중에 「강원의 자연」이란
책자 속에서 는쟁이냉이라는 이름을 알게 되다.
는쟁이냉이는 물김치에 넣어주면 그 속에서 죽
지 않고 특유의 갓 냄새를 낸다. 약재로도 쓰이는
아주 귀한 풀. 고산 습지에 자생.

1995년

01.08. 금병산 겨울 산행. 봄·봄길– 동백꽃길– 금따는
       콩밭길– 김유정 작품 만무방의 무대 수하리골 저
       수지로 내려옴. 도중에 약간의 겨울비, 그러나
       춥지 않았다.

02.06 제주도 여행. 눈보라 속 마라도 돌아보다가 바닷
       가 바위에서 월귤나무 발견하다.

02.09-. 홍천 삼마치고개 정상에서 오음산(930m) 산행.
02.11. 정상에서 바라보이는 군부대.

04.30. 점심 지참하고 10시쯤 석파령(서울 가는 옛날 고갯
       길) 올라가다. 월명리 당림국교 지나 외곽길로 올
       라가다가 은방울꽃 군락, 두릅, 고사리, 구슬봉
       이, 토종 민들레 발견. 임도 때문에 잘려나간 산
       정상에서 점심. 외래종 민들레 때문에 토종 민들
       레 보기가 어렵다는 얘기. 토종 민들레는 꽃받침
       이 위로 가지런히 붙어 것이 특징. 점심 먹고 산
       에 오르면서 바위말발도리, 큰개별꽃, 얼레지,
       은방울꽃. 특히 삼지구엽초 꽃 핀 것 보다.

05.15. 홍천 내면 점봉산(1,424m) 산행. 더덕 등 산채 채취. 이우철 교수로부터 자연 식생 및 생태 얘기 듣다. 키 큰 활엽수로 해서 산 정상으로 쫓겨 올라간 소나무 얘기 인상적. 이때부터 산에 갈 때면 활엽수와 햇빛 싸움을 벌이다가 고사한 소나무가 눈에 많이 띄다.

05.27. 샘밭 우두의 수리봉 산행. 유묘상 교장 주먹밥 싸와 옛날 얘기하면서 먹다. 삼지구엽초 군락, 은대난초, 산작약 채취. 애기풀, 백선 군락. 하산한 뒤 다시 마적산에 올라가 돌 지고 내려와 동면에서 두부찌개 먹다.

10.08. 화악산(1,4534m) 공군기지 초소까지 올라감. 철쭉, 용담 군락. 노루귀 군락.

10.29. 다시 오음산 산행. 길 잘못 들어 헤매다. 점심 식사 후 산에서 오수. 산일엽초 채취. 만산 홍엽. 아무도 없이 빈산. 날씨 햇빛 다 좋음. 낙엽 헤치며 내려오다.

11.12. 동산면 구절산 산행. 산일엽초 군락, 뒤웅박 같은 말벌집을 보며 저들이야말로 예술가라는 생각을 함.

자연 속의 모든 것은 바라보는 자세와 각도에 따라 정말 놀라울 정도로 그 모습이 다르다는 것에 여자는 놀랐습니다. 땅에 똑바로 누운 자세로 올려다보는 하늘 배경의 상수리나무 숲은 정말 신비로웠습니다. 또한 복잡성과 단순성이 뒤섞여 자아내는 자연물의 도형과 무늬는 자연이 신의 예술임을 보여주기에 모자람이 없었습니

소나무 한국을 대표하는 수종으로 전국에서 흔하게 만날 수 있다.
햇빛을 좋아하나 활엽수에 밀려 숲에서 쫓겨 산꼭대기나 토양이 척박한 곳으로 밀려나고있다.

다. 산의 바위나 강가의 돌 하나하나도 인간의 눈을 즐겁게 하기 위해 고안된 도형이고 무늬만 같았습니다. 중맥이 있는 나뭇잎의 좌우대칭이 보여주는 도형미에도 여자는 취했습니다.

남자가 산 냄새를 물씬 풍기며 깊은 산에서 돌아오면 여자는 그 동안 혼자 본 것을 나누고 싶어 산새처럼 빠르게 지저귀기도 했고, 무턱대고 남자를 밀고 숲 깊숙이 들어가기도 했습니다. 접사된 3차원의 나무껍질 무늬를 남자에게 보여주며 여자는 숨을 몰아쉬었습니다. 이 나무 이름이 뭐예요? 고광나무. 암컷이 몸밖으로 내뿜는 페로몬 냄새를 맡은 수컷 곤충처럼 남자는 서둘러댔습니다. 나무 이름은 이상해도 꽃 냄새는 참 좋아요. 여자의 목소리는 숲을 뚫고 들어오는 햇살처럼 해맑은 고음이었습니다. 당신이 더 아름다워. 남자는 탱탱하게 충전된 몸으로 여자를 고광나무 숲에 눕혔습니다.

―단편 「온 생애의 한 순간」 중에서

1996년

04.14.   수리산 산행. 산 입구 할미꽃 만발. 양지꽃 싹 보임. 김치와 김으로 술안주. 노루발풀 채취, 바람이 거세나 양지쪽에서 낮잠.

05.05.   지난 해 화악산 중턱에 핀 노루귀꽃 보러 다시 산행. 애기괭이눈 군락, 산갓 군락, 홀아비바람꽃 군락, 중무릇(애기중의무릇) 군락, 현호색 군락, 얼레지 군락, 노루귀 군락, 진달래. 화악산은 야생화의 보고. 내려오는 길 곰취 채취.

06.09.   홍천 가리산 세번째 산행. 유연선이 준비해온 김밥 먹고 산 위 바위 위에서 오수. 금마타리 다시 채취해 오다.

09.14. 삿갓봉에서 가덕산 거쳐 북배산까지 능선으로 종주. 더덕 캐 먹다.

10.09. 금병산 스물 세번째 산행. 비단금 병풍병, 활엽수 많은 금병산이 춘천 시내쪽에서 바라보면 정말 비단 병풍을 펼친 것처럼 아름답다. 학곡리 사람 일부는 금병산을 진병산이라고 함. 옛날 군사들이 진을 쳤던 성터가 있다는 뜻인데 내 생각에는 금병산을 소리낼 때 생기는 일종의 구개음화 현상으로 보고 싶음.

1997년

04.20. 오음리 넘어가는 마적산 산행. 청평사 오봉산 5개 봉우리 개방. 황장엽이 서울 도착했다는 소식을 산에서 라디오 틀고 다니는 사람을 통해 듣다.

04.26. 금병산 김유정 등반대회 앞두고 서둘러 퇴원하던 오페라카페 사장 이철준 사망. 늦은 나이에 산바람이 나 정신없이 산을 타던 친구, 세상 사람들을 잘 모르는 내게 항상 그 출구가 돼줬던 사람. 나는 이제 어떻게 살아야 하나.

05.11. 느랏재고개 정상에 차 세우고 산행. 앵초싹 보다. 삼지구엽초꽃, 두릅, 애기나리, 산붓꽃, 구슬붕이꽃, 양지꽃, 상수리 나무길 올라 중간 정상 봉우리 삼거리에 앉아 맑은 바람 쐬다. 짐승털과 발자국, 누리대, 더덕 군락, 얼레지, 작은 엄나무 채집. 저녁에 두릅과 엄나무싹, 잔대싹, 삽주싹 무쳐먹다.

10.26.   명봉(654m) 산행. 손이 시릴 정도로 바람 불다. 홍어회 무침과 해파리로 독한 술 마시다.

11.15.   새술막 가지울 농원에 나무 심다. 은행 15. 레드오크 1, 층층나무 1 그루. 내 손으로 만드는 내 숲을 꿈꾸기 시작하다. 욕심이다. 그러나 이 유혹을 물리치기에는 너무 늦었다. 내 노력과 사랑만 있으면 가능한 일. 내 손으로 가꾼 이 숲이 사라지지 않게 하는 일이 더 중요하다. 신명이 있을 때 열심히 할 것.

1998년

01.11.   강원도 경기도 경계의 백운산(904)부터 도마치봉 산행. 아이젠하고 무릎까지 덮이는 눈길 7시간 등반. 높은 산 겨울나무는 눈꽃을 피운다. 눈꽃에 넋이 나간 일행, 걸음이 느리다. 눈 속에서 끓여먹는 라면 맛!

02.01.   다시 계방산 겨울 산행. 영서는 눈이 별로 없으나 산을 올라갈수록 눈 많아짐. 눈의 빛깔 때문인가 쾌청의 파란 겨울 하늘 쳐다보기가 무섭다. 정상에서 먹다 남은 도시락을 점심 안 싸온 등산객들에게 나눠주자 모두 고맙다고.

03.15.   부용산 산행. 오봉산이 남성적인 산이라면 그 맞은 편 부용산은 매우 여성스러운 자태. 그러나 웬걸, 가파른 등산길. 철쭉나무 군락. 더 가파른 하행 길. 부용산이란 글자를 새긴 지팡이 만들다. 꽃몽오리 터질 듯한 생강나무.

03.22.	홍천 북방면의 불금봉,성치산(499m) 산행. 계곡 전체가 달래밭. 냉이 캐고 두릅 딴 뒤 달래 씻어 된장 찍어 술안주.
03.27.- 04.19.	가지울 농원에 두릅나무 11, 은행나무 4. 라일락 1.모과 3. 목련 5. 단풍 3. 앵두 5. 산벚나무 10. 왕벚나무10. 주목 5. 살구나무 5. 산벚나무 16. 체리나무 3. 매실 8. 명자나무 3. 백자작 20. 단풍 20. 매화 5. 배나무 2. 복숭아나무 3. 엄나무 2. 금낭화 3. 배롱나무 3 그루.
04.21.- 04.30.	가지울 농원에 옥수수. 1차로 5고랑, 수수 5고랑, 검정콩, 쥐눈이콩, 상추 2고랑, 결명자 3고랑 파종. 초롱꽃 두 뿌리. 사과나무 3. 꽃사과 1. 꽃창포 20 포기(연못)
04.25.	금병산 등반행사 환경운동연합과 공동 주관.
05.03.	명봉 산행. 본격적으로 산나물 채취. 잔대, 삽주싹, 누리대, 두 그루 엄나무, 삼지구엽초, 두릅, 특히 땅두릅.
05.20.	홍천 노일리 태학산 산행. 옥잠난 보다. 흙은 모두 씨앗이다. 밭의 잡초와의 싸움에서 내가 얻은 결론.
12.25.	오랜만에 겨울 산행, 대룡산 중봉(940m) 이상하게 따뜻한 겨울날씨. 정상 그늘진 곳에 눈 많았다. 지뢰 표시 팻말. 땅 속에 살아 숨쉬고 있는 괴물, 지뢰. 언젠가 지뢰 얘기를 작품으로 남기고 싶다. 산행 중 산짐승 잡기 위해 설치한 올무를 여러 개 발견. 올무에 걸린 채 뼈

만 앙상하게 남은 산짐승.

전상국 ◆ 강원도 홍천에서 태어나 경희대 국문학과 및 동 대학원을 졸업했으며, 1963년 조선일보 신춘문예에 소설「동행」당선으로 등단한 뒤, 단편 소설집「바람난 마을」「아베의 가족」「우상의 눈물」「하늘 아래 그 자리」「우리들의 날개」「형벌의 집」「지빠귀 둥지 속의 뻐꾸기」「사이코」등을 발간했으며 장편소설「길」「늪에서는 바람이」「불타는 산」「유정의 사랑」등이 있다.

동인문학상, 현대문학상, 한국문학작가상. 대한민국문학상, 김유정문학상, 윤동주문학상, 한국문학상, 후광문학상, 이상문학상 특별상 등을 수상했다. 현재 강원대학교 국문학과 교수 및 김유정문학촌 촌장으로 재직 중이다.

엄마는 왜 숲으로 갔을까?

이종은
동화작가

사람이 살면서 몇 번이나 자살을 꿈꿀까.

사랑한 사람이 가슴에 큰 아픔을 남기고 떠났을 때, 삶이 고달플 때, 남은 세월이 너무도 지루하게만 여겨질 때, 그리고 지독한 상실감 때문에 더 이상 세상을 살 이유를 잃었을 때…….

그렇지만 자살이라는 물리적인 행위를 막아주는 것은 남은 날의 희망찬 기대나 남겨질 사람들의 아픔에 대한 걱정만은 아니다. 손가락 하나 까딱하기 싫은 무력감도 자살 행위를 막아주기에 충분한 것이다. 그리고 또 있다. 누군가를 끔찍하게 미워하고 있다면 그 미움의 힘으로도 얼마든지 자살의 유혹을 견뎌낼 수 있는 것이다.

내가 그랬다.

집채만한 미움과 증오를 가슴에 껴안은 채 자살의 유혹을 간신히 견뎌내고 있을 무렵, 어머니가 오랜만에 내 집을 찾아오셨다. 어머니는 심장 수술을 받은지 얼마 지나지 않은 상태였고 마치 살얼음을 걷듯 하루 하루를 견뎌내고 있었다.

그런데도 나는 그런 어머니를 조금도 헤아리지 않았다. 오히려 나를 세상에 태어나게 하고 지옥나락 같은 세상을 살아가게끔 한 것 모두 어머니 탓으로 돌렸다.

그 날, 나는 모처럼 찾아온 병든 어머니한테 무슨 짓을 했던가. 내가 세상을 제대로 못 사는 게 누구 탓인지 아느냐고, 자식한테 엄마란 부처같은 존재인데 엄마는 한 번이라도 나한테 부처 노릇을 한 적이 있냐고 울며불며 따졌다. 그리고 어린 시절 생인손을 앓았던 손가락을 내밀며 소리쳤다.

"산에서 고무신 하나 잃어버렸다고 엄마가 나한테 어떻게 했는지 알아? 엄마는 내가 왜 그때 생인손을 심하게 앓았는지 모르지? 손톱이 빠지고 곪아서 피고름이 나고, 며칠 동안 아무 것도 못 먹고 끙끙 앓았는지 모르지? 엄마가 그랬어. 엄마가 고무신 하나 잃어버렸다고 회초리로 나를 때릴 때 손가락을 맞았던 거야. 엄마가 그런 사람이었어. 잃어버린 고무신이 아까워서 자식이 생인손 앓도록 때렸던 사람이라고! 그깟 고무신이 그렇게 아까웠어!"

무슨 억지였을까. 어려서도 부린 적이 없던 떼를 어쩌자고 그렇게 부렸을까.

왜 엄마를 용서하지 못 했을까

어머니는 조용히 내 앞에 앉아 있었다. 작은 바위처럼 미동도 하지 않고. 그리고 내 울음이 끝나기를 기다렸다가 조용히 입을 열었다.

"밥 안 먹냐? 점심 때가 다 됐구나."

세상이 살기 싫어서 발바둥을 치는 딸 앞에서 그런 말밖에 할 줄 모르는 어머니와 마주 앉아 있기도 싫었다.

어머니는 소 꼬리를 압력솥에 넣고 푹 고아 낼 때까지 참을성 있게 기다려 주었다. 그리고 차려낸 점심을 아주 맛나게 드셨다.

"네가 끓여준 꼬리곰탕이 세상에서 제일 맛난 음식이었구나."

딸 나이 마흔이 넘도록 음식 솜씨에 대해서는 칭찬 한 번 하지 않던 분이었다. 그런데 세상에서 제일 맛난 음식이라니. 나는 그런 칭찬을 하는 어머니가 너무 낯설었다.

그것이 나와 어머니의 마지막 만남이었다.

"네 작은 누나 때문에 죽더라도 눈을 못 감을 것 같구나. 불쌍해서 못 보겠다. 그냥 있다가는 가슴이 터져버릴 것 같다. 고향에라도 다녀와야 되겠구나."

어머니는 심장에 무리라고 말리는 동생 내외를 뿌리치고 분연히 고향으로 떠났다. 그리고 이틀 뒤, 어머니의 사망 소식이 날아왔다.

"산에도 다녀오고 잘 움직이셨는데", 낮잠 주무시다 말고 이상하다고 하시더니 그냥 쓰러지셨어. 간간이 우리 둘째 딸 불쌍해서 어쩌냐고 한숨을 푹푹 내쉬고는 하셨어."

마침 곁에 있다가 임종을 지켰던 육촌 언니는 어머니의 마지막 모습을 그렇게 전했다.

나는 울지 않았다. 어머니가, 엄마가 나를 끝까지 버리는 것만 같아 가슴에서는 피눈물이 쏟아지는데 울 수가 없었다.

어려서부터 유난히 병치레가 심한 둘째딸을 어머니는 한 번도 살갑게 안아주지 않았다. 늘 엄하기만 했고 약해빠진 내가 다른 아이를 쫓아가기 위해 얼마나 힘겨워 했는지 모르는지 아는지 매사를 혹독하게 다루었다. 언니와 동생들에게는 늘 자상하면서도 이상하리만큼 둘째딸에게는 인색하기만 했다. 이름 대신에 '빈차리'라고 불리울 만큼 모든 일에 서툰 나한테 어머니는 세상에서 가장 무서운 호랑이였고, 염라 대왕이었고, 저승 사자였다.

그렇게 마음 자리 한 번 내주지 않았던 어머니가 고향까지 가서 둘째 딸을 애달퍼하다가 눈을 감았다는 것이다.

하늘이 뚫린 것처럼 쏟아지는 비 때문에 어머니의 유체가 도착하도록 우리 사남매는 넋놓고 기다릴 수밖에 없었다.

마침내 차갑게 식어버린 어머니가 도착했을 때 나는 가까이 다가가지도 않았고 엄마, 하고 부르지도 않았다.

"용서하지 않겠어."

이를 악물고 그렇게 중얼거렸을 뿐이었다. 왜 용서할 수 없었을까. 어려서부터 엄마 치마폭에 감기며 칭얼거려 본 적도 없고 투정을 부려본 적도 없고 말대꾸도 한 번 한 적 없고, 딱 한번 왜 나를 낳았냐고 울부짖으며 따졌던 것이 전부였을 뿐인데….

나는 어머니가 끝까지 나를 버렸다고 생각했다. 나더러 평생 불효를 후회하며 살라고 그렇게 떠났다고 믿었다. 부모라면 적어도 죽음 만은 자식에게 어느 정도 언질을 줬어야 했다고 억지를 부렸다. 영안실에서 천장에 머리가 닿도록 훌떡훌떡 뛰었다. 눈물도 없이 터져버릴 것 같은 가슴을 쥐어뜯으며 발광을 했다.

숲이 된 고향에

어머니에 대한 원망은 내 가슴에 집채만하게 얹혀 있던 미움이나 증오를 아무 것도 아닌 것으로 만들어 버렸다. 어머니에 대한 원망과 배신감에 비한다면 용서하지 못할 것이 한 가지도 없어 보였다. 그 뒤 나는 책의 한 페이지는 접어놓은 것처럼 고향과 어머니를 가슴 갈피에 접어놓은 채 세상을 견뎌가고 있었다.

그러던 어느 날, 고향에서 당숙의 부고가 날아왔다.

어려서 청력을 잃은 뒤에 소리가 아니라 입 모양으로 상대방의 말을 알아들으며 살았던 막내 당숙이 돌아가신 것이다. 환갑을 못 넘기고 단명하는 집안에서 유일하게 일흔 나이를 넘긴 당숙이었다. 그리고 모두 떠나버린 고향을 끝까지 지킨 분이기도 했다. 그러니

까 나는 마지막까지 고향을 지켰던 당숙의 넋을 배웅하러 고향에
가야만 하는 것이었다.

그렇지만 선뜻 마음을 결정하지 못했다. 어머니가 마지막으로 머
물렀던 그곳에 가고 싶질 않았던 것이다. 그리고 내 의지와 상관없
이 어머니의 죽음을 용서하게 될지 모르는 그 어떤 상황도 맞닥뜨
리고 싶질 않았다.

"왜 안 간다는 것이냐?"

절대 안 간다는 내 단호한 대답에 언니는 어이없는 표정을 지었다.

"나는 고향이 싫어."

내가 할 수 있는 대답은 그것밖에 없었다. 어머니한테 둘도 없는
효녀였던 언니한테 어머니 죽음을 아직도 용서하지 않고 있다는
말을 어떻게 할 수 있으랴.

그러나 며칠 후, 나는 홀로 고향으로 향했다. 고향을 지키던 당숙
도 돌아가셨기 때문에 그곳에는 낯선 사람만 살고 있을 뿐, 아는
얼굴은 한 명도 없다는 언니 말을 듣고서였다.

더 늦기 전에 무언가를 확인해 두어야 된다는 조급증이 나를 고향
으로 몰았던 것 같다.

5월이었고, 눈부신 신록 때문에 자동차를 타고 달리는 동안에도
자꾸만 실눈을 떠야만 했다. 들판에 핀 등나무 꽃은 보라색 치마저
고리 같은 자태를 뽐내다 물고인 논으로 똑똑 떨어져 내리고 여기
저기에서 음뿍음뿍, 벙어리 뻐꾸기들이 울어대고 있었다.

자동차는 구비구비 산길을 돌아 숨은 듯 산자락을 깔고 앉은 동네
로 들어섰다. 아주 긴 세월을 곁눈으로도 바라보지 않았던 고향이
눈 앞에 나타났다. 그러나 동네 어귀에서 뭔가 사라진 느낌 때문에
나도 모르게 어리둥절해 하고 말았다.

그래, 상여집!

누군가 죽었을 때면 문을 열고 꽃상여를 꺼내던 그 작은 움막 자리가 숲으로 변해 있었다. 독사한테 물린 민호 엄마, 소아마비 처지를 비관하다 탑 아래에서 농약을 마셨던 규동이 오빠, 짝사랑하던 여인이 다른 남자에게 시집간 것이 슬퍼 자살한 택상이 오빠, 그리고 얼굴도 기억할 수 없는 많은 사람들이 타고 떠났던 상여가 흔적도 없이 사라지고 없었다.

누구나 죽으면 그 상여를 타야만 떠날 수 있다고 여겼을까, 나는 막내 당숙은 무얼 타고 떠났을까, 혼자 중얼거리고 말았다.

변한 것은 그것 만이 아니었다. 여섯 살 여동생이 급류에 떠내려갔던 냇가는 실개천으로 변해 있었고 오뉴월이면 푸르름을 자랑하던 논에는 딸기만 가득 열려 있었다.

도깨비 집이라고 무서워했던 점순이네 집도, 대나무가 유난히 무성했던 넷째 당숙의 집도, 내가 짝사랑했던 민호네 집도 흔적만 남았거나 숲으로 변해 있었다.

나는 온통 숲이 되어버린 고향에서 망연자실할 수밖에 없었다. 어머니는 이런 고향에 와서 왜 마지막 순간을 보냈을까. 아는 사람도 모두 떠나고 숲으로 변해버린 이곳에서 무엇을 찾으려 했을까.

산바람이 불었지만 마음은… 나뭇가지에 걸린 폐비닐이 을씨년스럽게 펄럭이고 있었다. 나는 우리 집이 있던 물방똑구리 샘 쪽으로 내려가 보았다. 기둥은 기우뚱한데 이엉 얹은 지붕만 유난히 커 보였던 그 집을 아이들은 '버섯 집' 이라고 놀려댔었다. 역시 그곳도 나무만 무성했다. 물방똑구리 샘도 없었다. 사람의 손으로 심은 나무들은 아닌 것 같은데 어떻게 저 많은 나무들이 생겨났을까. 오리나무, 상수리 나무, 구기자 나무, 개나리, 탱자나무….

5월 신록은 가슴 부푼 처녀처럼 싱그럽다.

숲을 따라 한참 동안 걷던 나는 서울로 돌아가자고 나를 타일렀다. 숲으로 변해버린 이곳에서 더 확인할 것도 없었고 보고 싶은 것도 없었다. 다 사라지고 없는 것들을 무슨 재주로 찾아낼 수 있을까.

"이게 누구야? 영아 아녀?"

누군가 내 아명을 불렀다. 서울로 떠난 뒤로는 거의 듣지 못했던 내 아명이 문득 들려오자 나는 순간적으로 긴장하고 말았다. 윗말에 살고 있는 육촌 언니였다. 어머니의 임종을 지켰던 그 언니였다.

언니는 밭에 갔다 오는 길인 듯, 물병 하나와 호미를 들고 있었다.

"해가 서쪽에서 떴는갑다. 네가 여길 다 오다니."

언니는 흙 묻은 손으로 내 손을 덥석 잡았다. 거칠었지만 따뜻한 손이었다.

"오늘 네가 올려고 어젯밤 꿈에 당숙모가 보인 모양이다."

언니는 꿈에 어머니를 만났다고 했다. 나는 그 말에도 심사가 뒤틀렸다. 딸자식 꿈에는 얼굴 한 번 안 내미는 어머니가 육촌 언니 꿈에는 나타나다니.

"어머니가 돌아가시기 전에 한사코 산에 가고 싶다잖어. 산에는 왜 가실라고 그래요? 물으니까 네가 여덟 살 때 산에서 고무신 잃어버린 적이 있었다면서? 겁많은 약해빠진 네가 너무 안됐고 속상해서 많이 때려줬다고 하시더라."

그 말을 듣는 순간, 생인손을 앓았던 그 손가락이 욱신욱신 아팠다. 아니, 손가락이 아니라 가슴이었다. 가슴이 터질 듯이 아프면서 숨도 쉴 수가 없었다.

"어머니가 네 얘기를 참 많이 하셨다. 너 어렸을 때 아파서 장성 병원에 입원해 있다가 집으로 오는데 산길이 깜깜절벽이더란다. 너는 무섭다고 울고 부엉이는 귀신처럼 울고. 간신히 병 나은 네가 또 경끼라도 할까봐 노래를 불러주니까 그때서야 울음을 그치고 등에 납작 엎드려 잠이 들더란다."

나는 햇살이 질펀한 들판을 내려다보고 있을 뿐이었다. 산바람이 불어오고 있었지만 가슴이 여전히 답답하기만 했다.

"몸도 약한 네가 밤중에 감나무에 고무줄을 묶어놓고 밤새 고무줄 넘기 연습을 할 때면 호롱불도 끄지 않고 연습이 끝날 때까지 기다리셨단다. 그러면 너는 다음 날 친구들하고 고무줄 넘기에서 일등은 못 해도 이등을 꼭 하더란다. 그게 그렇게 오지고 대견하셨단다."

육촌 언니는 나도 까마득하게 잊고 지낸 일들을 어젯일처럼 눈 앞에 펼쳐놓았다. 어쨌거나 마음 편할 이야기들은 아니었다.

고무신 찾아 와야지!

언니가 집에 가서 점심을 같이 하자고 나를 끌었다. 하지만 나는 다음에 꼭 들르겠다는 대답을 남기고 숲으로 올라갔다.

작은 비탈을 따라 한참 오르니 풍뎅이를 잡고 놀았던 상수리 나무가 제일 먼저 눈에 띄었다. 어렸을 때는 몹시 커 보였던 것 같은데 지금은 아담한 모습으로 대숲 앞에 버티듯 서 있었다.

친구들과 어울려 달리기를 하던 작은 오솔길도 나무들이 다 차지하고 없었지만 보물찾기를 할 때 쪽지를 숨겨놓던 바위는 햇볕을 받으며 그 자리에 놓여 있었다.

거친 나무를 헤치고 더 깊숙이 들어갔다. 찔레가시가 손등을 할퀴고 종아리를 할퀴었지만 아랑곳하지 않았다. 검정 고무신을 찾기라도 하려는 듯 점점 산속으로 들어가고 있었던 것이다.

어디에선가 아이들의 재재거리는 소리가 들려오는 것만 같았다. 고무신을 잃어버렸던 그 날처럼.

그 날, 나와 몇 명의 아이들은 칡을 캐러 산으로 갔다. 배고픈 시절이었고 살찐 칡을 찾아낸 날은 마냥 신나기만 하던 때였다.

아이들은 점점 깊은 곳으로 가고 있었고, 나는 나무 뒤에서 늑대나 호랑이 같은 무서운 것들이 튀어나올까봐 두 주먹을 꼬옥 쥐고 아이들 꽁무니를 따라갔다. 워낙 겁이 많았고 조금만 놀라면 경끼를 하며 까무라치기 일쑤이던 내게 그 깊은 산은 무서움 외에는 아무것도 아니었다.

그런데 중턱에서 덩굴이 굵은 칡을 발견한 것은 나였다.

"여기 칡 있다."

내가 소리치자 앞서 가던 아이들이 우르르 몰려왔다. 그리고 서둘러 덩굴을 자르고 흙을 파기 시작했다. 마침내 살이 통통한 칡 뿌리가 보이기 시작했다. 그런데 그 순간이었다. 점순이 오빠가 갑자기 비명을 질러댔다.

"호랑이다!"

그 순간 얼마나 놀랐던지 나는 죽을 힘을 다해 마을을 향해 뛰었다. 호랑이가 시뻘건 입을 떠억 벌리고 내 뒤를 바짝 쫓아오는 것만 같았다. 울지도 못하고 넘어지고 구르면서 뛰었다.

어느 순간 정신을 차렸을 때 아이들이 한 명도 보이지 않았다. 스스스, 바람에 나뭇잎이 스적대는 소리만 들릴 뿐이었다. 긁히고 깨진 종아리와 팔뚝에서는 피가 흐르고, 새로 산 검정 고무신도 어디론가 사라지고 없었다.

나는 아이들이 호랑이 이빨에 뜯기며 죽어가는 모습을 상상하며 맨발로 집까지 뛰었다.

그리고 무슨 일이 있었던가. 어머니는 가지 말라는 산에는 왜 가서 고무신까지 잃어버렸냐며, 회초리로 나를 호되게 때렸다. 호랑이가 무서워서 도망 온 딸을 회초리로 때리는 어머니가 호랑이보다 더 무서워서 며칠 동안 생인손을 앓으면서도 아프다는 말 한 마디 못했다.

호랑이다! 소리쳤던 점순이 오빠와 다른 아이들이 입술에 까만 칡물을 묻힌 채 낄낄낄 나를 놀려대도 아무렇지 않았다. 어머니한테 받은 충격이 너무 컸던 것이다.

그랬던 어머니가 약해빠진 작은 딸을 강하게 키우려고 매를 들었을 뿐이라고, 몇십 년이 지나서야 육촌 언니의 입을 빌려 변명을 하고 있었던 것이다.

숲 어디선가 어머니 목소리가 들렸다!

불을 질러 나물을 캐던 억새밭을 지나고, 죽은 애기들만 묻는다는 애기봉을 지나고, 문둥이들이 애기들을 훔쳐다 간을 빼먹었다는 문둥이 굴을 지나고, 어느새 숲 정수리께까지 들어와 있었다.

푸르른 나무들이 이파리를 뒤집었다 펼쳤다 박수를 치면 새들이 찌꾸찌꾸 맑은 소리로 화답을 보내왔다.

나는 어머니가 나를 업고 산을 넘으면서 조용히 노래를 불러주었다는 자리에서 걸음을 멈추었다. 그리고 사방을 둘러보았다. 보이는 것은 울창한 나무밖에 없었다. 군데군데 바위들이 앉아 있을 뿐이었다. 그런데 신기하게도 고향에 도착해서부터 멀미처럼 시달리고 있던 낯섦이 그곳에서는 조금도 느껴지지 않았다.

나는 널따란 바위 위에 두 팔을 벌리고 드러누웠다.

따뜻한 햇살, 시원한 바람, 맑은 새 소리…. 구름 흘러가는 소리까지 들리는 것만 같았다. 숲의 소리 외에는 아무 소리도 들리지 않는 무주공산 같은 그곳에서 나는 오랜만에 텅 빈 가슴을 보았다. 미움도 증오도 원망도 배신감도 자살에 대한 유혹도 모두 사라져 있었다.

구름이 흘러가는 모습을 한정없이 바라보는데 눈물이 주르륵 볼을 타고 흘러내렸다.

① —— 상수리나무에는 유난히 풍뎅이가 많이 모인다.

② —— 칡덩굴이 있어서 숲은 풍성해 보이나 나무와 싸움이 치열하다.

어머니가 무엇 때문에 이 숲을 찾아왔었는지를 비로소 깨달았던 것이다. 몸은 약하지만 이야기 좋아하고 책 읽기 좋아하던 둘째 딸의 맑고 밝은 웃음을 마지막으로 보고 싶어서가 아니었을까. 모두 떠나고, 숲으로 변해버린 고향 땅에서 둘째 딸의 환한 모습 한 가지라도 찾아내어 선물처럼 가슴에 안고 저 세상으로 가고 싶어서가 아니었을까.

누군가를 미워하고 원망하며 자살이나 꿈꾸고 사는 딸이 안쓰러워 차라리 당신을 원망하고 미워하는 대신 남을 용서하고 자살의 유혹에서 벗어나길 바랐던 것은 아니었을까.

나는 몇십 년을 가슴에 두엄처럼 쌓아두었던 어머니에 대한 원망과 미움을 숲이 된 고향을 찾아와 비로소 털어내고 있었던 것이다. 아니, 끊임없이 나를 괴롭히던 자살의 유혹까지 깨끗하게 지워내고 있었다.

"미안하다, 영아야. 엄마가 잘못했다. 엄마가 너를 너무 많이 아프게 했어. 그것도 엄마가 너를 사랑하는 방법이었단다. 엄마에 대한 미움이나 원망이 네 삶을 지탱해주고 있거든 굳이 엄마를 용서하려고 하지 마라. 그리고 엄마는 너한테 부처 같은 어미 노릇을 못 했지만 너는 네 자식들에게 부처 같은 어미가 되었으면 좋겠구나."

나는 숲 어딘가에서 들려오는 어머니의 목소리를 듣고 있었다. 그리고 내 입에서 신음처럼 흘러나가는 소리를 들었다.

"엄마, 미안해…."

이종은 ◆ 동화작가로 1990년 현대 소설 중편 부문에 당선되었으며 2002년 문학동네 아동 문학상을 수상했다. 작품으로 장편소설 「누드화가 있는 풍경」 동화 「손에 손잡고」 「내 친구 바보 소나무」 등을 출간했다.

히말라야의 소잡는 사람들

최성각

소설가 · 풀꽃 평화 연구소 소장

얼마 전, 동물들은 어떤 생각을 하는가에 관한 책을 보았다. 아프리카에 사는 베짜는새(Ploceinae)가 집을 짓는 이야기였다. 새들은 겉보기에는 유전적인 지령에 기초하여 집을 짓는 것 같지만, 성실한 관찰자들에 의하면, 사람들의 생각과 달리 의식적인 행동에 따라 집을 짓는 패턴이 각기 다르다는 게 밝혀졌다. 실험을 했다. 관찰자가 집 짓는 데 사용되는 재료들을 일부러 제거하거나 혹은 인위적으로 제공했다.

예를 들어, 둥지의 내부를 지탱하는 데 쓰이는 보드라운 깃털을 제거해 버리면, 새들은 때에 따라서는 자기 몸에서 털을 뽑아서라도 그 깃털을 보충했다. 그렇지만 이 새가 관찰자가 제공한 자료를 즐겨 사용하거나 그런 사람의 재료를 좀더 모아 두려고 한 적은 없었다고 한다.

필자는 베짜는새의 이야기를 만나는 순간, 곧바로 히말라야 사람들을 떠올렸다. 필자가 만난 히말라야 사람들이 그랬다. 그들은 베짜는새처럼 산업사회에서 온 관광객들이 슬쩍 빼버린 깃털을 원망

없이 스스로 메꾸려 했고, 일단 메꿔지면 잉여물을 애써 만들려고 하지 않았다. 베짜는새와 같은 자족의 태도, 히말라야 사람들 같은 자립적 태도를 바라보며, 필자는 곳간(예금통장)에 더 많은 것을 채우려 기를 쓰고, 불필요한 것들도 돈만 된다고 하면 그게 무엇이든 대량생산하는, 그러면서 참된 평화와 '행복'에서 점점 멀어지는, 우리들 '산업사회적 인간들'에 대해 생각했다.

그런 생각 끝에 필자는 주저없이 말할 수 있다. 히말라야 사람들의 살림살이는 인간적으로 생태적으로 우리들보다 열 걸음쯤은 선진적이라고.

산업사회로 먼저 진입한 국가들에서 배울 것은 무엇일까. 발전된 기술일까, 배타적 친절일까, 해결할 수 없는 폐기물 문제를 속 깊은 곳에 안고 있는 청결한 겉보기의 현란한 도시문명일까. 대답은 '모두 아니다'이다.

서둘러 살림살이 모양을 바꿔야 하는 곳은 이른바 잘 살고 있다고 스스로 믿고 있는 영국, 프랑스, 독일, 북유럽, 미국, 캐나다, 일본, 그리고 그런 삶을 굳건한 모델로 질문없이 열심히 치달려 가는 대한민국을 포함한 '북北(산업선진국권)'의 국가들인 것이다. 지금까지는 '북'이 수탈과 함께 그쪽에서는 원치 않는 계몽으로 늘 '남'을 가르쳐야 한다고 생각해왔다. 지난 3백년은 인류역사상 어불성설의 극치였다.

죽을 소를 위해 망태기에 풀이 가득

3년쯤 전의 가을이었다. 네팔 히말라야의 안나푸르나 사우스 쪽으로 오를 때였다. 해발 2,500미터 가량 되는 곳의 어떤 구릉족 마을이었다. 마침 그 날은 우리의 추석 같은 축일祝日이었다. 티베탄들은 덩달아 바람에 날리는 룽다

네팔 히말라야의 안나푸르나를 남사면에서 오르다 만난 해발 2천5백미터의 구릉족 마을 전경이다.

소를 잡으려다 헛망치질을 한 뒤 사내는 더 이상 망치를 재차 들지 못하고 어쩔 줄을 몰라했다. 한참이나 소를 내려보던 사내는 풀을 다시 베어준 뒤 물을 주고 있다. 사내에게 부여된 소 잡는 임무를 사내는 정말 곤혹스러워 했다.

(옴마니밧메훔이 새겨진 불자들의 깃발)를 단장해 마당에 세웠고, 힌두들은 마을 입구에 줄을 치곤 히말라야의 작은 산꽃들을 매달아 놓았다. 구라리스라 불렀던가, 꽃은 우리 산하의 산국山菊 같았다.

숨이 차서 느릿느릿 걷고 있는데, 다락논 한쪽 구석에서 한 사내가 말뚝에 바투 묶여 있는 소를 내려다보고 있었다. 사내의 손에는 긴 망치가 들려 있었다. 오래 생각할 것도 없이 그것은 축제에 쓸 소를 잡으려는 풍경이라는 것을 알 수 있었다.

흔히들 힌두족들은 쇠고기를 안 먹는다고 알려져 있지만, 검은 소는 잡기도 할 뿐 아니라 자주 찾아오는 축일 때에는 잡아먹기도 한다. 필자는 논이 보이는 소롯길 돌담에 배낭을 내려놓고 목에 걸었던 카메라의 잠금장치를 풀었다. 살생의 풍경을 특히 좋아해서가 아니라 '이곳 사람들은 어떻게 소를 잡나', 구경하기 위해서였다.

사내는 오랫동안 히말라야의 약간 따가운 가을볕 속에서 소를 내려다보며 자세를 잡았다. 필자가 그곳을 지나치기 전에 뜯어주었는지 소 앞에 망태기에는 먹을 풀이 가득했다. 사내의 자세는 아주 불안정했고, 소는 잠시 뒤에 머리에 쇠망치를 맞고 쓰러질 운명에 처한 사실에는 도통 관심이 없는지 풀 먹기에 몰두하고 있었다.

오래 쭈볏거리던 사내는 마침내 망치를 높이 들어 소머리를 향해 내리쳤다.

그러나 아뿔싸, 헛치고 말았다. 쇠망치에 헛맞은 소는 잠시 앞발을 껑충 들었다. 그러나 충격이 그리 크지 않았는지 잠시 사내를 의아하다는 듯이 바라보더니 다시 풀을 먹기 시작했다.

문제는 소가 아니라 사내였다. 망치질을 하다보면 헛칠 수도 있었건만, 사내는 논바닥에 망치를 내동댕이친 뒤, 어쩔 줄을 몰라했다. 마치 엄청난 잘못을 저지른 사람처럼 그는 쭈그리고 앉았다 섰다를 되풀이했다. 얼마 후 사내는 다시 논바닥에 내동댕이친 망치자루를 들었다.

그리고도 한참을 더 소를 내려다보았다. 그러더니 갑자기 생각이라도 났다는 듯이 망치를 내던지더니, 망태기 같은 것을 들고 다시 풀을 뜯으러 갔다. 그는 풀을 잔뜩 뜯어 소에게 준 뒤, 꽤 오래 검은 소를 내려다볼 뿐이었다. 그러기를 자그마치 30여 분.

앗아가는 것은 늦을수록 좋아

나는 이상한 호기심으로 돌담 위에 쭈그리고 앉아 끝까지 지켜보기로 작정했다. 왠지 끝까지 봐야 할 것만 같았다. 그것은 호기심이라기보다는 다만 지켜보는 것만으로도 히말라야의 축제에 나그네로서 조용히 참여하는 듯한 흥분이 수반된 감정이었다.

사내는 다시 허리에 차고 있던 꾸꾸리(반월형의 칼, 농부에게는 낫으로 도살자에게는 칼로, 병사에게는 무기로 쓰이는 네팔의 전통 칼)를 들고 풀을 베어 와 소에게 주었다. 마치 아까 헛망치질을 한 게 소에게나 자신의 체면상 쑥스러워 견딜 수 없다는 몸짓이었다.

멀찌감치 떨어져 지켜보던 동료 구릉족들은 '오늘 꼭 소를 잡아야 하는 것은 아니다' 라는 듯이 지네들끼리 쭈그리고 앉아 왁자하게 떠들 뿐 들판의 사내에게는 도무지 관심이 없었다. 심지어 곤혹스러워 어쩔 줄 모르는 사내에게 눈길 한 번 주지 않았다. 아마 그날, 그 소는 그 심약한 사내만이 잡도록 약정되어 있었던 모양이다.

얼마나 시간이 흘렀을까. 한참 후, 다른 사내가 논바닥으로 내려갔다. 못 본 척하고 있었지만, 동료가 소를 잡지 못하고 있는 것을 모두 느끼고 있었던 것이다. 하지만 그 사내 또한 우리들이 그럴 때 그러는 것처럼 두 손바닥에 침을 탁탁, 뱉으며 폼을 잡는 것까지는 그럴 듯했지만, 망치를 들고 소 주위를 빙빙 돌 뿐 행동으로 옮기

오지 마을이라 해도 동네 어귀는 붐빈다. 히말라야 산간의 유일한 운송수단인 당나귀들. 당나귀 목에는 커다란 쇠방울이 달려 있어 딩딩 울리는데, 당나귀는 설산만 제외하고 실을 수 있는 모든 것을 다 등에 싣는다.

히말라야 사람들은 전통적인 증류주인 '럭시'를 손수 빚어 마신다. 마당에서 배꼽을 드
러낸 아들과 함께 럭시를 고고 있는 노브라의 젊은 아낙네. 럭시는 우리 안동소주처럼 순
수하지만 매우 독하다.

지는 못했다. 무심하게 풀을 뜯는 살아있는 생명체의 머리통을 쇠
뭉치로 박살을 내는 일이 그토록 주저되는 모양이었다.

한참을 소 주변을 돌던 그 사내 또한 나중에는 망치를 내던지고 뒷
통수만 긁으며 논바닥에서 길 쪽으로 올라오고 말았다.

손목시계를 힐끗 보았더니 그들은 무려 한 시간 이상 다락논 한가
운데에서 그러고 있었다. 참으로 희한한 풍경이 아닐 수 없었다.

소 한 마리 잡는 데 이토록 뜸을 들이는 그 모습은 우스꽝스럽다
면 우스꽝스럽고, 희극적이라면 지독하게 희극적이었다. 한 시간
이상 말뚝의 소를 내려다보며 전전긍긍하던 사내는 끝내 소를 잡
지 못했다.

그때였다. 얼굴이 시꺼멓게 그을은 한 아낙이 다락논의 사내에게
손짓을 하면서 다가갔다. 부엌에서 물을 끓여놓고 기다리던 아낙
네들 중의 하나였다. 빠른 걸음으로 사내에게 다가간 아낙은 두 손
으로 허공을 연신 찌르면서 사내에게 디립다 고함을 쳤다.

"소를 잡는다고 폼을 잡은 게 대체 언제냐? 솥의 물 다 끓었다. 소
를 잡을 거야? 안 잡을 거야?"

아낙의 고함소리는 틀림없이 그런 내용을 담고 있을 것 같았다.

사내는 아낙을 힐끗 쳐다본 뒤, 누구 집 개가 짖는가 하는 얼굴로
묵살했다.

사내는 손에 들고 있던 망치를 버리고 보리수나무 그늘로 들어가
두 무릎을 곧추세우고 앉았다.

아낙은 사내의 뒤를 졸졸 따라가면서 계속 고함을 쳤다. 어쩌면 그
의 아내인지도 모를 일이었다. 사내는 고개를 설레설레 흔들며 손
사레를 칠 따름이었다. 그 손사레의 내용은 아마도 "차라리 날 때려
잡아 끓는 물에 넣으라니깐. 나는 (죽어도) 못 잡어!"였을 것이다.

풍요가 결코 바람직하지는 않다…

갑자기 나는 애써 지켜본, 눈 앞에서 일어난 한 시간여 동안의 일이 예삿일이 아니라는 감동에 휩싸였다. 그것은 전혀 예상하지 못했던 감동이었다. 세상에 뭐 이딴 사람들이 있단 말인가?

염소든 소든 돈푼이나 더 받으려고 강제로 물을 먹여 단번에 잡아버리는 사회(문화)에 속해 있는 필자에게 히말라야 산사람들의 '머뭇거림'은 충격, 그 자체였다. 마음 속 깊은 곳에서 조용히 차오르는 뜨거움이 사람을 그만 어쩔 줄 모르게 만들고 있었다.

우리 한국인이라면, 산업사회에 속해 있는 다른 '잘 난 민족들'은 이때 어떻게 했을까. 중인환시衆人環視 가운데 헛망치질을 한 데 대한 자기모멸감으로 소의 머리는 마구 내려치는 망치질로 이내 박살이 나지 않았을까. 혼자 안 되면 여럿이 달려들어서라도 소 한 마리의 목숨쯤이야 땅에 가느다란 금 하나 긋듯이 간단없이 앗아버리지 않았을까.

이들이 단지 이쪽의 눈으로 보기에 개발되지 않았다는 이유 때문에 누가 이들을 '미개하다'라고 함부로 말할 수 있을까? 도대체 '발전'은 무엇이고, '개발'은 무엇이고, 또한 '성장'이란 무엇인가? 히말라야의 소 잡는 사람들은 느닷없이 내가 속한 사회를 돌아다보고, 생각하게 만들었다. 이윽고 땅거미가 내리기 시작하자 나는 자리를 뜨지 않을 수 없었다. 히말라야의 저녁은 일찍 엄습하고, 저녁에서 캄캄한 밤으로 이행하면 잠자리를 구하지 못하기 때문이다. 나는 그 소가 당일에 제대로 쇠망치에 머리를 맞아 '필요한 고기'가 되었는지 알 수 없다.

그들 히말라야 사람들은 자연에 저항하지 않는다. 자연의 위력적인 힘 앞에서는 외경과 함께 두려워할 줄 알고, 자연이 준 은총에

히말라야 아이들은 꽃 한 송이 들고 여행객들에게 볼펜과 바꾸자고 한다. 필자가 먼저 꽃을 주면서 '꽃을 주었으니 이제 내게 모나미 볼펜을 다오"라고 말했다. 아이들은 마지못해 꽃을 받으면서 조금 당황스러워 했다.

대해서는 겸손한 마음으로 감사하고 양껏 만끽한다.

비록 신발도 신지 않은 그들의 겉모습은 남루해 보이지만, 풍요의 수레바퀴가 끝없는 빈곤과 함께 굴러가면서 심각한 갈등을 안고 끝 모를 데까지 맹목적으로 치달려가는 산업사회를 살고 있는 우리들보다 그들의 행복지수는 높다.

우리들보다 덜 일하고, 우리들보다 더 많이 웃고, 우리들보다 더 오랜 시간 휴식을 취하면서, 정을 나누는 그 사람들에게 나는 늘 격심한 부끄러움을 느낀다. '살아 있다는 이 놀랍고도 축복스러운 사건'을 알뜰하게 즐기는 사람들, 그들이 바로 히말라야 사람들이었다. 물론, 그들 또한 기회만 허락되면 카트만두나 포카라 같은 대처로 나가려고 하고, 대처에 나가봤자 일자리가 없어 기를 쓰고 한국 같

오염되지 않은 히말라야 산사람들은 억세다. 그들은 남녀노유 할 것 없이 모든 짐을 이마에 두른 끈으로 지탱해 나른다. 히말라야에 들어서는 순간, 귀천을 떠나 누구든지 걸어야하는 히말라야의 평등을 체험하게 된다.

은 '기회의 나라'로 밀입국(?)해 돈을 만드려고 하는 것도 사실이다. 하지만, 뼈 빠지게 일해 돈을 만들면 좋은 일이고, 설사 돈을 못 만든다 해도 할 수 없다고 생각하는 사람들. 적어도 아직 도시로 나가지 않은 히말라야 사람들의 얼굴은 아직 초조와 강박관념으로 오염되지 않은 것이 사실이다.

최성각 ◆ 소설가로 1955년 강릉에서 태어나 중앙대에서 문학을 공부하고, 1986년 동아일보 신춘문예로 등단. 창작집「잠자는 불」「택시 드라이버」「부용산」「사막의 우물 파는 인부」 등을 펴냄. 건양대 겸임 교수, 중앙대 명지대 강사 역임. 환경단체 '풀꽃세상' 창립, 제2회 교보환경문화상 수상. 현재 풀꽃평화연구소 소장이다.

신성한 숲과 아름다운 사람들

심 산

소설가 · 민족문화 작가회의

신혼 초 아내와 함께 오랫동안 꿈에 그려왔던 히말라야 속으로 첫 발을 내디딘 것은 10년 전의 일이다. 이제와 돌이켜 보면 그야말로 주마간산 식의 산행이었지만 그렇다고 해서 당시에 느꼈던 벅찬 희열감이 반감되는 것은 아니다. 너무도 거대한 존재로 그곳에 우뚝 서 있었던 히말라야는 그 자체로 신의 존재와 축복을 증명하는 듯했다. 내가 좋아하는 산악인 겸 작가 존 뮤어의 표현을 빌자면 그것은 '단순한 산이 아니라 신의 지속적인 창조와 존재를 입증하는 살아있는 증거'였다.

당시의 산행에서 히말라야 못지않게 내게 깊은 인상을 남긴 것은 그곳 산자락에서 살아가고 있는 사람들이었다. 그들은 선한 눈빛을 가졌고 금세 마음을 열고 다가왔으며 건강한 경건성을 품고 있었다. 그리고 지지리도 가난했다. 그 가난은 어떤 뜻에서 잔인한 형벌이었다.

만약 그들에게 '당신들은 가진 것이 없지만 행복한 사람들'이라고 말한다면 그것은 배부른 자의 모독이다. 나는 미리 그곳을 다녀갔던 산 선배들의 조언 대로 가능한 한 많은 양의 연필이며 공책 그리고 머리핀 따위를 챙겨갔지만 그들에게 내미는 내 손길이 왠지 초라하게만 느껴질 뿐이었다.

히말라야는 영혼과 육체를 정화하는 곳

트레킹이 끝나갈 즈음 영어에 꽤 능통한 포터가 자꾸만 말을 붙여 왔다. 잔뜩 포장을 했지만 결국 요약하자면 무언가를 더 달라는 부탁이었다. 나는 적지 않은 팁에 덧붙여 내 옷과 신발까지 벗어줬다. 녀석은 더 나아가 자기와 함께 사진을 찍어야 되며 그 사진이 나오면 꼭 보내달라고 신신당부를 했다.

왜? 자기에게는 한국인 친구가 있다고 자랑하기 위하여, 그래서 결국엔 포터에서 가이드로 승격하기 위한 증빙자료로서 사용하기 위하여. 충격적인 것은 이 친구의 학력이다. 녀석은 자기가 카트만두대학 영문과를 졸업했다고 했다.

카트만두대학이라면 우리나라의 국립대학교인 서울대학교나 마찬가지다. 그곳의 영문과를 졸업했다면 수재(?)라고 보아도 무방할 듯하다. 하지만 그는 먹고 살 방법이 없어 포터로 나섰다고 했다. 그래서 그는 얇은 티셔츠 하나에 더러운 청바지를 입고, 겨우 엄지발가락 하나만 꿰는 얇은 슬리퍼를 신고, 거의 30킬로그램에 육박하는 짐을 담은 대나무 바구니의 끈을 이마에 두른 채, 가파른 산길을 오르내리는 대가로 일당 몇 백 원을 받으며 살아가고 있다. 그리고 그의 관점에서 볼 때는 '엄청나게 잘 사는 나라에서 온 돈 많은 외국인'인 나에게 달라붙어 막무가내의 구걸을 하고 있는 것이다.

솔직히 녀석이 너무 진드기처럼 달라붙어 약간은 짜증이 났었던 것도 사실이다. 하지만 그것과는 무관하게 가슴 속에서 슬픔이 피어울랐다. 도대체 이 놈의 나라는 왜 이렇게도 못 사는 거야! 이들 앞에서 언행을 조심해야 되겠다는 생각도 들었다. 적어도 1970년 대 우리나라에 와서 천박하게 돈 자랑이나 해대며 기생관광을 즐 기던 일본인들처럼 보여서는 곤란하지 않겠는가?

나는 녀석이 자신의 주소를 적어 강제로 떠맡기다시피 한 종이조 각을 버리지 못했다. 결국 귀국한 이후에 집에 있던 헌옷가지들과 신발들을 몇 개의 라면박스에 챙겨 그곳으로 보냈다. 형편없기로 유명한 네팔의 우편 행정이 일종의 착오(?)를 일으켜 그 물건들이 녀석의 집까지 배달되었기를 바랄 뿐이다.

그 이후로도 나는 히말라야를 여러 번 찾았다. 히말라야 트레커들 사이에서 흔히 말하는 이른바 '설산병'이 단단히 도진 것이다. 그 곳을 찾을 때마다 영혼과 육체가 정화되는 느낌이었다. 하지만 그 러는 동안에도 가슴 한 켠에 자리잡은 모종의 연민과 야릇한 죄책 감 역시 더욱 불거져 갔다.

내가 히말라야와 그곳에 살고 있는 사람들을 위해서 무언가 할 수 있는 일은 없을까? 그것은 내가 타고난 그릇에 비하여 너무도 버 거운 화두였다. 미욱한 나는 무엇을 해야 좋을지 몰랐고 게으른 나 는 화두 자체를 잊어갔다. 그런데 그렇게 속절없이 세월만 흘려보 내던 어느 날, 작지만 아름다운 기적의 기운이 꿈틀대기 시작했다.

인터넷을 통하여 설립한 설산파들의 기부 클럽

임현담은 진단방사선과 의사로 위장취업(?) 중인 '히말라야의 순 례자'이다. 「히말라야의 순례자」로 시작하여 「그래서 나는 히말라 야에 빠졌다」와 「은빛 설산」을 거쳐 최근의 「히말라야 있거나 없거 나」로 이어지는 그의 저서들은 곧바로 길고 아름다운 순례의 기록이기도 하다.

그의 홈페이지인 '히말라야' (www.himal.pe.kr)는 서로 얼굴도 모르는 히말라야 트레커들이 수시로 들고나며 정담을 나누는 사랑방으로 유명하다. 아름다운 글과 사진으로 가득 차 있고 명상의 향기가 그윽하여 나 역시 매일 드나들 만큼 즐겨 찾는 곳이다.

2004년 1월 27일, 임현담은 점심시간에 신문을 뒤적이다가 흥미로운 기사를 발견한다. 녹색연합이 아시아 환경보호운동의 일환으로 '녹색아시아를 위한 1만원 계' (www.greenkorea.org/greenasia)의 조직을 제안했다는 내용이다. 간단히 요약하자면 한 달에 1만원씩 곗돈을 부어 무언가 좋은 일에 쓰자는 것이다.

당시 녹색연합이 제안한 운동들은 멸종 위기에 빠진 러시아 극동 표범 보호운동, 필리핀 미군기지촌 주변의 빈민 돕기, 환경오염이 극심한 인도 보팔지역 주민 돕기 등이었다. 임현담은 여기에서 힌트를 얻어 즉석에서 제안한다.

"우리도 히말라야 돕기를 위한 1만원 계를 조직하면 어떨까요?"

그렇지 않아도 소화불량에 걸린 것처럼 가슴 한 켠에 껄쩍지근한 느낌을 안고 살아왔던 나로서는 두 눈이 확 뜨이며 절로 신명이 날 소식이었다. 물론 두 말 없이 양손을 번쩍 들고 찬성을 표했다. 평소 그의 홈페이지를 즐겨 찾던 단골손님들 역시 적극적인 참여 의사를 밝혔다. 우리는 참여인원이 10명만 넘기면 그 즉시 1만원 계를 조직하기로 했다. 이 아름다운 음모가 막 무르익어 갈 무렵, 네팔 카트만두에 거주하고 있는 '히말라야의 시인' 김홍성 (www.hispoem.net)이 대뜸 새로운 제안을 내놓았다. 이 1만원 계가 히말라야의 특정 지역을 돕기로 한다면 네팔 중서부 안나푸르나 발치에 있는 낭기마을이 적격일 수 있다는 의견이다.

아하, 낭기마을! 나는 그 이름을 듣자마자 얼마 전 김홍성이 쓴 장

숲을 두번 걷다

❶ ── 어린이 세계는 늘 행복으로 넘친다.

❷ ── 풀밭에서 공부하는 아이의 표정이 해맑다.

❸ ── 네팔 '신성한 숲 가꾸기운동'에 동참하는 임현담(좌)과 함께 한 필자(우)

히말라야의 소잡는 사람들 **249**

문의 기사 월간 『마운틴』 2002년 8월호를 기억해낼 수 있었다. 아름다운 풍광과 더불어 감동적인 인물이 있어 맑고 깊은 인상을 남겼던 기사였다. 낭기 마을과 그곳에 세워진 산간학교 그리고 마하빌 푼이라는 인물에 대해서 이야기하기에는 내게 주어진 지면이 너무도 작다. 게다가 아무리 노력해도 김홍성이 솜씨 좋게 요약한 소개의 글보다 잘 쓸 재간도 없다. 이럴 땐 바로 꼬리를 내리고 항복하는 게 상책이다. 녹색연합 1만원 계의 홈페이지에 실려있는 김홍성의 글을 그대로 전재한다.

네팔 히말라야 오지 낭기 마을을 도와주세요
― '신성한 숲' 을 지키는 파수꾼

네팔 중서부 히말라야 산기슭의 낭기마을(해발 2,300 미터)은 안나푸르나 히말 트레킹의 한 기점인 베니(해발 830미터)에서 푼힐 쪽으로 도보 10시간 거리에 있다. 낭기마을에서 푼힐(해발 3,193미터)까지는 다시 도보로 10시간 거리이다. 그러니까 낭기마을은 비포장 도로에서 산길로 도보로 10시간, 안나푸르나 국립공원 경계에서도 도보로 10시간 거리에 소외되어 있다.

낭기 마을에는 주로 샤머니즘을 신봉하는 '마갈' 이라는 몽골계 소수 민족들이 살고 있다. 그들이 언제부터 그 지역에서 살았는지에 대한 기록은 전혀 없다. 다른 종족들과는 달리 활을 잘 쐈고, 30년 전까지는 매장하는 풍습이 남아 있었으며, 현존하는 몇 몇 주거 형태는 빠오를 연상케 한다. 주민 모두가 샤머니즘을 신봉하며, 골격과 체형이나 인상이 우리와 거의 흡사하다. 이로 미루어 이들은 아직 밝혀지지 않은 어떤 경로를 통해 동북아시아에서 이주해온 몽골계의 후손들로 추정될 수 있다.

현재 이들의 생업은 주로 밭농사지만 과거에 활로 사냥을 했으며, 제1차 세계대전 이후부터는 영국이나 인도의 용병으로 고용된 남자들이 보내는 봉급과 퇴역 용병들의 연금도 주요 수입원이 되고 있다.

낭기마을의 주민은 모두 7백 명 정도이다. 그런데 이중에서 13명 정도가 샤만이다. 낭기마을의 샤만들은 일반 주민들처럼 농사를 짓는 한편 주술이나 약초를 이용하여 병든 자를 치료한다. 샤만들은 낭기마을의 '신성한 숲'에서 기도를 한다. '신성한 숲'의 넓이는 약 8만 평이며 참나무 계통의 활엽수들이 빽빽하게 우거져 있어 한낮에도 어둑하고 고요하다.

이 숲은 낭기마을 사람들은 물론 인근의 모든 마갈들이 신성하게 여긴다. 그들은 이 숲에서 오줌을 누거나 침을 뱉거나 방귀를 뀌지 않는다. 금기禁忌다. 이 숲에서는 나뭇잎 하나 삭정이 하나 주워 가는 것도 금기로 되어 있음은 물론이다.

이 신성한 숲을 머리에 인 양지바른 언덕에 자리잡은 학교가 히마찰 하이스쿨이다. 10여 년 전까지는 초등학교 과정 밖에 없었으나 이 마을에서 초등학교를 마친 이 마을 출신의 교육자이며 활동가인 '마하빌 푼(49세)'이라는 사람이 미국 유학을 마치자마자 돌아와 지난 10년 동안 동분서주한 끝에 최근에 이르러서는 고등학교 과정까지 마련했다.

이 학교에는 300명 가량의 학생들과 10명 정도의 교사들이 있다. 왕복 5시간 이상의 통학 거리를 둔 학생들과 교사들은 학교 근처에 움막을 짓고 기거하며 삭정이를 주워다가 불을 때서 밥 해 먹으며 공부한다. 그런데 이 학교에는 컴퓨터 교실이 있다. 소외 극복을 위한 외지와의 커뮤니케이션 방법으로 인터넷을 사용하기 위한 것이다.

미국 유학시절에 컴퓨터를 부전공한 마하빌 푼이 카트만두에서 부품을 사다가 컴퓨터를 조립하는데, 그 최초의 컴퓨터 본체는 직접 판자로 짠 것이다. 이 컴퓨터는 지금도 히마찰 하이스쿨의 컴퓨터실에 보관되어 있다.

마하빌 푼이라는 인물은 자그맣고, 못 생겼고, 허름한 차림이지만 낭기마을을 비롯한 인근 마갈 사회에서 가장 존경받는다. 그는 낭기마을이나 학교 운영을 위한 조직에 어떠한 직위도 가지지 않은 순수한 활동가로써 신성한 숲을 가꾸고 학교 발전 기금을 모아 전달하는 일에만 전념하고 있다.

기금은 만드는 방법은 여러 가지다. 주민들과 함께 설산 기슭에 야크를 방목하고, 신성한 숲에 산삼을 심는가 하면, 부녀자들과 함께 우리 한지와 비슷한 종이를 만들어 팔기도 한다. 그러나 그렇게 열심히 일을 해서 돈을 모아도 교사들 생계비 대기도 벅찬 실정이다.

낭기마을의 전반적인 사정은 아주 가난하다는 점에서 다른 산골 마을들과 크게 다르지 않다. 그러나 '신성한 숲'을 비롯한 마갈 특유의 전통적 환경을 보존하면서 그것을 외지 사람들과 나누겠다는 환경 인식을 가진 점이 다르다. 낭기 마을은 모범적인 환경보호 현장이며 낭기 마을의 히마찰 하이스쿨의 교사와 학생들은 환경 파수꾼들이다. 그들은 인근 백 리 안팎의 주민들을 설득하여 이 숲과 그들의 자연스러운 취락 구조와 풍습과 전통을 고스란히 지켜 그것을 물질 문명에 넌더리가 난 이방인들과 나누면서 빈곤을 타파하고 소외를 극복한다는 목표에 합의를 보았기 때문이다.

그러지 않았더라면, 우리가 노송이 빽빽한 선산을 팔아먹었듯이 그 신성한 숲도 남아나지 않았을 것이다. 그러지 않았더라면 안나푸르나 국립공원이 그 영역을 이 마을까지 넓혀서 지금 학교가 있는 자리에 리조트가 들어섰을 것이다. 그러나 그 합의를 계속 유지하기 위해서는 결과에 대한 확신과 지혜와 지원을 필요로 한다.

낭기마을에서 우선 필요로 하는 직접적인 지원은 학교발전기금 즉, '돈'이다. 돈이 있으면 그들 자신의 노동력으로 그들에게 가장 시급한 일들을 차례차례 처리해 나갈 수 있다. 교사들의 생계비를 댈 수 있는 것은 물론, 학급을 증설하여 더 많은 학생들을 가르치고, 우기가 되면 비가 새는 움막 기숙사의 지붕을 고치고, 각자 삭정이를 주워다가 죽을 쑤어 먹으며 공부하는 학생들에게 공동 취사장을 만들게 하고, 컴퓨터 부속을 사들여 더 많은 컴퓨터를 조립할 수 있다.

낭기마을의 히마찰 하이스쿨을 돕는 일은 낭기마을을 중심으로 한 사방 백 리, 오백 리, 천 리 산골에서 공부하러 오는 모든 학생들과 학부모들을 돕는 일이다. 또한 이 마을과 학교가 이루어 낼 바람직한 성과와 시행착오를 지구촌 오지의 또 다른 낭기마을에 전파하는 일이기도 하다.

—시인 김홍성

'신성한 숲'을 만든다

간단히 결론부터 말하자. 우리는 매달 1만원씩의 곗돈을 부어, 마하빌 푼을 통하여, 네팔 히말라야의 낭기마을 주민들과 그들이 세운 학교를 돕기로 했다. 도대체 매달 1만원씩을 모아서 무슨 일을 할 수 있냐고? 엄청난 일을 할 수 있다. 매달 2천 5백 원이면 가난해서 학업을 포기한 아이들을 학교에 보낼 수 있다. 매달 1만2천 원이면 한 학생에게 필요한 교육교재, 음악수업을 위한 악기, 교과서를 제공할 수 있다. 매달 17만원을 모으면 봉급을 못 받고 있는 그곳 학교의 교사들에게 월급을 줄 수 있다.

과연 이런 일에 10명 이상의 사람들이 참여할 것인가? 우리의 근심은 완벽한 기우였다. 일단 1만원 계를 하기로 하고 그것을 낭기마을 돕기에 쓰기로 결정하자 기꺼이 참여하겠다는 사람들이 쇄도하기 시작했다. 매일 접속할 때마다 계원들의 숫자가 불어났다. 그 모습을 바라보는 것은 참으로 오랜만에 코끝이 찡해지고 가슴이 따뜻해지는 경험이었다(이 경험을 공유하고 싶은 독자는 임현담 홈페이지의 '나팔꽃통신' 코너로 들어가 최초의 논의가 시작된 2004년 1월27일의 글(1492번)부터 현재에 이르기까지의 상황들을 되짚어 읽어보시기 바란다. 세상은 여전히 살 만한 곳이라는 긍정과 보람의 느낌을 마음껏 만끽할 수 있을 것이다).

현재 네팔 낭기마을 돕기 1만원 계원의 수는 70명을 넘어섰다. 이 아름다운 기금으로 무엇을 할 것인가? 마하빌 푼이 사업의 우선순위를 정하여 답신메일을 보내왔다. 첫째, 주민들의 경제적 자립을 위한 직업교육원을 짓고 교육자재들을 구입한다. 둘째, 월급을 받지 못하는 마을학교 선생님들에게 월급을 지급한다. 셋째, 마을 도서관과 마을회관을 지원한다. 넷째, 마을을 위한 작은 수력발전소를 건립한다. 다섯째, 히말라야의 쓰레기를 처리할 수 있는 재활용센터를 건립한다.

우리는 기꺼운 마음으로 정성을 모아 기금을 만들어 보냈다. 마하빌 푼으로부터 그 기금이 어떻게 사용되고 있는지에 대한 편지가 오기를 기다리는 일은 다른 무엇보다도 가슴 뛰는 일이다. 아마도 첫사랑으로부터 날아올 연애편지의 답장을 기다리던 시절만큼이나 설레는 것 같다. 2004년 4월1일, 드디어 처음 전해진 기금의 사용처에 대한 답신이 왔다. 그의 편지 중 우리의 가슴을 더없이 벅차게 만든 것은 다음과 같은 구절이다.

마하빌 푼은 이렇게 썼다.

우리가 보낸 기금 모두를 이 사업에만 투자하는 것은 아니다. 다른 사업들도 병행한다. 하지만 내 생각에 가장 멋진 사업은 바로 이것이다. 매년 15,000그루의 나무를 히말라야에 심을 수 있다니! 그것도 히말라야 전역에서도 찾아보기 힘든 '신성한 숲'을 베이스캠프로 삼아! 숲과 사람이 이토록 잘 어우러지는 풍경을 본 적이 있는가? 히말라야에는 신성한 숲이 있다. 한국에는 그 숲을 보존하고 확대하려는 아름다운 사람들이 있다.

히말라야를 위해서 무엇을 할 것인가?

이 프로젝트가 발의되고 실행에 옮겨지는 과정을 지켜보면서 참으로 많은 생각을 했다. 우선 절감한 것은 인터넷의 위력이다. 작금에 벌어지고 있는 탄핵정국에 대한 국민의 대응과정에서 확인할 수 있듯이 인터넷은 제대로만 사용된다면 더 없이 효율적인 도구요 더 없이 막강한 무기다. 이른바 풀뿌리 민주주의 혹은 참여 네트워크의 무한한 가능성도 확인할 수 있었다. 무엇보다도 이 과정을 통하여 따뜻한 가슴을 가진 아름다운 사람들을 많이 만날 수 있었다는 것이 가장 큰 수확이다.

최초의 발의자이자 계원들 모두의 암묵적인 합의 하에 리더 역할을 떠맡게 된 임현담은 이 프로젝트에 참여한 모든 사람들을 '낭기 구루'라고 부른다. '구루'란 '스승' 혹은 '정신적 지도자'라는 뜻을 가지고 있다. 감사와 존경의 마음을 담은 호칭이다. 하지만 제 그릇을 아는 나는 이런 호칭이 너무 부담스러워 차라리 '낭기 사티'라고 부르자고 제안했다. '사티'란 친구를 뜻한다. 하지만 호칭이야 아무려면 어떠랴? 우리는 지위나 명예를 위해 모인 것이 아니라 가슴과 사랑을 나누기 위해 모인 것뿐이다.

기부가 남을 돕는 것이라는 생각은 사실과 다르다. 기부는 누구보다도 기부자 자신을 돕는다. 적어도 나의 경우는 그렇다. 이 모임에 참여하면서 누구보다도 커다란 기쁨을 얻은 것은 바로 나 자신이다. 히말라야에 대한 사랑과 그리움은 더욱 커지고 높아졌고, 히말라야에 대한 죄책감과 부채의식은 약간의 숨쉴 틈을 얻었다.

평생 못된 짓만 해오던 녀석이 이제야 사람 구실을 하기 시작한 것 같아 기분이 좋아졌다면 과장일까? 어찌되었건 한 달에 1만원을 내는 것만으로 되돌려 받기에는 너무도 커다란 대가다.

일단 시작한 일이니 남은 평생 동안 계속해야 되겠다는 생각도 했다. 하루 빨리 이 놈의 생업(그 지겨운 밥벌이!)에서 은퇴하고 나면 낭기마을의 산간학교로 가서 자원봉사자 노릇을 해야되겠다는 결심도 했다. 아무리 천학비재 하다지만 그래도 명색이 작가인데 하다 못해 한국어교사 정도는 할 수 있지 않을까?

하지만 '벙개'를 쳐서 만난 계원들 간의 술자리에서 내 생각이 몹시 짧았다는 것을 금세 확인할 수 있었다. 만일 우리가 평생 동안 낭기 마을 한 곳에 집중적으로 기부한다면 그것은 엄청난 '특혜'가 될 것이다.

우리가 내린 잠정적 결론은 이렇다. 일단 정확히 36개월 동안 네팔 낭기마을 돕기 1만원 계를 지속한다. 그리고 36개월이 다 되어갈 즈음 그 근처로 트레킹(아마도 다울라기리 베이스캠프쯤 될 것이다)을 떠났다가 돌아오는 길에 낭기마을에 들러본다. 그것으로 끝이다. 그리고 그 다음엔? 또 다른 낭기마을을 찾는 것이다. 그리고 새로운 기부대상지를 위한 1만원 계를 다시 시작한다… 결국 대상지가 바뀌는 것뿐이지 히말라야를 위한 1만원 계는 영원히 계속된다. 만약 이 모든 계획이 순조롭게 진행된다면 우리는 하나의 '재단'을 만드는 것이 된다. 그 재단의 잠정적 명칭은 아마도 '한국히말라야재단' 쯤 될 것이다.

'히말라야 산 속으로 당신을 초대함'

히말라야의 주민들이 가장 존경하고 있는 인물들 중의 하나가 에드먼드 힐러리다. 그가 에베레스트의 초등자이기 때문이 아니다. 사실 히말라야 14개 봉 초등경쟁 시절의 등반들에는 문제가 많다. 아무리 좋게 보려해도 제국주의적 색채를 떨쳐버릴 수 없는 것이다. 힐러리는 에베레스트에 오른 직후 현지인들의 시각에서 자신의 행위를 되짚어 볼 수 있는 혜안을 얻었다. 현지인들은 그 산에 오를 능력이 없어 못 오른 것이 아니다. 그들은 그 산을 성산聖山이라고 여겨 숭배했을 뿐이다. 어찌 보면 등반행위 자체가 불경죄에 해당

될 지도 모른다.

힐러리는 뛰어난 등반가이기 이전에 겸허한 인간이었다. 그는 자신의 초등기록 자체가 세르파인 텐징 노르가이가 없었다면 아예 불가능했다는 사실마저도 겸허하게 받아들였다. 그 결과 힐러리는 에베레스트 초등의 대가로 얻게된 부와 명예의 상당 부분을 히말라야에 되돌려 주기로 결심한다.

그 결심의 구체적인 표현이 바로 '힐러리 재단'이다. 히말라야 오지의 도처에서 확인할 수 있는 소학교 '힐러리 스쿨'과 보건소 '힐러리 하스피탈'은 그래서 설립된 것이다. 마땅히 존경을 표할 만한 품위 있는 행동이었다.

나는 '힐러리 재단'을 넘어서는 '한국히말라야재단'을 꿈꾼다. 이제 겨우 첫발을 떼어놓았을 뿐인데 너무 황당무계한 꿈을 꾸는 것은 아니냐고 타박하지는 말아주길 바란다. 천리 길도 한 걸음부터다. 꿈꾸지 않는 삶은 이미 죽은 것이다. 처음 1만원 계를 발의했을 때 우리는 10명이 안 되면 어찌하나를 걱정했다.

현재 우리 계원들은 70명을 넘어선다. 그 숫자가 100명이 되고 1,000명이 되고 10,000명이 되어선 안 된다는 법은 어디에도 없다. 마치 광화문에서 시청에 이르는 모든 길이 어느 사이엔가 촛불을 밝혀든 애국시민들로 가득 차듯이.

설사 100명이 안되어도 상관없다. 30명이면 어떻고 10명이면 또 어떤가? 중요한 것은 지속적으로 사랑을 나누려는 마음이다. 이 작은 프로젝트 하나로 히말라야를 보존하려 한다는 따위의 허튼소리는 하지 말자. 물방울 하나가 바다를 걱정하는 꼴이다. 히말라야의 가난한 사람들에게 적선을 해야된다는 따위의 시건방진 소리도 집어치우자.

이런 프로젝트를 통하여 누구보다도 커다란 기쁨을 누리게 되는

　숲을 두번 걷다

① —— 부지런하고 끈질긴 네팔여인의 밀 수확하는 손길이 바쁘다.

② —— 미국 유학에서 돌아와 '신성한 숲 가꾸기 운동'을 벌이는 마하힐 푼씨가
낭기마을을 배경으로 하고 있다.

③ —— 히말라야를 배경으로 한 낭기마을의 평화로운 원경이다.

것은 우리들 자신이다. 독자들은 이미 눈치 챘겠지만 이 글은 노골적인 캠페인이다. 히말라야의 깊은 산 속으로 당신을 초대한다.

심산 ◆ 산에 즐겨 오르는 작가이며 시집 「식민지 밤노래」 장편소설 「하이힐을 신은 남자」 「사흘낮 사흘밤」 시나리오 「비트」 「태양은 없다」 다큐멘터리 「세상을 바꾸고 싶은 사람들」 역서 「시나리오 가이드」 산악문학 에세이 「심산의 마운틴 오딧세이」 등을 썼다. 현재 민족문학작가회의 이사, 시나리오작가학교 교장, 코오롱등산학교 강사, 한국산서회 회원이다.

진동계곡 내 마음의 두문동

지 영 선

한겨레 논설위원

요즘 나 같은 사람은 희귀동물 축에 든다고 한다. 서울서 나서 자란 순 서울사람이 그렇게 드물다는 것이다. 그것도 태어난 집에서 사십 년 가까이 붙박혀 살다가, 이사를 했다는 게 버스 한 정거장만큼도 벗어나지 못하고 그 동네 그 언저리를 맴돌고 있다.

사는 곳을 옮기는 정도의 주변머리가 없으니, 결혼을 할 엄두를 내지 못한 건 당연할 일일까. 그리하여, 나는 이 눈부신 격변의 시대에 나이 오십이 넘도록 태어난 자리를 떠나지 못한 희귀(멸종 위기 동물)로 남았다.

말하자면 나는 순 서울내기다. 찾아갈 고향이 따로 없는, 삭막한 서울 사람이다. 하지만 내가 나서 자란 마포는 4대문 안이 아니어서, 내 어릴 때만 해도 지금의 서울, 지금의 마포와는 한참 차이가 있었다. 우리 집은 마포대교 북단에서 서강 쪽으로 약간 들어간 용강동이었다.

왕복 10차 선 대로가 된 귀빈로엔 한가하게 전차가 다니고, 서강길은 신작로이기는 했지만 포장이 안되어서, 어쩌다 다니는 자동차가 피워 올리는 흙먼지로 대청마루가 아침저녁으로 걸레질을 해도 까맣게 때가 앉던 시절이었다.

지금은 강북강변도로가 지나가는 한강 둑은 그냥 흙으로 쌓은 밋밋한 강둑이어서, 봄이 오면 냉이며 달래가 제일 먼저 돋아나 나물 캐는 아이들이 모여들었다. 무더운 여름밤이면 사람들은 강둑에 나와 앉아 시원한 강바람을 쐬며, 강 건너 여의도 미군비행장의 불빛이 강물에 비치는 것을 바라보곤 했다. 굉음을 내며 차들이 질주하는 지금의 강변북로는 그 때 불빛을 드리운 한강 물만큼이나 고요한 강 언덕이었다.

진동리는 넉넉한 분지마을

강 반대편 둑 아래에는 토굴에서 살아 토정이라는 아호를 얻은, 「토정비결」의 저자 이지함 선생이 살았다는 토정동이 있었다. 지금은 널찍한 공영 주차장이 된 그 근처에 우리 할머니가 배추며 무 농사를 지으시던 밭이 있었다. 밭과 밭 사이 고랑에 심은 호박 덩굴은 어찌 그리 쑥쑥 잘 자라던지….

가는 털이 돋은 넓적한 호박잎들을 들추고 알맞은 크기로 자란 호박들을 따다 보면 어느새 소쿠리가 하나 가득 찼다. 자란 호박은 다 따고 어린 것들만 남겨 놓아도 다음날이면 밤새 자란 호박이 또 한 소쿠리를 가득 채웠다. 그 옆은 미나리 논이어서 여름철 비 올 기미만 있으면 개구리밥이 가득 뜬 논에선 어김없이 개구리가 요란하게 울어댔다. 당시엔 고작 그런 것이 가장 시끄러운 소리였다.

그러나 뭐니뭐니 해도 내 어린 시절의 가장 선명한 풍경은 풀이 무성한 폐허의 기억이다. 그것은 우리 집에서 신작로 건너편에 있던 제재소였다. 아버지가 할아버지로부터 물려받은 그 제재소는 한국전쟁 동안 버려져 있었고, 전쟁이 끝난 후에도 경기를 되찾지 못했다. 아름드리 커다란 원목들이 고사목처럼 빛이 바래 쌓여 있는 사이로 풀들이 어린 내 키만큼이나 무성하게 자라나 있었다.

대여섯 살짜리 어린 나에게 그 곳은 더 없이 신비하고 은밀한 놀이터였다. 아버지의 허술한 목조 사무실 근처에는 토끼풀의 초록색 잎사귀와 하얀 꽃들이 카페트처럼 덮여 있었다. 별 일도 없이 사무실에 나와 계시곤 하던 아버지는 내 가느다란 팔목과 손가락에 토끼풀 꽃반지를 가득 매어 주시곤 했다. 그 제재소는 말하자면 내 유년의 비밀의 화원이었다.

풀들이 키를 넘도록 우거진 그 곳에서 아이들은 옷을 벗고 은밀한 곳을 만져 본다든지 하는 '금지된 장난'도 하지 않았던가 싶다. 그곳이 내게 비밀의 화원으로 기억되는 것은 그런 이유인지도 모르겠다.

내가 첫 눈에 진동리에 끌린 것은, 그 곳에서 그 옛날 그 어릴 적의 고요함, 그 해맑음, 그 연두색 평화를 보았기 때문일까. 나는 사실 진동리를 잘 모른다. 그곳에서 많은 시간을 보낸 것도 아니다. 그러나 한 번 두 번 갈 때마다 그 곳에선 아주 편안하면서도 어딘가 전혀 다른 곳에 온 듯한 느낌이 든다. 공간적으로 다른 곳일 뿐 아니라 시간적으로도 지금이 아닌 그 어떤 다른 시간으로 옮겨 간 듯한 이상한 느낌이 드는 것이다.

강원도 인제군 기린면 점봉산 기슭의 오지, 진동계곡. 〈한겨레신문〉의 환경 시리즈 '이곳만은 지키자'가 제1호로 소개했던 남한 최고의 생태계 보고. 극상림으로 분류되는 온전히 자연스러운 상태의 숲이 남아 있는 곳. 봄이면 갖가지 풀꽃들이 화원을 이루고, 겨울에는 눈이 많아 설피 없이는 살 수 없다 하여 설피밭이라 불리는 곳… 진동리의 이런 평판은, 순서울 사람으로서 오지에 대한 묘한 목마름을 가지고 있는 나의 발길을 잡아끌기에 충분했다.

처음 진동리에 간 것은 마침 음력 정월 대보름날이었다. '우이령보

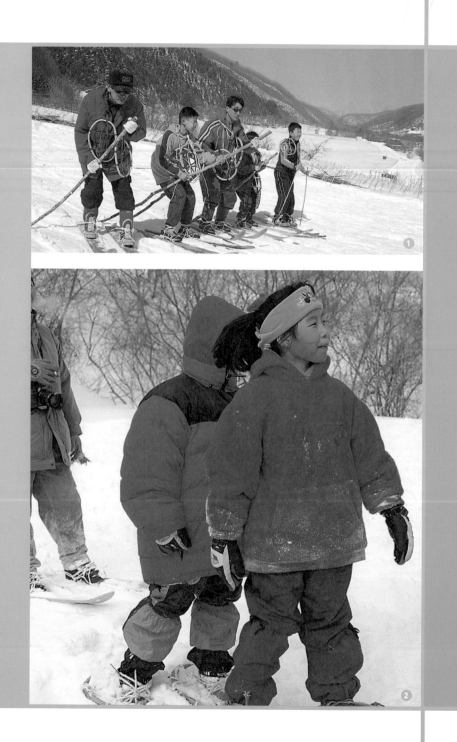

숲을 두번 걷다

① —— **마을 주민의 전통스키 타기** 진동리 설피마을에서는 썰매와 설피는 겨울의 필
수품이다.
② —— **어린이 설피 신고 외출하기** 도시에서 온 손님이 더 즐기는 설피가 되었다.
③ —— **달집태우기** 진동리 설피마을 정월대보름 달집태우는 불길과 하늘이 맞닿아
함께 춤춘다.

존회'를 따라 대보름 설피밭 눈밟기 행사에 간 것이다. 설피가 무
언지 아시는지…? 나도 말은 들어 보았지만, 실제 보기는 그 때가
처음이었다. 푹푹 빠지는 눈길을 조금이라도 덜 빠지려고 신발 아
래 발바닥에 잡아매던 엉성한 정구채 같은 물건이다. 물론 이제야
진동리 50여 호 주민 대부분이 차를 가지고 있고, 눈이 오면 제꺽
제꺽 제설작업을 하는지라, 설피는 설피밭이라는 동네이름과, 진
동리 특산 기념품으로만 살아남았지만 말이다.

하늘은 이불, 땅은 담요

하지만 습기를 잔뜩 머금은 한겨울 북서풍이 태백산맥에 부닥쳐 그 습기를 진동리에 다 눈으로 떨구는 것은 예나 지금이나 다름이 없어서, 설피밭이란 이름이 마냥 뜬금없기만 한 것은 아니다 1990년 결혼하면서 서울을 떠나 진동리에 들어와 산 홍순경 씨의 이야기다. 산골에서 맞은 첫 겨울 어느 날, 아무리 겨울날이라 해도 이제 동틀 때가 되었을텐데, 영 날이 밝을 생각을 않더라고 한다. 한참을 더 이부자리 속에서 뜸을 들이던 신혼부부가 일어나 창문을 열어보니, 밤새 내려 처마 밑까지 쌓인 눈이 아예 창문을 가로막고 있더라고 한다.

하지만 내가 가던 해 진동리엔 눈이 없었다. 널찍하고도 아늑한 산동네에 대보름달만 휘영청 밝을 뿐이었다. 진동리의 특이한 점은 우리나라의 대표적인 오지이면서도 산세가 가파르거나 골짜기가 협소하지 않고 넉넉한 분지를 이루고 있다는 점이다. 강원도 산간도로를 지나 포장도 되지 않은 진입로를 따라 들어간 그곳에 산과 숲에 아늑하게 둘러싸인 별유천지가 펼쳐지는 것이다.

저녁을 먹고 나서, 한데 불에 돼지고기를 굽고 막걸리 잔이 돌아갔다. 그러고 나니, 달집태우기며 쥐불놀이에 애 어른, 도시사람 산골사람이 따로 없었다. 얼마나 그렇게 밭둑을 뛰어 다녔을까, 도시에서 온 대부분의 일행들이 함께 어울렸던 진동리 주민들의 민박집으로 삼삼오오 흩어진 후에도, 몇몇 사람들은 이장 댁에 모여 앉아 이야기의 꽃을 피웠다.

점봉산에 양양 양수발전소가 들어서면서 훼손되고 있는 백두대간의 자연이며 달라지는 동네 인심 등에 대한 진지한 토론이 끝없이 이어진다. 불장난과 막걸리에 취해 쏟아지는 졸음을 주체하지 못한 나는 슬그머니 일어나 내가 머물 민박집을 찾아 나섰다. 자정이 한참 넘었을 깊은 밤, 나 혼자 걸으며 바라보던 달빛에 싸인 진동리의 그 평화로운 아름다움이라니.

한국은 정말 좁은 사회다. 달빛을 밟으며 찾아 들어간 민박집엔 객들과 식구들도 모두 잠들고 안주인 혼자 식탁에 앉아 있었다. 창문으로 흘러 들어오는 달빛을 바라보며 차나 한 잔 하려던 참이었다고 한다. 우리 회사 후배가 전해 여름 휴가 때 자기 아내의 친구가 살고 있는 강원도에 가서 너무나 좋은 시간을 보내고 왔다고 자랑을 한 적이 있었다. 그 민박집 안주인은 바로 그 후배 부인의 친구였던 것이다.

그녀 또한 대학까지 마치고 서울을 떠나 그 산골로 들어와 신접살림을 차린, 조금은 유별난 진동리 주민이었다. 흘러가는 대로 온갖 이야기를 나누기를 새벽 4시쯤까지 했을까. 그 완전한 고요함 속에서… 그런데 문득 가느다란 떨림 같은 것이 느껴졌다. 내가 너무 고요해서 그런가 보다고 했더니, 그녀의 말인즉, 그건 방의 불을 밝히고 있는 전기의 파동이라는 것이다. 생각해 보라. 전기의 파동이 느껴질 정도의 그 고요함을.

내가 진동리의 숲을 제대로 만난 것은 그 다음해 봄이었다. 또 다시 '우이령보존회'를 따라 진동리 풀꽃보기 행사에 참가했을 때였다. 나는 당초엔 갈까말까 망설이고 있었다. 그런데 에베레스트를 등반했던 여성산악인 이영순씨가 특별한 경험이 기다리고 있으니 같이 가자고 했다. 어찌 거절하랴. 산은, 자연은 언제나 특별한 경험이라는 것을 나도 알고 있으니 말이다.

찬 기운이 가신 봄날 저녁 다시 진동리에 도착해 산채비빔밥으로 저녁을 먹고, 예의 막걸리 뒷풀이가 이어졌다. 밤이 이슥해 다음날의 풀꽃산행을 위해 잠자리에 찾들 시간, 이영순씨는 나에게 잠자러 가자며 짐 속에서 슬리핑 백 두개를 끄집어냈다. 그녀는 진동리의 자연 외에 또 다른 '특별한 경험'을 나를 위해 준비해 왔던 것이다. 민박집 따뜻한 방안이 아니라 진동리의 넉넉한 자연 속, 총총하게 별이 반짝이는 맨 하늘 아래서 하룻밤을 자는 특별한 경험 말이다.

우리의 잠자리를 배웅하러 온 몇몇 남성 일행과 막걸리 몇 잔을 더 나눈 후, 우리 두 여자는 시냇가 나무 아래 슬리핑백을 펴고 나란히 하늘을 보고 누웠다. 슬리핑백이 아주 포근하고, 에베레스트에 도전할 만큼 껑달진 이영순씨가 옆에 있기 때문이기도 했지만, 오지 산골에서의 한뎃잠이 그리도 편안했던 것은 진동리의 그 아늑한 자연이 주는 안도감 때문이었다는 생각이 든다. 새소리에 잠을 깨, 시야를 가득 메운 아침놀을 바라보던 그 아침을 오래 잊지 못할 것 같다.

다음 해 초여름 내가 이번엔 도시의 맨 하늘 아래서 잠자는 경험을 마다하지 않았던 것은 진동리에서의 경험이 있었기 때문이리라. 그 때 나는 미국 케임브리지에서 1년 간의 해외연수를 마무리하고 있었다. 하바드 스트리트의 작은 아파트에서 저녁을 지어 놓고, 세탁이 끝났을 빨래를 가져올 생각이었다. 지하 세탁실로 가기 위해 방문을 나서다, '아차, 열쇠를 안가지고 나왔네'하고 깨달은 것은, 딸각하고 내 뒤에서 이미 문이 잠긴 뒤였다. 1년을 용케 잘 버텼는데, 막판에 결국 이런 실수를 하고 만 것이다. 빈손에 슬리퍼 바람으로 길거리로 내좇긴 꼴이다.

황당한 순간들이 한참 지난 후, 현관에서 가끔 마주치곤 하던 중국계 여자를 생각해 냈다. 암만해도 서양 사람보다는 비슷하게 생긴 동양 사람이 가깝게 느껴졌던 모양이다. 다행이 기억하고 있던 그녀의 방문을 두드렸다. 정말 다행스럽게 그녀, 낸시는 집에 있었다. 사정을 털어놓으니, 어서 들어오라고 반긴다.

1년 짜리 뜨내기인 나와는 달리 오래 전에 이민 와 자리를 잡은 그

숲을 두번 걷다

녀는 나를 위해 이리저리 전화를 해서 열쇠 따는 사람을 불러 주었다. 그녀의 방에서 열쇠공이 도착하기를 기다리는 동안, 그녀에게 전화가 왔다. 중국말 대화 속에서 언뜻 키모테라피(항암 약물치료)라는 말이 들린다. 아, 역시 그랬구나. 그 즈음 그녀는 1년 전 처음 보았을 때와는 비교가 안 되게 체중이 줄고 머리칼마저 숭숭 빠진 모습이었던 것이다.

전화를 끊고 난 그녀가 자신의 모습을 보고 이상하게 생각하지 않았느냐고 묻는다. 방금 키모테라피는 말을 들었노라고 했다. 그녀는 담담하게, 간에서 시작된 암이 자궁과 골수로까지 번진 상태라고 털어놓았다. 그러나 그녀는 명랑까지는 아니더라도 밝고, 희망을 잃지 않고 있었다.

그 날의 고마움에 대한 감사표시로 하얀 시크라멘 화분을 사가지고 그녀의 집에 간 무척 무더운 날, 그녀는 나에게 아파트 옥상에 올라가 본 적이 있느냐고 물었다. 그녀와 함께 올라간 7층 아파트의 옥상은 우리네 아파트의 옥상과는 달리 나무판자가 깔리고 테이블과 의자도 몇 개 놓여 제법 쾌적한 베란다의 모습을 갖추고 있었다. 무엇보다 아파트 안과는 비교가 안 되게 바람이 시원했다. 하바드 캠퍼스를 비롯한 케임브리지 시내와 멀리 보스톤까지 바라다 보이는 전망 또한 그럴 듯했다.

낸시는 이곳에서 언제 한번 저녁을 함께 먹지 않겠느냐고 했다. 며칠 후 나는 내가 만든 저녁을, 그녀는 갖가지 야채 만으로 된 암환자를 위한 식사를 옥상의 테이블에서 노을을 바라보며 함께 먹었다. 그녀는 자신에게 남아 있는 길지 않은 시간에 소박하지만 아름답고 특별한 경험을 하고 싶어하는 것이 분명했다.

낸시와 나, 또 다른 이웃인 브라질 출신의 마리아, 이렇게 셋이 옥상에서 만난 날, 낸시는 새로운 제안을 했다. 자신은 언젠가 한 번

하늘을 보며 이 옥상에서 자고 싶었는데, 혼자서는 좀 그렇다는 것이다. 마리아는, '아이구 나는 싫어, 옥상 바닥에서 자고 싶지는 않아'라고 기겁을 했다. 개미가 옷 속으로 들어오면 어떻게 해. 경험자인 나는, 그거 아주 근사한 생각이라고 맞장구를 쳤다.

미국 하늘 옥상에서의 하룻밤

낸시와 나의 옥상에서의 동침은 내가 케임브리지를 떠나기 전전날에야 이루어졌다. 마무리해야 할 논문을 그 때야 겨우 끝냈기 때문이었다. 마침 내가 서울에서 가지고 갔던 은박지 매트를 옥상 마루바닥에 깔고 그 위에 각자의 담요와 이불을 깔았다.

그리고 혹시 밤에 다른 사람들이 올라오지 않도록 옥상문을 잠갔다. 숲에 둘러싸인 진동리와는 전혀 다른 도시의 스카이라인에, 소음과 매연 또한 없지 않았지만, 물론 서울과 비교할 것은 아니었다. 케임브리지의 하늘 아래서의 하룻밤 또한 낸시에게나 나에게나 분명 특별한 경험이었다.

서울에 돌아와 낸시와 크리스마스 카드를 주고받고, 그리고 얼마쯤 지나, 조금 낯선 국제우편이 하나 도착했다. 고개를 갸우뚱하며 열어본 봉투 속에는 이런 내용이 들어 있었다. '낸시 공은 ○○월 ××일 △△병원에서 세상을 떠났습니다. 그녀가 남긴 주소에 따라 이 소식을 알립니다…'.

민박집의 욕실이 아니라 시내에서 세수를 하고 진동리 풀꽃 탐방을 떠날 준비를 했다. 그런데 주최 쪽의 지침인즉, 점심으로 민박집에서 아침에 먹고 남은 찬밥 한 덩이, 그리고 된장을 조금 얻어 비닐봉지에 담아 가지고 가라는 것이다. 나는 좀 기분이 나빴다. 아무리 친환경적 생태탐방이라지만 좀 너무 한 것 아닌가. 공기 좋은 곳에서 발 품까지 팔고 나면 소화가 쑥쑥 될 텐데, 먹일 건 먹이면서 탐방을 해도 해야 할 것 아닌가. 에라 모르겠다, 그냥 맨손으로 길을 나섰다.

나는 그 날 하루 동안 그 때까지 50여년 동안 보았던 것보다 더 많은 종류의 풀꽃을 만나고 또 그들의 이름을 알게 되었다. 얼레지, 현호색, 쥐오줌풀, 말발도리, 생강나무, 한계령풀, 동의나물, 금낭화, 애기똥풀, 조팝나무, 복수초, 양지꽃, 개불알꽃, 제비꽃, 금강제비꽃, 노랑제비꽃, 바람꽃, 너도바람꽃, 꿩의바람꽃, 홀아비바람꽃… 막 새 잎이 돋기 시작하는 나무들 아래 산언덕에 흰색, 노란색, 보라색의 꽃들이 지천으로 피어 있었다.

이렇게 여러 종류의 꽃들이 얽혀설켜 피어 있는 데도 요란스럽거나 혼란스럽지 않고 조촐하니 서로 어우러져 있는 것이 참으로 놀라웠다. 미나리 논 옆에서 개구리 울음 들으며 자랐다 해도, 결국 서울내기인 나는 몇 번씩 꽃 이름을 다시 묻고 되뇌이고 했지만, 그 때도 지금도 그 꽃들과 꽃 이름을 제대로 짝짓지 못한다. 그러나 이제 그 이름들은 낯설지 않고, 그 풀꽃들은 나와 서로 아는 정다운 사이가 되었다.

신갈나무 유전자 보호림

진동리의 숲은 인공림도 일부 있지만 대부분이 자연상태의 원시림이다. 지리산 설악산 한라산 등 명산을 포함한 우리나라의 숲 대부분이 사람들의 손에 의해 망가졌다가 근자에 다시 살아난 경우지만, 진동계곡은 교통이 불편한 오지인 탓에 용케도 그런 수난을 피할 수 있었다.

그리고 진동리 주변이 험악한 악산이 아니라 부드러운 육산이어서 그런지 이곳에는 활엽수, 그 중에서도 유독 신갈나무가 많다. 산림

　숲을 두번 걷다

① —— 하늘과 땅이 함께하는 백두대간 단목령에서 '우이령보존회' 회원들에게 한계령
풀을 설피마을의 홍순경(중앙)씨가 설명하고 있다.
② —— 천연림 유전자 보호림지역으로 전국에서 식생이 제일 풍성하다.
③ —— 아름다운 봄빛의 여왕 얼레지를 가슴에 달고 활짝 웃는 필자가 행복해 보인다.

청이 이곳을 신갈나무 유전자 보호림으로 지정했을 정도다. 침엽수는 낙엽이 떨어져 썩어도 다른 식물의 발아를 억제하는 성분이 들어 있다고 하는데, 활엽수 특히 신갈나무 등 참나무 종류의 낙엽은 좋은 거름이 된다고 한다. 그래서 진동리에는 키 큰 나무 작은 나무, 그리고 크고 작은 갖가지 풀들이 사이좋게 어울려 자라고 계절 따라 각양각색의 꽃을 피우는 것이다.

몇걸음 걷다 엎드려 풀꽃 드려다 보고, 몇 걸음 걷다 꽃들과 인사를 나누며 곰배령에 올라섰을 즈음엔 해가 중천에 올랐다. 등짝이며 이마에서 땀이 배어난다. 목도 마르고 배도 출출할 밖에. 주최 측에서는 우리에게 주변에 지천으로 깔린 취나물을 찾는 법을 알려 주었다. 그리고는 새로 나온 연한 취잎을 따서, 물에 씻을 것도 없이 그 위에 밥 한 숟갈 올려 놓고 된장을 얹어 쌈을 싸 먹어 보라는 것이다.

배가 고프니 별 수가 없었다. 옆 사람이 챙겨온 찬밥과 된장을 얻어 취쌈을 싸서 한 입 먹었는데, 그 단순한 음식의 훌륭한 맛이라니! 그야말로 꿀맛이었다! 소주가 한잔 곁들여진 탓도 있었지만, 그 날의 점심 메뉴는 결코 허술한 것이 아니었다.

진동리는 또 다른 의미에서 좀 특이한 동네다. 우리나라의 대표적인 오지 가운데 하나인데, 도시의 삶을 버리고 일부러 이곳을 찾아 들어와 사는 사람들이 적지 않다는 점에서 그렇다. 1990년 이곳으로 들어온 홍순경씨 네가 그렇고, 대보름날 내가 묵었던 세 쌍둥이 네며, 화가 최용건씨 네도 그렇다. 최 화백은 서울 미대를 나와 고등학교와 대학에서 강의를 하다 이곳으로 들어 와 하늘 밑 화실을 열었다. 지난 IMF 위기 때는 서울서 신문기자를 하던 김아무개씨가 진동리 생활에 합류했다. 무엇이 이들을 진동리로 불러들이는 것일까. 등산꾼으로 전국의 산과 골짜기 안 가본 곳이 없다는 홍순경씨는, 명산 절경도 몇 번 보면 그만이지만, 이 곳의 숲과 자연을 보고, 이곳이면 눌러 살 수 있겠다는 생각이 들었다고 한다. 또 아이들을 낳아 키워야 할 입장에서 이곳에 기린초등학교 진동분교가 있다는 것이 정착을 결심할 수 있게 했다고 한다.

나야, 적어도 아직은, 진동리에 들어가 살겠다, 그런 엄청난 결심을 할 엄두를 못 내지만, 가끔은 어린 시절의 그 고요함, 그 해맑음, 그 녹색의 평화를 찾아가 맛 볼 수 있도록, 그곳의 순하고 아름다운 자연과 인심이 지켜지기를 기원한다.

지영선 ◆ 서울에서 출생하여 경기여고, 서울대학교 문리과대학 독어독문과를 졸업하고 동 대학원 독어독문과를 졸업(석사)을 했으며, 미국 하버드대학 국제문제연구소 펠로우 십을 수학했다.

중앙일보 기자를 시작으로 일찍 언론계에 입문하여 현재 한겨레신문 논설위원으로 있다. 또한 대통령 자문 지속가능발전위원회 위원이며, 한국신문방송편집인협회, 녹색문화재단, 그린트러스트와 생명의 숲 이사 등으로 많은 시민사회활동을 하고 있다.

숲을
세
번
걷
다

숲은 현대인의 아이덴디티

김영도

한국 등산 연구소 소장

비트겐슈타인의 저서 「논리철학논고」에 '언어의 한계가 세계의 한계' 라는 명제가 있다. '숲' 이라는 말이 있는 세계는 숲이 있는 세계며, 숲이 없는 세계에는 '숲' 이라는 말이 없다는 이야기다. 그는 또한 '생각해 낼 수 없는 것은 생각할 수 없다' 고도 말했다. 비트겐슈타인에 따르면 우리는 숲이 있는 세계에 살고 있으며, 숲의 문제는 우리가 생각해 낼 수 있다는 이야기가 된다.

그런데 숲이 있으면서 숲의 문제에 신경을 쓰고 대책을 세워야 하는 오늘의 현실은 어떤 것일까? 이른바 국토개발 문제에서 언제나 자연의 비중이 낮아지고 무시당하며 산림지대가 천대받고 침범 당하고 있는 것이 사실이다. 그러나 비관은 이르다.

지난날 지구의 꼭대기 북극권 그린랜드에 갔을 때, 한반도의 22배나 되는 그 큰 대륙인지 도서인지 하는 곳에는 커튼그라스라는 야생초 군락이 해변 습지대에서 찬바람에 떨며 간신히 생명을 유지하고 있을 뿐, 눈과 얼음으로 덮인 버림받은 땅이 끝도 없이 펼쳐져 있었다. 오늘날 세계 이목이 쏠리고 있는 중동 지역의 풍토는

독일의 숲은 인간과 가까이 있어 항상 주민과 친숙하게 조화를 이루고 있다.

숲 속에 도시인지 도시 속의 숲인지, 도시가 숲으로 형성되어 있다.

어떤가? 초목도 하천도 없는 그 불모지 이야기다.

그런 점에서 우리 한국은 자연의 혜택을 누리고 있는 셈이다. 그럼에도 불구하고 우리 현실은 미래가 불투명하고 불안하다. 그만큼 우리의 정신적 풍토는 삭막하기만하다. 흔히 말하는 정치적 경제적 상황 이야기가 아니고 우리 생활 주변 환경 이야기다. 도시 주변의 녹지대는 거의 사라지고 도시를 벗어나도 숲다운 숲이 보이지 않는다.

야산에 숲을 조성했더라면

선진국의 경우를 살펴본다. 프랑스는 한 세기 전 수도 빠리를 건설할 때, 당시 늪지대나 다름없던 갈대밭 샹젤리제 일대를 도심으로 하고 사방에 대자연을 그대로 남겼다. 오늘의 유명한 부로뉴, 반센느니 하는 광대한 수림지대가 그것이다. 오스트리아의 경우도 마찬가지다. 수도 빈 외곽 지대에 드넓은 비너발트가 있는데, 이것은 이름이 숲이지 실은 빈을 북, 서, 남 세 방향으로 쌓을 정도로 광대한 구릉 지대다.

한편 독일에는 전국 곳곳에 발트 라고 이름 붙은 산악지대가 있다. 독일이 숲의 나라로 널리 알려져 있는 까닭이다. 유명한 산악 고전의 하나인 에드워드 윔퍼의 「알프스 등반기」 속에 윔퍼가 역사적 마터혼 초등을 이룩하고 하산길에 '브록켄 현상'을 만나는 장면이 나오는데, 브록켄은 바로 독일의 유수 삼림지대의 하나인 튀링엔발트의 최고봉으로, 이 지역은 연중 300일이 안개에 덮일 정도로 농무에 시달리는 곳이기도 하다. '브록켄 현상'의 근거가 여기 있는 것이다.

그러나 독일의 숲 가운에 세계적으로 이름난 슈바르츠발트(검은숲)는 그 광활한 지대를 덮은 전나무 숲이 검게 보인다고 붙은 이름인데, 여기서 도나우 강이 흐르기 시작하는 것을 아는 사람은 많지 않다.

또한 스위스라면 으레 만년설을 쓴 알프스가 국토의 대부분일 것으로 연상하기 쉬운데, 스위스는 오히려 숲과 호수와 목초장으로 된 대자연 속에 작은 마을들이 산재하고 있는 풍토와 지형이 특색이다. 그러한 스위스에 이름도 'vierwaldstättersee' 즉 '4개 숲의 나라의 호수' 라는 곳이 있다. 넓은 호수를 루체른을 비롯한 삼림지대 4개 州가 감싸고 있어서 이런 이름이 붙었는데, 이 지방에 유명한 관광지대인 필라투스와 리기 등이 있다.

물론 이러한 선진국들의 자연 조건은 처음부터 우리와 다를런지 모르나, 그들은 그런 자연을 소위 개발이라는 이름으로 마구 손대지 않았고 오히려 가꾸어 나갔다. 그렇다고 우리의 경우 자연 환경을 일종의 숙명으로 알고 속수무책일 수는 없다. 오히려 우리는 빈약한 천부 자원을 후천적으로 조성해 나감으로 자연성을 보강하는 지혜와 노력이 요구된다.

눈을 현실로 돌린다. 오늘날 열차로 서울 부산 사이를 달리면 철도 연변의 야산 구릉 지대가 제법 푸른 것을 알 수 있다. 지난 1970년대 이래 꾸준히 벌여온 식목 사업의 덕인 것은 말할 것도 없다. 그런데 국토 일부만 그래서 무슨 소용이 있겠는가? 일례로 경기도 내부를 들여다본다.

골프장이 100여 군데라고 하는데, 그 넓은 야산 구릉지대에 애당초 숲을 조성했더라면…하는 아쉬움이 있다. 국민의 생활 수준도 달라지고 또 그러야 하니 이에 맞추어 골프장도 있음직하다. 그런데 골프라는 레저 스포츠는 아직 일반 서민층의 몫이 못된다. 해도 너무 했다고 하는 수밖에 없다.

무분별한 개발은 여기에 그치지 않는다. 현제 그야말로 핫이슈로

① —— 스위스 산촌의 가옥. 아름다운
　　꽃으로 장식되어있다.
② —— 에드워드 윔퍼의 부조
③ —— 싱그러운 6월의 지리산 등반
　　모습이 활기차다.

　　　숲을 세 번 걷다

돼있는 서울 외곽지대인 도봉산 수락산 사이의 넓은 개활지대를 울창한 숲으로 바꾸고 그 한가운데로 남과 북을 잇는 도로를 냈더라면 그 일대의 면모는 어떻게 됐을까 싶다. 주변에 자리잡은 북한·도봉·수락·불암산의 연봉은 표고라 할 것도 없지만, 그 산세가 대도시 서울 북쪽으로 병풍처럼 펼쳐지고 있어 세계에서도 보기 드물다. 바로 그러한 자연적 풍토가 지니는 현대 도시와 사회의 가치를 아는 사람이 없다.

자연과 문명의 대립이 현실

우리 주변에는 언제나 협소한 국토와 인구 과잉을 문제삼는 논리가 강하다. 그것이 틀린 말은 아닌데, 그렇다고 여기 무슨 대책다운 것이 있을까 싶다. 이때 논리의 결론은 언제나 그렇다. 당장 주변 녹지대를 없애고 그 자리에 택지를 조성하는 한편, 공장들을 모두 멀리 내보내는 것이다. 뿐만이 아니다. 이른바 그린벨트가 무용지물로 취급되고 드디어 절대 농지의 개념도 바뀐다. 결국 개발에 밀려 자연이 소멸될 수밖에 없다.

산야와 삼림과 하천은 바로 자연의 모체며, 자연이란 또한 천연자연天然自然이라는 사자성어四字成語의 준말로 그것은 문명 즉 인간의 소산이 아니다는 뜻이 그 속에 들어있다. 그래서 자연은 인공적으로 변형되면 절대로 복원이 불가능하다. 개발의 필요성이 한편 허점을 안고 있는 셈이다.

그러나 인간 사회의 고도 산업화는 피하거나 막을 길이 없으니, 현대인의 생활 조건에 자연이라는 요소가 들어갈 여지가 앞으로 더욱 힘들게 됐다.

지난 20세기는 인류가 문명의 혜택 속에 생을 누린 시대였지만, 그

반대급부로 자연이 문명 못지 않게 소중하다는 인식이 싹트기 시작하기도 했다. 그리하여 독일에서 자연보호(Naturschutz)와 환경보호(Umweltschutz)운동이 벌어지며 전 세계에 번져나갔다. 이러한 자연이니 환경이니 하는 문제 의식은 적어도 근대 사회 이전에는 없었던 일로 오늘날에 와서는 인간의 생존 문제로 압축되고 있다. 문명과 자연이 대립하는 현상을 가져온 것이다.

2차 세계 대전을 계기로 국제사회에서 이데올로기 대립이 끝나고 지금은 경제 발전을 최우선 정책으로 어느 나라나 내세우고 있는데, 이러한 와중에 자연만 오염되고 파괴되어 끝내는 인간의 생활 환경이 위협 당하는 위기의식이 전세계에 번지고 있다.

원래 자연보호는 하나의 구호로 소극적 개념처럼 받아들여지기 쉽다. 그러나 이제 자연보호만큼 설득력과 구속력이 요구되는 운동도 없다.

선진국의 자연보호 대책을 본다. 구미 선진국은 무엇보다도 자유를 최우선적으로 표방하는 나라로 여긴다. 그래서 개인 생활에 무한정 자유가 주어져 있는 것으로 알기 쉬운데, 사실 그러한 자유가 보장되려면 으레 구속이 따른다. 지킬 것을 지키는 곳에 자유가 있고 자유는 그저 주어지는 것이 아니라는 논리다.

일찍부터 개인 자유 조금 억제했던 유럽

자연이 아름다운 것은 자연을 관리하는 손길이 있기 때문이며 한편 사람들이 아름다운 자연을 아름답게 해두기 때문이다. 세계의 공원이라는 스위스가 그토록 자연미를 자랑하는 것은 국가와 국민이 국토를 사랑하고 가꾸기 때문이다.

스위스의 국토는 남한 정도의 넓이고 인구가 6백만 정도니 여기는 우선 인간 공해가 없을 것으로 생각하면 그것은 오해다. 국토를 종행으로 달리며 눈에 보이는 목초지는 언제나 단정한 모습을 하고 있는 데 놀란다.

농부의 손이 어디나 가있다는 이야기다. 농가의 창가에는 으레 예쁜 꽃들이 놓여있지만 이것은 주민들의 취미라기보다 감독 기관의 지시와 감시가 뒤에 있으며 그들이 그것을 지키고 있는 셈이다.

알프스는 이름 그대로 산악지대인데 산세가 다양하고 넓은 이곳에 눈에 보이지 않는 규제와 구속이 있다. 다시 말해서 함부로 천막을 치거나 취사하지 못하게 돼있다. 물론 화초나 열매의 채취도 엄격히 금지되어 있다. 그런 야외 활동의 자유가 없는 것이다.

세계문학이라는 말이 처음 생기는 계기를 만든 독일의 시인 괴테의 스위스 여행기를 보면, 계곡에서 알몸으로 수영하다 지방 당국의 제지를 받는 이야기가 나온다. 괴테와 같이 갔던 일행의 방자한 행동이었지만 그것도 18세기 이야기인 것을 보면 그 옛날 그 산중에도 자유가 없었다는 것을 엿보게 된다.

그러나 오늘날 사람이 모여드는 알프스 일대에느 산장 시설이 충분하고 도로 표지가 잘 돼있으며, 넓은 야영지에는 트레일러 하우스, 본바겐 등을 끌고 와서 전기 코드를 연결하는 등 생활에 불편이 없도록 편의 시설을 갖추고 있다. 지난날 알프스 돌로미테 지역에 있는 섹스텐이라고 야영지에 머문 적이 있었는데, 그곳 관리사무소와 화장실 겸 샤워 시설이 주변의 뛰어난 자연 풍치와 그렇게 조화를 이루고 있던 것이 잊혀지지 않는다.

근년에 우리나라에도 산림청이 전국 요소에 휴양림 시설을 완비하고 운영 중에 있는데, 그 시설들이 대체로 주변 환경과 잘 조화를 이루고 있다. 한 세대 전만 해도 상상할 수 없었던 엄청난 변화요 발전이다. 오늘날 우리 생활이 벌써 물질적 혜택에 머물지 않고 정신적 측면에 눈을 돌리게 됐다. 휴일이 오기 무섭게 너도나도 도시를 벗어나 원근 각지 야외로 나가려는 추세가 그것을 말한다.

그런데 문제는 이제부터다. 즉 그러한 생활에 문화 의식이 따라야 하는데, 이것은 관계 시설의 충당이나 완비로 해결되는 것이 아니고 사람들의 의식 수준 여하에 있다. 만일 이러한 의식이 결여하면 생활에 질적 공백을 가져오고, 나아가서 자연 환경의 오염과 야외 생활에 지장을 가져오게 된다.

정신·물질 발전이 동시에 이루어져야

근래에 '친환경'이라는 말을 자주 듣는다. 예전에 없던 용어가 이렇게 나도는 데는 분명한 이유가 있는데, 그만큼 개발이 환경을 돌보지 않고 무분별하게 진행되고 있다는 증거다. 현재 정부 기구로 환경청이 있어 환경 문제를 전담하고 있는 것은 시대적 요청이고 다행스러운 일이다. 그런데 이러한 문제는 하나의 부처가 전담한다고 해결되는 것이 아니다.

일례로 산림 당국의 휴양림 사업이 긍정적 평가를 받고 있다고 해도, 지리산 45킬로미터 능선 상에 줄줄이 대형 산장이 들어서고 있다는 것은 결코 적절한 조치가 못된다. 그것도 우리나라 국립공원 제1호라는 곳이 그런 식이다. 도대체 국립공원의 개념조차 제대로 이해하지 못하고 있다고 해도 조금도 지나치지 않는 현상이다.

자연 조건이 처음부터 이야기가 안될 정도로 다르긴 하지만, 얼마든지 참고가 될 사례가 우선 미국 국립공원이다. 광대한 지역이 그대로 자연으로 살아있으며, 그 속에 곰 같은 맹수가 원시 상태로 살고 있으니 할 말을 잊는다. 이에 비하면 우리 국립공원은 유원지나 다름없다. 이렇게 되다보니 여기에 자연성을 기대하기는 어렵다. 하

잘 조림된 독일의 인공림이 멋스럽다.

'흑림'이라 불리는 독일의 숲 슈바르츠발트의 겨울 전경이 아름답다.

기야 빈곤한 자연을 풍요한 자연과 비교하거나 따라갈 수야 없다.
그러나 우리에게는 우선 유산객을 위한 시설이 과잉 상태에 있으
며 이것이 우리 국립공원을 격하시키고 있다. 자연에 인공이 가해
지면 벌써 자연으로서의 생명을 잃는다. 그렇게까지 하지 않아도
될 것을 하는 것을 과잉이라고 말한다.

자연의 모체인 산과 숲과 하천의 존재 이유는 새삼 논할 문제가 아
니다. 그런데 이러한 자연에 대한 관심이 고조되는 것은 그것이 인
간의 생존과 바로 이어지는 문제를 안고 있기 때문이다. 그런데 자
연의 위기는 하나의 예외 없이 그 원인이 인간에게 있으며, 인간의
오만과 무식과 무책임에서 온다.

우리나라 식수원이나 하천의 오염이 언제나 사람들의 이맛살을 찌
푸리게 하고 있는데 도대체 그 원인이 어디 있는지 새삼 따질 필요
도 없다. 사실 한 때 산을 주로 더럽혔던 유산 행락도 줄고 오늘날
사람이 많이 찾는 등산로 주변은 한결 깨끗하다. 그런 의미에서 일
반 시민 의식은 옛날같지 않고 진일보한 느낌인데 오늘의 자연 오
염과 파괴의 주범은 해당 지역의 난개발에 있다.

개발이라는 이름의 사업에는 규제와 구속이 약하거나 무력하다 시
피하다. 있을 수 없는 난개발이 있는 까닭이다. 괴테가 「파우스트」
에서 'Graben'은 'Grab'의 뜻이라고 했는데, 이 말장난 같은 독
일어는 개발이 무덤을 말한다는 이야기다. 식수원이 오염되도 속
수 무책인 오늘날, 해안지대가 매립되고 갯벌이 사라지며 철새의
도래지가 자취를 감출 날도 멀지 않다면 우리의 생활 환경은 한마
디로 삭막해질 수밖에 없다. 이러한 현실적 상황 속에서 벌거벗은
산에 제아무리 나무를 심어도 소용이 없다.

인생 즉 인간의 생활은 계절의 변화와 시대의 추이를 따라 영위된
다. 사람들은 돈 벌고 출세해서 잘 사는 것을 인생의 목표로 삼을

런지 모르나 이것이 바로 인생은 아니다. 인생은 희, 노, 애, 락의 연속이고 그래서 인생의 의미가 있다. 물질 만능과 배금 사상으로 병들고 있는 오늘의 세태를 보고 그래서 살 만하게 됐다고 생각하는 사람은 없을 것이다. 사람은 빵만으로 살수는 없다는 옛말이 있지만, 의와 식과 주가 해결됐다고 살 만한 것은 아니다.

등산은 탈출이고 때론 종교다

생의 보람은 정신적 물질적 요소가 조화를 이루어야 한다. 생활 속에 문학과 예술과 원예 등이 요구되는 까닭도 여기 있다. 그런데 오늘날처럼 경쟁 사회에서 심신이 지칠 대로 지칠 때 가장 중요한 것은 그러한 경직화된 생활에서 잠시 도망하는 일이다. 즉 문명사회에서 탈출하여 잠시 자연세계에 몸을 맡기는 것이다.

인류사회에서 가장 뛰어난 생활의식과 행동의 하나가 산과의 만남 즉 등산이다. 등산의 의미는 원래 미지의 세계에 대한 도전에 있었지만 시대가 바뀌며 현대적 의미가 부각되었다. 1954년 히말라야 8,000미터 급 14개 봉 가운데 하나인 마칼루를 초등한 프랑스 원정대의 대장인 쟝 프랑코가 등산은 탈출이고 때로는 종교라고 했다. 그로부터 반세기가 흐르며 사회가 고도로 산업화하고 지구상에 공백지대가 없어졌다.

20세기의 무서운 발전이 인간생활에 놀라운 문명의 혜택을 가져오게 되었다. 그러나 이와 동시에 문명의 병폐가 따랐다. 쟝 프랑코의 말이 증명된 셈이다. 등산이 고전적 의미에서 현대적 의미를 가지게 된 것이다.

이제 인간은 문명과 자연의 대립 사이에서 스스로의 입장을 정해야 하는 처지에 놓였다. '친문명'이냐 '친자연'이냐 하는 선택의

알프스의 산의 전형 적인 모습이다.

기로에 선 것이다. 이것은 여가 선용 문제가 아니라 생존의 문제
다. 그런데 여기 분명한 것은 이미 인간은 문명의 화려하고 안이한
혜택에 찌들대로 찌들어 여기서 빠져나가기 어렵게 되었다는 점이
다. 그렇다고 뻔히 내다보이는 자기의 운명을 문명의 위력에 그대
로 일임할 수도 없다는 것이다.

결국 인간은 매력이 있어도 문명 속에 매몰되지 않은 채 친자연으
로 삶의 방향을 유지해 나가는 길밖에 없으리라. 그리하여 자연세
계가 인간 생활 세계의 연장선 상에 들어와야 한다. 그것은 여유로
운 사람들의 시간 보내기 따위가 아니라 정신적 육체적 긴장과 부
담을 풀기 위한 현대인의 새로운 일상성의 창출인 셈이다.

이러한 현대인의 새로운 생활의식과 행동은 자연과의 접촉을 전제
로 하며 이때의 자연도 험준한 고산보다는 소요하기 쉬운 삼림지
대가 적절하다. 미국의 백패킹이나 알프스 지역에서 유행하는 반
데룽 등은 근본적으로 마운티니어링이나 클라이밍과 다른 일종의

스위스의 숲은 너무나 아름답다.

힐워킹이다. 이를테면 걷는 것이 주다. 이런 관점에서 높지 않은 산악지대가 많은 우리나라의 경우 그곳에 삼림이 잘 조성되어 있다면, 그리고 그런 지대 초입 부근에 야영지와 주차 시설이 정비되어 있다면 그야말로 이상적이다.

자연과의 접촉은 새로운 문화형태를 예상한다. 이러한 문화의 변화는 사회의 고도 성장을 바탕으로 하겠지만 그것이 바로 새로운 문화와 이어지기는 어렵다. 예컨대 휴대 전화의 보급이 생활에 변화를 가져오겠지만 외형과 내실은 근본적으로 다르며 문화는 외형에 있지 않고 내실에 있다.

이 문화적 내실은 바로 문화 의식에서 비롯하며 문화 의식이 결여된 인간 생활은 아무리 그 외형이 고도화했더라도 필경은 외식이고 사치다. 작금에 우리 사회는 휴대 전화의 보급으로 마치 고도의 문화 생활을 누리는 것으로 생각하기 쉬운데 이것은 큰 착각이다. 그것으로 우리 생활의 내면성이 고도화 한 것이 아니기 때문이다.

자연 접촉 첫째는 '걷는 것'

헨리 소로오는 특이한 경우라고 할 수밖에 없겠으나, 인간 생활과 자연과의 만남이 고도의 문화적 산물을 예상하는 것을 보여주었다. 그는 19세기 말엽 문명사회를 떠나 호숫가 숲 지대에서 2년여 동안 자급자족 생활을 영위하고 그 체험기로 「월든—숲 속의 생활」을 남겼다. 한편 안톤 체호프는 시베리아의 끝도 없는 수림지대인 타이가Taiga를 무대로 「시베리아 나그네길」 이라는 명단편을 썼다. 그밖에 노르웨이의 숲이나 오스트리아의 숲이 음악의 주제로 된 이야기도 널리 알려진 바다.

19세기에서 20세기에 이르는 인간사회 변혁기는 특수한 역사적 무대였지만, 그 무렵 스위스에는 세계적 문인과 예술가와 학자에 심지어 혁명가까지 몰렸다. 헤르만 헷세, 토마스 만, 아인슈타인, 레닌 등이 그 대표적인 인물들인데, 당시 영세 중립국인 스위스의 자유로운 분위기가 직접적인 원인이었겠지만, 그곳의 뛰어난 자연 풍토가 이에 못지 않게 그들의 마음을 끌었을 것은 두 말할 필요도 없다. 스위스의 자연이 이처럼 문화적 의미까지 갖추고 있는 것은 단순한 천연 조건 덕분 만이 아니다. 그것은 스위스의 산촌의 하나인 체르맛을 보면 안다.

마터혼 산록에 자리잡은 인구 1만도 안되는 산간 마을에는 자동차의 진입을 제도적으로 금지하고 있다. 환경 오염을 막기 위한 조치인데 그것이 그 고소의 공기와 수목을 보호하는 데 절대 필요하다는 것을 그들이 알고 대책을 세운 것이다. 지리산의 노고단과 내설악 백담사 계곡은 물론이고 북한산의 도선사 길이 부끄럽다.

우리나라의 자연은 천연 조건에서 우선 열등한 셈이다. 높지 않은 산악지대와 깊지 않은 계곡에 크게 기대할 것이 없다. 호수도 온천도 없다. 그렇다면 어떻게 자연을 소제로 한 문화의 형성을 바랄 수 있을까?

그런데 온천은 조성하지 못해도 호수는 불가능하지 않다. 이것은 수력발전이나 농업용수를 위한 댐을 말하지 않는다. 산악지대에 크고 작은 호수를 끼고 현재의 휴양림이 조성됐을 때 비로소 그 청사진도 가능하리라고 본다.

인간 세계에서 절대 필요하면서 속성으로 되지 않는 것은 사람과 나무다. 말을 바꾸면 교육과 삼림 조성만큼은 상당한 시간을 요하며, 이 양자를 위해서는 후천적으로 대결할 수 있는 길이 열려 있다. 요는 인간의 지혜와 의지가 중요하다.

하이데거 철학 논문집에 〈Holzwege〉 즉 〈숲의 길〉이 있다. 그의 철학적 사색화 탐구를 비유한 표제인데, 하이데거는 숲 속의 길은 사람의 왕래가 끊어지면 나무가 무성하고 끝내 없어진다고 하지만, 조림 관계자나 산림 감독관은 그 길을 알고 있다고 했다. 현대 사회에서 날로 침범 당하고 소멸 위기에 있는 숲의 문제와 태클하는 지혜와 의지가 여기 있다고 생각한다.

김영도 ◆ 1924년 평안북도에서 출생하여, 서울대학교 문리대 철학과를 졸업하였다.

제9대 국회의원, 대한산악연맹회장, 1977년 한국 에베레스트 원정대 대장, 1978년 한국 북극 탐험대 대장 등을 역임했다. 한때 독일 산악지 Der Bergsteiger Mitarbeiter로 있었고, 현재 한국 등산연구소 소장으로 산악계에 헌신하고 있다. 저서로는 「나의 에베레스트」 「우리는 산에 오르고 있는가」 「산의 사상」 「에베레스트 '77 우리가 오른 이야기」 「등산시작」 등이 있고, 역서로는 헤르만 불의 「8,000미터 위와 아래」 예지 쿠쿠츠카의 「14번째 하늘에서」 에드워드 윔퍼의 「알프스 등반기」 라인홀트 메스너의 「검은 고독 흰 고독」 「죽음의 지대」 「제 7급」 이반 슈나드의 「아이스 클라이밍」 등이 있다.

초보농사와 자연익히기

남 난 희

여성 산악인

___

도시 생활을 접고 자연 품에서 십 년을 넘기고 있고 그동안 이곳저곳을 두루 다니며 살다가 지난해 봄 이곳 지리산 화개골에 터를 잡았다. 이곳에 터를 잡고 보니 참 많이도 떠돌았다는 생각도 들었고 가는 곳마다에서 잘 살았다는 생각이다. 내가 만끽할 수 있는 자연의 풍경은 무한대인지, 자연이 아닌 그 어떤 대상이 내게 그만한 감동을 끊임없이 베풀 수 있겠는지. 참 감동도 많이 하며 살았다. 이곳 저곳을 옮겨 다니며 살았던 것도 내게는 더 많은 베품을 받기 위한 것이 아니었나 싶기도 하고, 비로소 이곳에 정착을 하기 위한 준비과정이 아니었나 싶기도 하다.

지난해 초봄 매화가 피기 시작하고 새싹이 움트기 시작할 때 이 집으로 와서 집수리보다 먼저 한 일이 집 주변을 샅샅이 돌아다니면서 무슨 나무가 자라고 있는지. 어떤 식물들이 살고 있는지를 살펴보는 일이었다.

집 주변에는 사람이 살아가는데 소용되는 나무들이 심겨져 있었다. 차나무, 감나무, 대나무, 가죽나무, 음나무, 제피나무, 대추나무, 매화나무, 밤나무 등이 있고 조금 멀리 산비탈에는 소나무 숲이 있고 등고선 주변으로는 참나무 종류와 진달래, 철쭉, 떼죽, 쪽동백, 생강나무 등 많은 나무들이 있었다.

초본류는 쑥부쟁이, 쑥, 달래, 머위, 고들빼기, 돌나물, 냉이 등 봄에 먹을 수 있는 풀들이 많았고, 꽃다지, 민들레, 엉겅퀴, 양지꽃 등 겨울을 견뎌낸 풀들이 많았다. 얼마나 더 많은 풀들이 날지는 보지 않아도 상상이 된다. 그리고 비로소 시작한 일이 집수리 하는 일이었다.

그동안 살았던 집이라는 것이 양옥도 한옥도 아닌, 모양새가 이상한 집이였거나 집은 옛집인데 현대인이 살기 편하게 만들어진 억지 거주공간에서 살았다고 보면 지금의 나의 집은 정말 내 마음에 쏙 드는 친 자연적인 집이다.

'생명은 모두 위대하다'

물론 편안한 집터에 아담한 뒷산, 그리고 툭 트인 앞으로 겹겹이 겹쳐진 산 능선, 그 어느 것 하나 나쁠 것이 없다. 그 중 나의 집은 나이가 제법 된 우리 전통 흙집으로 꼭 나의 몸 같은 집이다. 내가 죽으면 자연으로 돌아가듯이 내 집 또한 허물어지며 그냥 자연으로 돌아가는 집인 것이다.

흙과 나무만으로 지어진 집에서 아궁이에 군불을 지피며 오늘도 행복하다. 나무 타는 냄새는 얼마나 좋은지 그 어떤 향수가 이것만 하랴 싶고 날름날름 일렁이는 불꽃도 너무 아름다워서 나오는 연기로 눈물을 흘리면서도 하염없이 바라보는 것이다.

아직은 겨울 끝이라 겨울잠을 자듯 한가한 날들이지만 역시 이곳은 따뜻한 남쪽나라인 것이 벌써 매화꽃이 피는 곳도 있고 우리 집 매화나무도 금방 그 꽃망울을 터트릴 것 같이 한껏 부풀어 있다.

삼월을 아직 열흘이나 남겨둔 며칠 전에 벌써 머위와 쑥을 조금 뜯어다가 향긋한 봄 내음을 행복하게 맛보았다.

요즘의 일상은 집 주변을 돌아다니며 어떤 풀이 겨울 동안에도 살아있는지, 어떤 나무 순이 얼마나 올라 왔는지를 찾아다닌다. 며칠 전까지도 없었던 풀들이 놀랍게도 벌써 꽃까지 달고 나온 것도 있었는데 그것은 민들레였다.

겨울동안 땅 속에서 뿌리로만 견디다가 봄을 알리는 새소리에 깨어나서 잎과 동시에 꽃봉오리를 만든 것이었다. 그것뿐만 아니고 겨울동안 숨죽이고 있기는 했지만 항상 준비를 해 오듯 돌나물, 고들빼기, 달래, 머위, 쑥 등이 이미 땅을 움직이고 있었다.

양지바른 마당에서 등으로 햇볕을 쏘이며 기범이와 전날 캐온 냉이를 다듬으며 그들이 겨울동안에도 뿌리를 땅에 내리고 치열하게 추위를 견디다가 봄소식에 한 발 앞서 세상에 나온 생명에 대해서 이야기했다. 그 춥고 가뭄이 계속되었든 겨울에 생명을 유지하느라고 뿌리는 땅 깊은 곳을 향해 더 깊어졌고 이미 꽃대가 올라온 것도 많았다. 이 세상을 살아가는데 어찌 사람 만 수고로울까, 모든 살아있는 것들은 위대한 것이다.

추운 겨울날이 계속될 때면 땅 밖으로 많은 잎이 나온 것들은 얼어버릴 수 밖에 없다. 반면 땅 밑으로 뿌리를 내리고 있는 식물들은 잎이 커 가는 것을 멈춘 채 세상을 엿보는 것이다. 그러다가 조금만 날씨가 풀리면 몸을 키우는 위대한 생명들.

늦가을에 씨앗을 넣어둔 우리 집 텃밭에도 상추, 시금치, 갓들이 그랬다. 그동안은 최소한의 에너지를 뿌리로만 보내다가 단 며칠의 풀린 기온에 그 몸을 키우는 것이다.

그들 입장에서 본다면 겨울동안의 그 치열한 삶이 한 순간 사람의 손에 의해서 소멸되는 것이고 자연의 일원으로 본다면 나 또한 그들과 다름없는 한 생명인데 하는 생각을 해본다.

먹지 않고도 살 수 있다면 더없이 좋겠지만 그것이 전혀 불가능하고 보면 우리가 할 수 있는 것을 과하고 넘치지 않게 살아 갈 수 있는 만큼 먹어야 한다는 것이 다름 아닌 정답이다. 요즘 세상이 너무 무서운 것은 조류독감, 광우병, 돼지 콜레라 등이 발생하고 인간들이 긴장을 하는 세상인데 모르기는 해도 그렇지 않을까 싶다. 그동안 인간들이 고기를 그러니까, 닭을 소를 돼지를 너무 많이 먹어서 끊임없이 그 동물들을 더 빨리 더 크게 키워야 하고 그러려면 이것저것 필요 이상이 무언가를 해야 하면서 생기는 악순환이 아닐까 싶다.

요즘 세상에 사람을 야생동물처럼 살아가라고 할 수야 없겠지만 그들처럼 꼭 필요한 만큼만 먹고산다면 세상은 조금 살 만한 세상이 될 수도 있을 텐데 하는 생각은 나만의 생각이 아닐 것이다. 어디 동물에게만 그런가? 요즘 산에 올라가 보면 사람이 나무에게 하는 행패가 참으로 도가 지나친 것이다.

고로쇠나무가 그것인데 나무 몸통을 드릴로 구멍을 뚫고 호스를 꽂아 나무의 수액을 빼앗아서 사람이 마시자는 것인데 도대체 사람이 어디까지 잔인해 질 수 있는지 무서운 생각이 든다.

나무가 굵으면 한 나무에 호스를 네 개에서 다섯 개까지 꽂아둔 것도 있어서 나무의 수액을 고스란히 착취하는 현장이야말로 처참한 것이다. 한 나무의 여러 개 구멍에서 나온 나무수액은 긴 호스를 타고 다른 나무의 수액과 합쳐지면서 그 양이 많아지면 공업용으로 보여지는 굵은 호스로 연결되며 그렇게 합쳐진 물들이 고무통에 담겨졌다가 플라스틱통에 옮겨서 팔려 나가는 것이다. 그러고 그 호스들이 얼마나 위생적인지는 모를 일이다. 플라스틱통은 또 얼마나 비위생적인지도 모를 일이다.

사람이 몸이 좋지 않아서 또는 몸에 좋으니까, 주변의 나무들에서 조금의 수액을 빼먹을 수는 있을 것이다. 살아가는 한 방편이 될 수도 있을 것이다. 그런데 사람의 욕심이라는 것이 끝이 없어서… 그리고 그것들이 돈으로 환산 된다는 것 때문에, 사람들은 더 많은 죄를 짓는 것이고 고로쇠나무는 엄청난 수난을 당해야 하는 것이다. 가까운 곳의 그것은 물론이고 먼 산, 높은 산 할 것 없이 고로쇠나무만 있다면 인간들은 어디든 찾아내고 착취를 하는 것이다.

흡혈귀 같이 사는 것 아닌가

더욱 기가 막히는 것은 물론 일부이겠지만 다음해에 또 다시 그럴 것이 분명함에도 불구하고 그해 깔아둔 호스를 정리하지 않고 방치하는 것이다. 그러면 그 나무는 초봄에 자기의 수액을 빼앗긴 것 만으로도 모자라서 일년 내내 몸에 못이 박힌 채, 호스에게 뚫린 채 세월을 살아야 하는 것이다. 물론 산 여기저기는 호스가 어지럽게 널려있고 플라스틱통들도 흔하다. 그래서 그런지 모르겠으나 가을에 고로쇠나무를 보면 같은 나무과인 단풍나무와 달리 단풍이 들지 않고 그냥 사그러져 버리는 것이다. 생각해 보면 초봄에 자신에게 필요한 모든 수액을 빼앗으니까 가을에 잎이 단풍을 만들지 못하는 게 아닌가 하는 생각이 든다.

아이와 함께 산행을 하면서 보여지는 그 광경에 민망한 것은 아이의 항변 때문이다. 사람이 어떻게 나무의 피를 빨아먹을 수 있느냐는 것이다. 어른들의 하는 일이 아이 눈에 이렇게 비쳐지고 있는 것은 이것만은 아닐 것이다.

인간이 자연에게 얼마나 많은 착취를 할 수 있는지. 자연은 이제 그런 인간을 더 봐주지 못해서 스스로 치유의 몸짓을 하는데, 아직도 미련한 사람은 못 느끼고 있는지.

지난 몇 년간의 태풍이 그것이라고 봐 지는데, 그 많은 물은 어디에서 왔는가, 그 많은 물은 다 어디로 갔는가. 엄청난 태풍의 힘에 눌려버렸든 나로서는 지금도 그때를 생각하면 무서워진다.

그동안 인간들의 과한 욕심과 무지인지 무리인지 모를 힘으로 엄청나게 자연을 망가트렸고 짓밟았고 파괴시켰는데 참을 수 없을 만큼의 고통스러운 자연은 몸을 꿈틀거리며 인간에게 경고하는 것이다. 더 이상 봐줄 수 없다는 위협이기도 할 것이다. 자연도 가야할 길이 있는데 부수고 막고 없애버리고 하니까 얼마나 괴롭고 힘들었겠는가. 그런데 미련한 인간은 복구한다고 다시 자연을 뚫고 막고, 다시 넓히고 더 많이 파괴시키고 있는 것이다. 그런 일이 반복된다면 우리는 영원히 난리 속에 살아야 할 것이다. 사람들의 과한 욕심 때문에 애꿎게 당한 다른 많은 생명을 생각한다면 참으로 송구하다.

내가 정선에 살 때 작은 폐교가 나의 일터이자 삶터이었는데 그곳의 풍광은 참 깨끗하고 수려했다. 백두대간 주변 백봉령 골짜기인 골지천과 송천이 만나서 그 유명한 아우라지가 되고 그 물들이 다시 오대천을 만나서 조양강이 되어 우리 학교 앞을 유유히 흐른다. 강 건너 편으로는 가파른 절벽의 산이 자리잡고 학교 운동장을 지나서 강가까지는 아까시나무 숲이다.

'자연을 해친 인간 갈수록 죄 받는다'

나는 그동안 아까시나무 숲이 그렇게 아름다운지 몰랐다. 그냥 아까시나무 하면 별 쓸모도 없이 번식력만 엄청 강한 나무로 알고 있었는데 그곳 아까시나무 숲은 나의 고정관념을 한 순간에 무너뜨렸다. 우선 나무들이 엄청 당당하게 기품 있게 자리하고 있었다. 큰 나무는 한아름이나 되는 것도 있었다. 여기저기 까치에게 집을 지을 수

숲을 세 번 걷다

① —— 고로쇠나무 수액 채취 현장의 고무호수. 산밑 도로까지 호수로 연결되어있다.
② —— 좋은 향과 꿀을 제공하는 강변의 아까시나무들이 풍성하다.

있게 자신의 품을 열어 두고 넉넉하게 세월을 보내는 것이다.

가을 아까시나무 잎이 노랗게 물들었다가 바람이 불면 우수수 떨어지는데, 그 감동은 참 무어라고 표현하기 싫지 않다. 호젓한 숲에서 쓸쓸한 소리를 내면서 잎이 날리는 풍경을 바라보는 것이 얼마나 멋스러운지….

충만한 외로움이 그렇게 좋을 수가 없다. 낙엽이 떨어져 있는 흙길을 걷는 것도 여간한 즐거움이 아니다. 이상하게 더 호젓해져서 이상하게 외로운 것이 더 다행으로 내게 다가오는 것이다.

그 호젓함이, 그 쓸쓸함이, 그 외로움이 나를 더 자연에 가깝게 가
게 하는 것이 아닐까 싶다. 그리고 저 화창한 5월의 아까시꽃 향기
는 어떤가. 제 세상을 만났다고 부산스럽게 꿀을 따 가는 벌들의
몸놀림 너무나 향기로워서 오히려 어지러운 향기가 운동장 주변에
서 강가까지 온통 들뜨게 만드는 것이다.

천둥번개가 몰려오듯 세상을 며칠 동안 자신의 향기 속에 가두었
다가 어느 흐린 날 땅으로 눈처럼 떨어져버리면 세상은 녹음 속에
갇히는 것이다. 다른 나무도 다 그렇지만 여름동안의 그 나뭇잎의
싱싱함은 존경스러운 것이다. 수많은 매미, 풀벌레 산새를 그늘에
숨기고 자신은 뜨거운 태양에도 검푸르다.

그 검푸름이 가시기 전 어느 날 밤 평생을 키워온 자신의 키에 육박
하는 엄청난 양의 화난 물을 만난 것이다. 그 물은 누구에게 인지
모르지만 엄청나게 화가 나서 세상에 살아있는 생명을 그 어떤 것
도 아니, 생명 뿐만 아니라 세상에 존재하는 모든 것을 삼킬 듯이
달려들었고 다리가 없어서 움직일 수 없었던 나무들은 그 자리에
서 고스란히 당할 수밖에 없었다.

땅이 파이고 뿌리는 뽑히고 온몸이 쓸려가고 뻘에 덮이고 그나마
남겨진 것들도 가지가 부러지고 잎은 떨어져나가고 온몸은 상처투
성이가 되어 버린 것이다. 순식간에 당한 일 이기에는 나무나 사람
이나 마찬가지였을 것이다. 남겨진 모든 것은 처참했다.

사람도 처참했고 나무도 처참했다. 사람의 쓰레기들이 떠다니다가
남겨진 나뭇가지에 걸렸고 윗동네의 소쿠리가 나뭇가지 사이에 쳐
박혀 있다. 어찌 소쿠리뿐이겠는가 온갖 쓰레기들이 잎 없이 상처
받은 나무들과 함께 폐허를 연상케 했다. 그 숲이 지금 어떻게 되
었는지 모른다.

그 이후 그 강가의 모든 나무는 잘려나갔고, 나는 그곳을 떠나 지

금 살고 있는 이곳으로 왔다. 지금도 그립다. 별처럼 영롱한 연두색의 새잎들, 그 추운 겨울의 바람과 추위를 묵묵히 이겨내는 그 느긋한 나무의 색깔, 그 오랜 세월을 한 곳에서 한 풍경으로 살았는데 한순간 없어져 버린 것이다. 누구의 몫이고 누구의 탓인가.

내가 이렇게 다른 곳으로 옮겨와서 살 듯이 그들 또한 그곳에 또 다른 뿌리를 내리고 살고 있을 것이다. 아마 그들이 인간에게 하고싶은 말이 있을지도 모른다. 자연에게 무언가를 바라지말고, 무언가를 주려고 하지도 말고, 그냥 그대로 내버려둬라.

그런 소리가 들리는 듯한 느낌으로 사는 나도 자연을 의지해서 때로는 그들의 도움의 힘으로, 때로는 착취도 하며 산다. 알고도 하는 짓이지만 모르고 했을 때도 있을 것이다.

내가 살아가는 모든 것이 자연과 함께이고 보면, 그나마 내가 자연에게 할 수 있는 것은 작게 쓰고 작게 갖고 작게 살아가는 것 일 수밖에 없다. 그러므로 나는 가능하면 그렇게 하려고 노력한다.

내방을 따뜻하게 해주는 나무는 처음에는 조금 샀고, 가끔 산에 가서 해오는데 그 나무는 산을 정리하고 솎아낸 나무들인데 길에서 가까운 나무는 이미 사람들이 다 가져갔으니까 지게를 지고 조금 위에까지 올라가면 나무가 많다.

이미 말라있는 나무를 실릴 수 있는 크기로 잘라서 내 차에 싣고 오기도 하고 주변에서 나무 정리한 것이 있으면 얻어 오기도 한다.

나무 걱정이 많은 나를 도와주는 주변 사람들도 있어서 별 어려움이 없다. 그리고 내가 먹을 웬만한 농사는 쌀 농사말고는 거의 하는 편이데 초보 농사꾼인 나를 감동하게 했던 것은 고추농사였다. 그동안 고추농사는 풋고추 따먹을 정도였는데 지난해는 100포기의 고추모종을 사다가 녹차 만들기를 하던 중 비 오는 날 밭에 심었는데, 뭐 이웃집 밭을 곁눈질하며 심었기 때문에 별 차이가 없어 보였다. 밭에 비닐을 씌우지 않은 차이는 있었다.

며칠 후 고추모종 대를 대나무로 잘라 다가 세우고 보니 이것이 들쭉날쭉 가관이었다. 대나무를 일정하게 자르지 않은 탓도 있고 땅에 깊이 꽂거나, 얕게 꽂거나의 차이 때문이기도 했다. 남들이 볼까봐 부끄러웠다. 뽑아서 다시 꽂을까 하다가 그만 두었는데, 어느 정도 고추가 자라니까 별 표시도 나지 않았고, 내 눈도 자유로워졌다. 그 여름 내내 풋고추를 얼마나 많이 따먹었는지.

있는 그대로 두어야 가치 있는 대자연

어느 날부터 고추가 한 두 개씩 빨갛게 익어가고 있었다. 다른 집 밭의 것과는 비교할 수 없이 작았지만 참 똘똘한 것이 보석처럼 예쁘다.

지난해 여름동안, 가을동안 얼마나 비 온 날이 많았는가. 빨간 고추를 따다가 반으로 갈라서 햇볕에 말려야 하는데, 오로지 햇볕 만이 고추를 말릴 수 있는데 햇볕이 모자라서 곰팡이가 생겨 버려야 하는 것들이 생겼다.

그렇게 조금씩 익어가고 말라 가는 고추가 조금씩 많아졌고 이웃 밭의 고추는 병이 들어서 모두 까맣게 타 들어가는데 나의 고추 만은 줄기차게 꽃피우고 열매 맺고 익기를 서리가 내릴 때까지 했다. 내가 남들 안 하는 것을 한 것은 아니, 남들이 한 것을 안한 것은 밭에 비닐 안친 것, 비료 안준 것, 영양제 안준 것, 그리고 농약 안준 것 그것이었다.

내가 해준 것은 처음 모종할 때 거름 조금 한 것, 풀 몇 번 뽑아준 것 그것이 전부였다. 모르기는 해도 나의 밭 고추들은 자신들이 병을 이길 수 있는 힘을 자신들이 직접 만들어 갔을 것이다. 아무 것이 가미되지 않는 온전한 땅 힘도 도움이 되었을 것이다.

방앗간에 고춧가루를 만들기 위해서 갔었는데 사람들이 놀라는 것은 단 100포기의 고추가 고춧가루를 7근이나 만든 것이었다. 사람들은 100포기가 7근의 고춧가루를 낼 수 있는 것에 놀랐고, 나는 내가 100포기의 농사로 7근이나 고춧가루를 만든 것에 대견했고 자랑스러웠고 기뻤다. 그 여린 작은 생명들이 나의 일년 먹을 만큼의 식량을 만들어준 것이다.

날씨가 추워지고 서리가 내리자 고추대는 뽑았고, 나무에 남겨진 풋고추는 아주 작은 한 개까지 알뜰히 따서 고추장아찌를 담거나 밑반찬으로 해서 먹었다. 참, 고마웠다. 고추에게, 땅에게, 햇볕에게, 자연에게 고마웠다. 고맙기는 이웃에 사는 사람들도 마찬가지여서 나물을 뜯어다가 우물가에나 대문간에 슬쩍 놓고 가기도 하고. 고구마, 감자, 토란 등을 캐서는 대문간에 쏟아놓고 말없이 가시기도 한다.

이땅의 참 농부

농사랄 것도 없는 농사지만 이 분들이 하는 대로만 하면 때를 놓칠 일이 없기 때문에 그대로 따라한다. 가령 7월 백중날 김장할 무, 배추를 심으면 나는 이미 준비해둔 씨앗으로 그 다음날 심는 것이다. 김장 무, 배추를 뽑을 때도 이웃집 하는 대로 할 생각이었는데 무슨 바쁜 일이 많은지, 날씨가 추워지고 다른 집 무, 배추는 다 뽑을 때도 그냥 밭에 있었는데 아주 추운 날 어디를 다녀와 보니 그 집 밭이 텅 비어있어서 부랴부랴 밤에 뽑아서 갈무리하는 해프닝도 있었다.

이 분들은 말이 거의 없는 분들이고 그나마 아주머니는 녹차공장에서 일을 하기 때문에 만날 수가 없고, 할머니는 말씀도 잘 안 하시

① —— 흙과 나무로 지어진 친 환경적인 가
옥. 여름엔 시원하고 겨울엔 따스하다.
② —— 아들 기범은 항상 귀엽고 든든하다.
③ —— 필자와 아들이 함께 외출하기 위해
집을 나서고 있다.

지만 하셔도 내가 잘 못 알아들으니까 자꾸 되물어 볼 수도 없고 엉뚱한 대답을 할 수 있겠기에 많은 말을 하지 않고 지내는 것이다.

지게가 자신의 몸같이 어울리는 아저씨도 씩 웃으시는 것이 인사의 대신인 분이다. 항상 부지런히 땅에서 무언가를 하시는 그분들을 뵈면 이 땅의 참 농부들이 저분들이 아닌가 싶다.

그런 분들이 있으므로 우리는 아직 살 만한 세상에 사는 것이다. 이렇듯 별 말없이도 편안한 사람들이 있고 그들과 더불어 자연에서 살아가는 나 자신이 참 복 받은 사람이라는 생각이 든다.

그중 빼놓을 수 없는 것은 역시 기범이라는 올해로 11살 된 내 아들과 지금까지 나와 함께 자연에서 모든 생활을 함께 하는데, 세상에서 아들만큼 완벽한 만족을 주는 남자가 있을까?

그가 있어서 나는 참 행복을 알았고 그가 있어서 다른 세상을 만났다고 자부한다. 어린아이를 때묻지 않은 자연으로 본다면 온몸으로 자연을 만나는 그는 나의 참 선생님이기도 한 것이다.

그는 뱃속에 있을 때부터 나와 함께 산행을 했었는데 지금도 자주는 아니지만 함께 산행을 한다. 어렸을 때는 내 등에 업혀서 산에 오르고는 했는데 그가 산을 만나는 방식도 참 부러운 것이었다.

물론 그가 산행을 하지 않을 때도 그랬지만 새와 얘기하고 나무와도 얘기하는 그를 보면 때묻지 않은 영혼이라는 것이 얼마나 자연과의 교감이 가능한지를 보는 것이다.

그도 이제 세상을 살았다고 자연과의 교감은 많이 사라졌고 산으로 올라감에 있어서 자연과의 교감보다는 다른 요소들이 많이 차지한 듯하다. 그럼에도 불구하고 산에서 눈밭에서 온몸으로 뒹굴면서 나름 대로의 산을 만나는 것을 보면 참 부럽다. 어른인 나는 상상도 할 수 없는 행동으로 산과 합일이 되는 것이다.

온몸으로 나무를 껴안기도 하고, 온몸으로 산과의 관계를 만드는

것이다. 이것저것 가리고 따져야 하는 어른인 나로서는 아무 거리
낌없이 행동하고 사고하는 동심이 부러운 것이다.

산에서 사는 뭍짐승과 다를 바 없는 것이다. 물론 산을 올라 갈 때
는 힘이 들어서 많이 힘들어 하기도 하고 엄살 또한 엄청 심하지만
일단 산행을 준비할 때는 그가 나보다 더 좋아하고 들떠서 야단이
다. 그가 학교에 가고 혼자 산에 다녀오기라도 하면 함께 가지 않
은 것에 많이 아쉬워하고 다음에는 꼭 함께 가기를 강요한다.

산에서 텐트치고 야영하는 것이 작은 소원이다. 날씨가 따뜻해지
면 아이와 함께 야영을 하면서 밤하늘도 바라보고 밤의 소리, 나무
의 소리, 산의 소리를 들을 것이다.

남난희 ◆ 유명 여성 산악인으로 현재는 지리산 화개골에서 아들 기범
이와 함께 친 자연적인 가옥에서 살고 있다. 저서로는 「하얀 능선에 서
면」—수문출판사이 있다.

산양을 찾아 산에 들다

박그림

속초 녹색 연합 대표

설악산 신흥사 뒷 산줄기를 타고 오른다. 신흥사 뒤에서 황철봉으로 이어지는 긴 산줄기는 약초꾼들만 가끔 보일 뿐 찾는 이들이 거의 없어 좁은 산길이 희미하게 나있다. 남쪽 비탈은 눈이 다 녹아 낙엽이 바람에 뒹굴고 그나마 북쪽 비탈에는 눈이 쌓여 겨울다운 모습을 보이고 있다.

신흥사 지붕이 빤히 내려다보이는 능선 길에 멧돼지 똥이 보인다. 눈이 쌓였을 때 몇 번 와서 똥을 싼 듯 몇 무더기가 쌓여있다. 똥 속에 잘게 씹힌 도토리 껍질과 누런 열매 씨가 보이고 노란 고무줄이 들어 있다. 겨울철에 먹이가 모자라면 휴게소나 절집 쓰레기통에서 먹이를 찾아 먹은 것으로 보인다. 멧돼지 발자국이 가파른 산길을 따라 이어진다.

황철봉으로 이어지는 산줄기를 힘겹게 오르다 보면 바위 봉우리들과 소나무 군락이 연이어 나타나고 산양이 살기에 알맞아 보이는 곳들이 눈에 띈다. 산양의 흔적이 남아 있을 것으로 여겨지는 바위 밑을 하나하나 찾아본다. 새로운 흔적이나 똥은 물론이지만 오

314 　　숲을 세 번 걷다

래된 흔적조차 없다.

아무런 흔적이 없는 곳을 들여다보는 일은 가슴 속이 텅 비는 것처럼 허전하고 쓸쓸하다. 멧돼지와 족제비 흔적을 한 두 군데서 보았을 뿐 산양이나 다른 짐승들의 흔적은 찾을 수 없었다. 불과 40, 50년 전만 하더라도 설악산 골짜기와 산줄기를 누비고 다녔을 수많은 짐승들이 모두 어디로 사라진 것일까?

저 멀리 겹겹이 대청봉으로 이어지는 산줄기들과 깊게 패인 골짜기들, 골은 깊고, 깊은 만큼 높고 힘차게 솟았다. 굽이치는 산줄기와 골짜기마다 뭇 생명들이 살아 숨쉬는 설악산에 들고 싶다. 뭇짐승들의 발자국과 쉼터와 영역표시가 널려 있는 살아있는 설악산에 몸을 비비며 생명의 힘을 느끼고 싶다.

산이 높아질수록 바람은 더욱 힘차게 불어대고 구름이 쏜살같이 백두대간을 넘어 동해바다로 떨어진다. 온몸을 날려 버릴 듯 불어대는 바람을 맞으며 산길을 오른다. 산양의 흔적이 보이지 않는 바위 밑을 들여다보며 몸과 마음이 모두 추웠던 하루가 기울고 있다. 오후 4시 햇살이 엷어지고 몸은 벌써 잠자리를 찾고 있다. 마음보다는 몸의 움직임에 따라 갈 수 밖에 없는 것이 산길을 오르는 일이다. 마음은 저만치 앞서 가지만 몸은 느리기만 하고 마음은 가고 있지만 몸은 주저앉고 있다. 늘 준비되지 않으면 안 되는 까닭이 여기에 있다. 몸과 마음이 함께 움직이도록 만드는 일은 끊임없이 스스로를 다그치지 않으면 이룰 수 없기 때문이다.

산양의 흔적을 찾아 산길을 올라야만 하는 절절함이 있어야 모든 것을 뛰어넘을 수 있다. 애절함은 마음먹은 대로 스스로를 이끌기 때문이다. 더 오르며 바위 밑을 들여다본다. 처음으로 바위 밑에 산양 똥이 보인다. 검은 갈색을 띠고 윤기가 남아 반질거리는 산양 똥은 햇볕에 바짝 말라 흩어져 있다. 얼마나 반가운지 눈물이 핑 돈다.

겨울철에 싸놓은 산양 똥은 개수가 그리 많지 않고 색깔도 검정색 보다는 검은 갈색이 더 많다. 똥을 들여다보며 어미인지, 어린 것인지? 언제쯤 싼 것인지? 자주 드나드는 곳인지? 몇 마리가 다녀 갔는지? 얼마나 있다가 갔는지? 발자국이 어느 쪽으로 이어 졌는지? 짚어 보면서 한참을 들여다 보았다. 공룡능선으로 해가 넘어 가고 어둠 속에 설악산은 그림자로 남았다. 산양이 쉬었던 자리에 잠자리를 펴고 일찍 자리에 누웠다.

침낭을 머리까지 뒤집어쓰고 조그만 구멍으로 밖을 내다 보다 잠이 들었다. 한밤중 바람소리에 잠이 깨어 일어났다. 눈을 뜨자 구멍 속으로 쏟아지는 달빛, 검푸른 하늘에 투명하게 둥근 달과 달빛으로 물든 설악산이 펼쳐진다. 일어나 앉아 바람을 맞으며 달빛 쏟아지는 설악산을 바라본다. 아무 생각이 없다. 기온은 영하 15도, 바람 때문에 체감온도는 더 떨어지겠지만 추위를 느끼지 않는다. 산에 들어 추위는 크게 문제가 되지 않는다. 마음먹기에 따라 달라지기 때문이다. 나뭇가지에 걸린 오리온 별자리가 뚜렷하다. 별을 볼 수 있고, 바람을 맞을 수 있고, 쏟아지는 달빛을 맞을 수 있는 설악산의 말할 수 없는 아름다움 속에 뭍짐승들이 보금자리가 가득했으면 좋겠다. 얼마 전 어둠 속에서 내 곁으로 다가섰던 산양 생각이 떠오른다.

산양의 울음소리를 알아 들을 수 없는 까닭은?

초겨울이어서 눈이 깊지 않은 날 산에 들어 온종일 산양의 흔적을 더듬었다. 바위 밑이며 소나무 군락을 지나면서 눈길을 멈추었고 많은 흔적을 본 것은 아니지만 요즘음 쉬었다간 자리를 몇 군데 보았다. 한가족을 이루는 서너 마리가 이곳에서 살아가고 있음을 알아냈고 그 녀석들의 모습이 무척 보고 싶었다. 산에 들어 산양을본다는 것은 매우 어려운 일이어서 한 해에 서너 번 우연히 마주칠 뿐이다.

그 날도 쉼 없이 산길을 더듬어 올랐고 해가 질 무렵 바위 밑에 잠자리를 잡고 누웠다. 칠흑같이 어두운 산 속에 누워 바람에 나뭇가지 부딪히는 소리를 듣다가 잠이 설핏 들었다. 그 때 낙엽을 밟고 다가서는 발자국 소리에 놀라 잠이 깨었고 어둠 속을 뚫어져라 바라보았다. 모습은 보이지 않고 발자국 소리가 점점 크게 들려왔다.

자박자박 망설임 없이 다가서던 발자국 소리가 뚝 그치면서 모든 소리가 멈추는 듯 하더니 울음소리가 들리기 시작했다. 늘 듣고 싶어 하던 산양의 울음소리였다. 한참을 울던 산양은 울음을 멈추고 왔던 길을 되돌아가면서 발자국 소리가 점점 멀어졌다. 발자국 소리가 사라진 곳은 짙은 어둠 뿐 울음소리만 귓가에 맴돌고 있었다. 새벽 2시, 깊은 밤 산양은 왜 내 곁에 다가왔을까? 나는 왜 산양의 울음소리를 알아듣지 못했을까? 산양이 내게 다가와 무어라고 했을까? 내 자리니까 비키라는 말인지? 와줘서 반갑다는 말인지? 언제쯤이면 산양의 울음소리를 알아들을 수 있을까? 더 깊이 사랑한다면 내 형제들의 말을 알아들을 수 있을까? 답답한 가슴을 가눌 길 없어 어둠 속에 앉아 잠을 이루지 못하고 밤을 꼬박 지새우고 말았다.

침낭구멍으로 밖을 내다본다. 아침은 이미 밝았고 바람은 여전히 세차게 불고 있다. 오래간만에 깊은 잠에 빠졌었다. 기온은 영하 17도였고 바람이 세차게 불고 있어 체감온도는 더욱 낮아 보이는데 침낭은 따뜻했고 빠져 나오기가 여간 어렵지 않다. 빼꼼히 내밀고 바라보는 설악산은 이른 아침 여명 속에 살아나고 있다. 햇살을 받고 붉게 물들어 가는 설악산을 바라보고 싶어 마음을 단단히 먹고 우모복을 걸친 뒤에야 몸을 빼냈다. 짧은 순간이지만 추위가 온 몸을 감싼다.

바람은 쉴새없이 나무를 흔들고, 몸을 가누기 힘들만큼 세차게 불어댄다. 카메라를 챙겨들고 바위 위로 오른다. 바람에 날아갈 것 같다. 동쪽 하늘이 붉게 물들고 해가 떠오른다. 해가 불쑥 솟아오

숲을 세 번 걷다

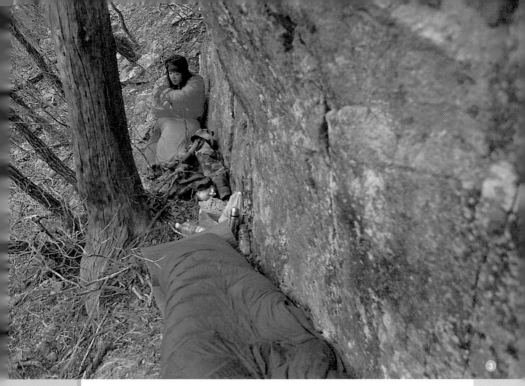

❶── 눈 위에 찍힌 산양발자국, 저 발자국 끝에는 우리와 같이 따뜻한 피가 흐르는
산양형제가 있다.

❷── 우리나라에 600 마리밖에 남아있지 않은 천연기념물이며 멸종위기종인 산
양, 원시의 유전형질이 그대로 남아 있어 살아있는 화석동물이라고 불리 운다.

❸── 아들과 함께 겨울 산상에 올랐다. 이날따라 바람이 불고 추워서 밤잠을 설쳤
고 웅크리고 앉아 아침을 맞고있는 아들 "어이구 추워-" 소리를 지른다.

르고 붉은 기운이 확 퍼지면서 설악산 정수리부터 햇살을 받아 흰
눈이 붉게 물든다. 겨울아침은 붉은 햇살이 춤추는 춤의 향연이다.
굵은 뼈대를 있는 대로 드러낸 겨울 설악은 힘차다.
산줄기마다 힘이 넘치고 골짜기마다 바람이 어둠을 휘몰아 간다.
사진을 찍고 내려와 다시 침낭 속으로 들어간다. 온몸이 따뜻해지
고 움추렸던 몸을 일으켜 생식통과 물통을 꺼낸다. 물이 모두 얼었

다. 물을 데울 수 있는 버너를 가지고 다니지 않아 두 손으로 물통을 감싸쥐고 얼음을 녹인다. 생식 한 숟갈을 입안에 넣고 물 한 모금을 머금어 우물거리다 넘긴다. 벌써 3년 째 매 끼니 생식을 먹고 있지만 익숙해진 듯 싶다가도 음식 맛을 보다 덫에 걸리기 일쑤였다. 그래도 산에 들면 다른 음식이 눈에 띄지 않아 생식을 먹기가 한결 쉽다. 속이 써늘해지면서 떨린다. 한참을 침낭을 뒤집어 쓰고 앉아 햇살이 퍼져 가는 설악산을 바라본다. 그림자가 낮아지고 골짜기 깊숙이 햇볕이 들면서 산들이 꿈틀대며 일어선다.

추운 날 침낭에서 빠져 나오는 일은 마음을 단단히 먹어야 할 만큼 힘들다. 침낭을 둥글게 말아 넣고 우모복도 벗어서 배낭에 넣는다. 생식통이며, 물통, 자잘한 조사장비들을 챙겨서 넣는다. 카메라를 어깨에 걸치고 배낭을 멘다. 등에 와 닿는 묵직함이 어깨뼈를 짓누른다. 산양의 흔적을 찾다 보면 배낭의 무게도 잊어버리지만 오랫동안 무거운 배낭을 지고 다녀서인지 빗장뼈가 크게 휘고 주저앉았다. 산길을 더듬어 올라 산양의 흔적을 찾아 나선다. 가파른 산길을 올라가면서 바위가 나타날 때마다 산양의 흔적을 더듬어 본다. 바위와 소나무 군락이 이어지고 바위 위에서 뿌리를 내리고 살아가는 소나무 아래 산양 똥이 보인다. 초겨울에 싼 똥으로 그 뒤에는 다녀간 흔적이 없다. 산양이 적은 까닭이 무엇일까? 사람들의 출입도 매우 드문 곳이고, 식생도 산양의 흔적이 많은 곳과 크게 다르지 않은데 모습이나 흔적을 쉽게 찾을 수 없으니 답답한 노릇이다. 내설악과는 달리 산양의 흔적도 적을 뿐 아니라 산양 똥도 수북이 쌓여 있지 않았고 자주 드나드는 곳도 아니다. 이런 것으로 미루어 볼 때 외설악에는 산양의 마리 수가 짐작보다 더 적은 듯하다. 영역표시도 오래 전에 해놓은 것을 하나 보았을 뿐이다. 산양들의 흔적 뿐 아니라 바위 절벽을 오르는 산양의 모습과 땅을 박차고 내달

리는 산양의 발굽소리를 듣고 싶다. 얼마 전에 들었던 산양의 발굽
소리는 아직도 가슴 깊숙이에서 쟁쟁하게 들려온다.

산양의 발굽소리는 가슴에 남아

늦가을 산에 들어 햇살이 엷어지는 오후에는 몸과 마음이 으스스해
진다. 해가 기울고 스산한 바람이 일면 어둡기 전에 잠자리를 찾아 숲
속을 더듬는 발걸음이 바빠진다. 어둑어둑하던 숲은 어느새 어둠에
묻히고 골짜기를 휩쓸고 지나가는 바람소리만 가득하다. 산양을 만
나던 날도 그랬다. 하루 종일 산비탈을 더듬어 오르면서 산양 똥과 발
자국을 들여다보았고 바람결에 실려오는 산양냄새를 맡으며 그리움
에 몸을 떨었던 날이었다.

해가 서산으로 기울어 이제 그만 잠자리를 잡아야지 하면서 바위를
잡고 돌아설 때 엷은 햇살을 받고 앉아 있던 산양이 벌떡 일어서는 것
을 보았다. 순간 눈길이 마주치고 멈칫하는 사이 산양은 숲 속으로 뛰
었고 멀어지는 발굽소리만 들려왔다. 잿빛 몸 빛깔과 나를 쳐다보던
눈망울이 어른거렸고 멀어져 가는 산양의 발굽소리는 자리를 떠날
수 없게 만들었다.

어둠이 내려앉는 숲 속에서 들려오는 산양의 발굽소리는 자연의 소
리였고 살아있는 소리였다. 산비탈을 박차고 오르는 발굽소리는 가
슴 속에 긴 여운을 남겼고 내 몸 속에 잠들어 있던 야성을 흔들어 깨
웠다. 산양이 내달린 숲 속으로 들어섰다. 어둠이 깔려 앞을 가늠하
기 힘든 어두운 숲 속에서 산양의 모습이 어른거리는 듯했다. 어둠 속
에 가만히 앉아 밤의 소리를 들었다.

나무를 스치고 지나가는 바람소리, 작은 짐승들의 부스럭거리는 소
리, 어둠을 가르고 날아가는 날개 짓 소리, 컹컹거리는 노루의 울음
소리, 밤에 움직이는 새들의 울음소리, 숲은 어둠 속에서 살아가는
뭇 생명들의 소리로 가득했다. 마음을 모아 귀를 기울이면 귓가를 스
치고 말았을 소리들이 살아있는 소리로 가슴 속을 파고들었다. 작은
소리는 작은 짐승의 삶을 떠올리게 했고 새들의 울음소리는 그들의

모습을 그리게 만들었다.

자연의 살아있는 소리는 그들의 삶 속으로 끌어들여 나와 그들의 삶을 견주어 보게 만들었고 눈에 잘 띄지 않는 작은 짐승들과 더불어 살아가고 있음을 깨닫게 했다. 오래도록 어둠 속에 앉아 살아있는 소리를 들었고 숲은 모든 생명을 기르는 어머니였음이 새삼스럽게 가슴에 와 닿았다. 산양의 발굽소리가 귓가에 맴돈다. 땅을 박차고 내닫는 발굽소리는 내 삶을 생태적으로 이끌어 자연과 하나된 삶을 살도록 한다.

산길은 1,000미터를 넘어서고 바위 봉우리 위에서 황철봉을 바라본다. 문바위골과 황철봉을 올라 내려올 윈 등의 모습이 뚜렷하게 보인다. 황철봉까지 큰 봉우리 두어 개가 가로막고 있다. 바위덩어리가 겹겹이 쌓인 봉우리 하나와 신갈나무가 고슴도치 가시처럼 박힌 둥근 산봉우리가 황철봉으로 이어지고 있다. 절벽 위에 서서 바람에 떠밀리며 산줄기며, 골짜기 사진을 찍는다. 몸은 무겁고 배고픔이 밀려든다. 내일 내려가서 해야할 일들을 떠올리면서 더 올라갈 것인지, 내려설 것인지 망설인다.

이 곳에서 내려서야 한다는 마음 한구석에는 내일 일보다는 따뜻한 집과 식구들의 얼굴이 있었고, 늦고 힘들더라도 마음먹은 길을 더듬어 올라야 한다는 생각 뒤에는 게으름을 떨쳐내려고 스스로를 다그쳤던 마음이 도사리고 있었다. 몸과 타협하는 스스로를 보면서 이럴 때 편한 쪽으로 기우는 것이 당연한 일인가를 되묻는다. 나이가 들어가면서 이런 일들이 닥칠 때마다 이런 결정을 내릴 것이 아닐까 걱정스럽다.

문바위골 오른 등을 타고 내려간다. 신갈나무 군락이 이어지고 바위봉우리가 나타나면서 산줄기는 골짜기로 흘러내린다. 아스라이 내려다보이는 골짜기에는 산 그림자가 드리워졌다. 부드럽게 흘러내린 산줄기에는 햇볕이 닿지 않는 쪽에만 눈이 쌓였고 겨울 산답지 않은 모습을 드러내고 있다. 산비탈에는 멧돼지 똥과 먹이를 파헤친 자국만 자주 보일 뿐 산양의 흔적은 없었다. 바위봉우리가 나타나고 돌아 내려가면서 바위 턱마다 흔적을 조사해보지만 기대는 빗나가고 만다.

골에서 골로 넘어가는 안부에 몇 알 되지 않는 똥이 흩어져 있다. 큰 바위도 없고 신갈나무 군락에 흩어져 있는 묵은 똥만으로 산양 똥인지? 노루 똥인지? 가려내기는 여간 어려운 일이 아니다. 눈 위에 찍힌 발자국을 볼 수 있다면 쉽게 가려낼 수 있을 텐데 눈이 녹아버린 산 속에서 발자국을 찾는 것조차 어렵다. 오랜 기간에 걸쳐 많은 것들을 보면서 얻어지는 경험이 바탕을 이룰 때 바르게 가려낼 수 있을 것이다. 몸과 마음을 모두 바치면서 한가지 일에 매달려 삶을 살아갈 때 얻을 수 있는 것들이다.

비탈이 누그러지는 곳에 잔 나뭇가지를 수북이 쌓아 만든 멧돼지 집이 보인다. 멧돼지들은 사람을 크게 두려워하지 않아서인지 드러나는 곳임에도 집을 짓고 새끼를 낳는다. 응달에 눈이 쌓인 곳을 들여다보지만 산양의 발자국은 없다. 신갈나무와 소나무가 뒤섞인 숲이 끝나고 조릿대 군락이 펼쳐지면서 산줄기가 가파르게 골짜기로 떨어진다. 지난 겨울 산양이 두 마리나 깊은 눈으로 탈진해 죽은 문바위골 들머리다. 흔적이 여러 곳에서 보일 것으로 여기며 산에 들었었다.

그러나 흔적은 의외로 적었고 가슴 속은 쓸쓸함으로 가득하다. 해가 기울고 어둠이 바람을 타고 골짜기를 덮는다. 배낭을 내려놓고 몸을 한번 추스른다. 어깨가 뻐근하다. 저항골을 벗어나려면 한참을 더 걸어야할 것이다. 아마 어둠이 짙어진 뒤라야 집에 닿겠지. 가족이 있으므로 마음은 편안하고 든든하다. 산양도 우리와 더불어 살아가는 형제인 것이다. 그들이 있음으로 설악산은 살아서 움

❶── 작은 뿔로 나무를 비벼 만들어 놓은 영역표시, 여기는 내가 사는 곳이니 다른
녀석들은 들어오지 말 것, 우리 집의 문패와 같다고나 할까.

❷── 산양의 쉼터, 천적이 다가오는 것을 잘 살필 수 있고 몸을 쉽게 피할 수 있는
바위가 많은 높은 곳에서 살아간다.

❸── 산양의 화장실(?) 산양은 늘 같은 곳에서 똥을 싼다. 두껍게 쌓인 묵은똥 위
에 새똥이 얼마나 쌓이는지를 보고 몇 마리가 여기에 사는지 가늠해 보기도 한다.

❹── 올무에 걸려 죽은 어린 산양, 숲 속에서 꿈도 펼쳐보지 못한 채 땅이 패도록
발버둥질 치다 죽었다. 우리들이 얼마나 잔인해질 수 있는지를 보게 된다.

직이고 아름다움을 간직하는 것이다. 산 속에 들면 늘 그들과 더불어 살아가는 세상을 꿈꾸곤 한다.

산양의 주검과 더불어 사는 삶은

깊은 겨울 사람들의 발걸음이 줄어들고 짐승들의 발자국이 드문 드문 보인다. 우리가 살아가는 이 땅도 그들과 더불어 살아가야 할 땅이고 발자국 끝에는 우리와 같이 따뜻한 피가 흐르는 짐승이 살아있다. 설악산은 나의 어머니이며, 산양은 나의 형제다. 설악산을 오르며 딛는 땅은 어머니의 살이며 잡고 오르는 바위는 어머니의 뼈다. 마주치는 산양과 뭍짐승들은 우리들의 형제며 자매인 것이다. 너와 내가 더불어 살아가기 위해 해야할 일들이 많다.
우리들은 야생동물을 보호해야 한다고 말한다. 야생동물을 어떻게 보호한다는 말인가? 한 마리씩 쫓아다니면서 아프지는 않은지? 먹이는 있는지? 하고 말인가. 보호한다는 말조차 우리들이 짐승들을 업신여기는 일이다. 그들이 마음놓고 살아가도록 귀찮게 하지 않는 것과 사랑의 눈으로 바라보는 것만이 가장 올바른 일인 것이다.

자연 속에 들 때 스스로 자연의 작은 존재임을 깨닫고 행동해야 한다. 그들이 나를 위해 살아가는 것이 아니라 서로를 위해 살아가고 있음을 알아야 하고 그런 생각으로 자연 속에 들어간다면 마음과 몸가짐이 조용하고 수선스럽지 않아야 할 것이다. 그들의 생명을 귀하게 여기고 그들이 사는 집에 찾아온 손님으로 그곳에 들었다 나오는 것이다.
오솔길을 벗어나 자연 속을 마구 헤집고 다니는 일은 짐승들의 삶터를 무너뜨리는 일이며 먹이를 주는 일은 짐승들이 스스로 살아갈 수 없도록 만드는 일이다. 산에 올라 함성을 지르고 쏜살 같이 산길을 내닫는 일은 짐승들의 삶을 뒤흔드는 일이며, 자연 속에 들어 시끄럽게 핸드폰을 사용하는 일은 자연의 소리를 몰아내고 자연을 보고 느낄 수 없도록 만드는 일이다. 숲을 지키고 짐승들이 잘살아 가도록 돕는 일은 그들의 삶과 함께 우리들의 삶을 존중하고 더불어 살아가는 일이다.

부지런히 움직이고 자연 앞에 겸허한 마음으로 설 수 있도록 스스로를 몰아가야 한다. 적게 먹고 많이 움직이며 생태적인 삶을 사는 것은 삶을 여유롭게 만들고 모든 생명 있는 것들의 존재를 느끼며 살도록 만든다. 생태적인 삶을 살아가는 것은 모두가 더불어 사는 일이며 문명의 끈을 놓을 때 자연은 우리에게 다가선다.

지난 겨울 많은 눈으로 여러 마리의 산양과 짐승들의 주검이 눈에 띄었다. 다른 짐승들이 뜯어먹고 주검의 한쪽만 남았다. 죽어서 다른 짐승들의 먹이가 되고 그들의 목숨을 살리는 것이다. 겨울철의 눈과 추위는 약하고 병든 녀석들을 솎아 내고 튼튼한 자연의 모습을 만들어 간다. 자연의 질서는 되풀이되고 생명 있는 모든 것들에게 골고루 손길을 미치고 있다. 우리들도 자연의 질서에 따라 태어나서 살다가 사라질 뿐이다. 무엇 하나 건드리지 않고 세상을 건너갈 수 있을까 괴로워하며 깨어 있는 삶을 살아야 할 것이다.

어둠에 등을 떠밀려 발걸음은 바빠지고 내려가야 할 산길은 멀기만 하다. 숲길을 지나고 골짜기를 건너 산길을 내려간다. 별들이 하나 둘 돋아나고 나무들이 하늘에 그림자처럼 섰다. 둥근 달이 떠오르고 숲 속에 나무들의 그림자가 유령처럼 흔들린다. 어둠은 슬며시 자리를 비켜서고 설악산이 쏟아지는 달빛을 받고 누웠다. 산양도 달빛 속에 몸을 뉘이고 힘들었던 하루를 보내고 있겠지.

며칠 그들의 삶터를 더듬어 보았지만 산양의 흔적이 크게 눈에 띄지 않았다. 높은 산에서 바위절벽을 오르며 흔적을 더듬는 일은 마음가짐에서부터 움직임 하나까지 사랑을 바탕으로 이루어져야 하기에 가까이 다가서는 일은 힘들고 어렵다. 발자국 하나, 똥 한 무더기에도 가슴 설레며 산양의 모습을 떠올려 보았다. 우리 모두는 한 형제이며 설악산 어머니의 품 속에서 생명을 이어가는 존재다. 산양과 나는 하나가 되고 그들이 살지 않는 설악산을 떠올릴 수조차 없다는 것을 온몸으로 느낀다.

박그림 ◆ 서울생으로, 산이 좋아 1992년부터 설악산 설악동에서 살고 있다. 1993년 설악녹색연합을 창립하여 설악산 지킴이로 다시 태어나, '산양의 동무 작은뿔', '산양을 위한 연대' 등을 창립하였다. 환경부장관, 문화재청장 표창을 받고, 대한산악연맹 대한민국산악상(반납), KBS 설악사랑 대상을 수상했으며, 2004 대한민국 국민훈장 석류장을 받았다. 한국산악회, 한국산서회 회원으로 우이령보존회 운영위원, 속초·고성·양양 환경운동연합 생태자문위원, 환경부 전국자연환경조사 전문조사원, 설악산자연자원조사 전문조사원, 청정 강원21 실천협의회 위원, 환경부 중앙환경자문위원으로 활약하고 있다. 저서로는 「반쪽만 비추는 거울」「설악산」「산양똥을 먹는 사람」 등이 있다.

심금솔숲
어제와 오늘 그리고 내일을 만나는 마을숲

박 봉 우

강원대 교수

마을숲

그들을 맨 먼저 맞이하는 것은 마을 초입에, 성성한 바람 소리를 내며 검푸른 구름머리를 이루고 있는 솔밭, 적송 숲이었다.(…) 이 솔밭은 고리배미의 장관이요, 명물이었다.(…) 말발굽 모양으로 휘어져 마을을 나직히 두르고 있는 동산이 점점 잦아내려 그저 밋밋한 언덕이 되다가 삼거리 모퉁이에 도달하는 맨 끝머리에, 무성한 적송 한 무리가 검푸른 머리를 구름같이 자욱하게 반 공중에 드리운 채, 붉은 몸을 아득히 뻗어 올리고 있었다. 그리고 여기에는 성황당이 있었다.(…) 적송의 무리는, 실히 몇 백 년 생은 됨직하였다.

이런 나무라면 단 한 그루만 서 있어서도 그 위용과 솟구치는 기상에 귀품貴品이, 잡목 우거진 산 열 봉우리를 제압하고도 남을 것인데, 놀라운 일이었다. 수십 여 수樹가 한자리에 모여 서서 혹은 굽이치며, 혹은 용솟음치며, 또 혹은 장난치듯 땅으로 구부러지다가 휘익 위로 날아오르며, 잣바듬히 몸을 젖히며,

유연하게 허공을 휘감으며, 거침없이 제 기운을 뿜어내고 있었다. 그런가

하면 어떤 것은 오직 고요히, 땅의 정精과 하늘의 운運을 한 몸에 깊이 빨아들여 합일合—하고 있는 것 같기도 하였다. 붉은 갑옷의 비늘이 저마다 숨결로 벌름거리고, 수십 마리 적송은 적룡赤龍의 관능으로 출렁거려 피가 뒤설레는데, 제 몸의 그 숨결로 오히려 서늘한 바람을 삼아 사시사철 소슬하게 솔숲을 채우는 이곳을 두고 고리배미 사람들은 그저 '솔 무데기'라고만 하였다.(…) 오고 가며 이 길목을 지나가던 길손들까지도 솔바람 소리 성성한 적송의 무리 속에 조촐하게 세워진 순박한 모정에 눈이 가면 저절로 걸음을 멈추곤 하였다 —2003 최명희

마을 입구에 위치한 마을 숲의 전형적인 모습을 그려내고 있는 장면의 일부다. 이렇듯 마을 초입의 마을 숲은 그곳에 마을이 있음을 무언으로 말해 주고, 그 마을에 숲을 생각할 수 있는 여유와 식견을 가진 사람들이 살고 있음을 은연중 내 보이고, 마을을 찾는 길손이 가쁜 숨을 들이고 자신의 차림새를 한 번 돌아보게 하는 곳이기도 하다.

이러한 마을 숲은 자연적으로 이루어진 숲을 잘 유지 관리하면서 비롯된 것이 있는가 하면 인공적으로 심어 가꿔 이루어진 숲도 있다. 그러나 심어 가꾸었든, 자연의 숲에서 비롯되었든 어쨌거나 마을 숲은 마을에서 생활하며 숲을 유지 관리하던 선조들의 손길이 닿아 있는 숲이다.

마을숲의 역사

마을 숲은 인류의 등장과 함께 시작되었다고 할 수 있다. 지구상에 인류가 등장하면서부터 사람들은 식량 확보가 용이하고, 밖을 내다보면서 자신의 몸을 보호할 수 있는 곳, 무리나 가족의 안전을 도모할 수 있는 장소를 찾고, 조정하고, 만들기 시작하였을

것이다.

애플턴(Appleton, 1977)의 전망-은신처 이론(Prospect-Refuge Theory)에 의하면, 에워싸인 곳은 위험으로부터 은신 할 수 있는 곳이었고 전망이 좋은 곳인 까닭에 안전함과 여유를 느낄 수 있는 곳이었다.

비록 시야가 좋다고 해도 열려진 평야처럼 노출된 곳은 초기 인류에게는 자신이 드러나서 관심의 대상이 되어 위험에 처할 수 있고, 조심스러움이 뒤섞인 곳을 의미하였다. 이러한 공간적 질서에 대한 반응은 오늘날까지도 우리의 체험 속에 녹아 있어 생존에 가장 근본적인 고려 요소가 되고 있다. 즉, 노출과 둘러싸인 정도의 다양함, 전망과 시선 차단의 조합 정도는 생존 방식에 있어 위험을 피하고 조심스러움과 안전함과 휴식에 대한 원형적 반응을 계속해서 이끌어 낸다. 마을 숲은 이처럼 전망이 좋으면서 은신과 피난에 적합한 장소라는 관점에서 비롯되었다고 할 수 있다.

우리의 역사 기록으로 보면, 마을 숲의 기원은 단군신화에 등장하는 신단수까지 거슬러 올라 갈 수 있다. 신단수 아래 펼쳐진 신시는 바로 신단수라는 한 그루의 나무 혹은 한 무더기의 숲을 그 초입에 가지고 있었을 것이다.

신종원(2003)은 우리가 이제껏 신시神市라고 읽어 왔던 것을 신불神市로 읽을 수 있다고 하였다. 신불이라면 그것은 한 무더기의 숲으로, 바로 글자 그대로 마을 숲을 가리키는 것이 된다고 할 수 있다. 또 「삼국유사」에 등장하는 김알지의 탄생설화가 깃든 계림鷄林, 사천왕사와 관련 있는 신유림神遊林, 흥륜사 곁의 천경림天鏡林과 신라 서라벌의 마을 이름으로 기록되고 있는 대수촌大樹村 등에서도 마을 숲의 한 모습을 볼 수 있다.

현재 경주시에서 만날 수 있는 계림에서 우리는 예전의 마을 숲 모습이 오늘의 것과 다르지 않다는 것을 알 수 있다. 또 오늘날에도 옛 선조들의 지혜를 엿보기에 충분한 대표적인 마을 숲으로 대관림大館林과 관방제림官防提林을 들 수 있다.

대관림은 신라 말기 진성여왕 시절 함양 태수였던 최치원(서기 857-?)이 마을에 잦았던 홍수로 인한 침수피해를 방지하기 위하여 조성했다고 전해지는 숲으로 함양군 함양읍 대덕리 위천渭川가에 있다. 함양 상림이라고도 부르고 있는 이 숲은 현재 2,500여 평방미터에 달하는 하안림河岸林으로 소나무, 측백나무를 비롯하여 갈참나무, 이팝나무, 회화나무, 말채나무 등 다양한 수종으로 구성된 아름다운 숲이다.

관방제림은 조선시대인 1648년 부사 성이성과 1854년 부사 황종림이 담양군 담양읍을 흐르는 영산강 상류 하천에 역시 홍수 피해를 방지하기 위하여 쌓은 제방에 조성된 약 2킬로미터에 이르는 숲으로 수령이 130~400년 생에 이르는 팽나무, 느티나무, 이팝나무, 음나무, 곰의말채나무 등 다양한 수종으로 구성되어 있다.

또 조선시대 「해동지도」에도 마을 숲이 그려지고 있는데, 여주의 팔경 가운데 하나인 팔대수를 보여 주고 있다. 물론 이처럼 직접 물과 관련된 마을 숲도 많이 있지만, 춘천의 심금 솔숲, 강릉을 향하여 대관령을 내려가다 우측에서 만나는 금산 솔숲을 비롯해서 물리적인 물과 직접 연관을 갖지 않는 다양한 마을 숲이 전국적으로 산재하고 있다.

우리나라의 마을 숲에 대한 체계적인 조사 기록으로는 1938년에 간행된 「조선의 임수」와 1994년 발간된 「마을 숲」을 들 수 있다. 「조선의 임수」에는 우리나라 전역에 걸쳐 약 200곳의 숲 지역을 조사 보고하고 있는데, 우리가 마을 숲이라고 부르는 것들의 상당수가 포함되어 있다. 그리고, 「마을 숲(김학범, 장동수, 1994)」에는 전국적으로 342개 소에 달하는 마을 숲의 존재가 보고되어 있다.

이러한 마을 숲의 명칭은 지방에 따라서, 풍수적인 측면, 조성된 장소나 형태, 수종, 조성사 등에 따라 다양한 이름으로 부르고 있는데, 일반적으로 수藪, 수藪, 림林 등의 접미사를 달지만, 수구막이, 성황림(숲), 당숲, 숲정이, 숲마당 등으로 부르기도 한다.

심금솔숲

심금 솔숲은 춘천시 신사우동 올미 마을에 위치하고 있다.

춘천 중심가에서 소양 댐 방향으로 방향을 잡아, 소양2교를 건너 1킬로미터 남짓 나아가면 오른편으로 「삼국유사」에도 기록된 우두산牛頭山과 왼편으로는 지금은 집들이 많이 들어서 있기는 하지만 우두벌이 펼쳐진다. 우두산을 지나면 바로 밋밋한 여우고개를 넘어 소양 댐으로 향하게 되는데, 우두산을 지나면서 시선의 앞쪽 왼편으로 한 무더기 솔숲이 보이기 시작한다. 이 솔숲이 '심금 솔숲'이다.

심금 솔숲은 '심었다'에서 파생된 것이라 한다. 마을의 어르신들과 이 숲을 관리하고 있는 마을 주민의 모임인 '재송계'에 의하면, 약 150~200년 전에 조성된 숲으로 알려져 있다. 또 실제로 조사해 본 소나무의 나이도 200년에 이르고 있다.

아마도 그 당시 입향조이던 선조들이 생활하면서 터득한 필요에 의해서 이와 같은 숲이 만들어지게 되었을 것이다. 당시에는 지금보다 규모가 컸을 것으로 생각되지만, 현재 남아 있는 숲의 규모는 전체 약 6,600평에 400여 주의 소나무가 있으며 길이는 700여 미터, 폭 17~36미터에 이르는 선형의 소나무 숲이다—2003 조병완, 박봉우

이 숲은 숲 넘어 동쪽에 위치한 남북으로 뻗은 야트막한 산을 배경으로 형성된 올미 마을의 외부 울타리 역할을 한다. 마을의 지리 환경을 보면, 마을 뒤편으로 배경이 되는 나지막한 산은 마을의 동

쪽을 가로막고 있는 형국으로 마을 전체가 서향으로 좌향한 것으로 보이게 한다.

서쪽을 향하고 있는 마을 중심에서 보면 정면의 서향으로는 심금 솔숲과 그 너머로 너른 우두벌이 펼쳐져 있고, 벌판 너머로 북에서 남쪽으로 흐르는 북한강 상류를 만나게 된다.

마을의 오른편은 북쪽으로 마을 뒷산과 연결된 낮은 산들이 잇따르고, 저수지가 위치해 있다. 마을 왼편, 즉 남쪽 방향으로는 소양강이 지근거리를 흘러 나가고 있다. 지금은 숲의 규모가 줄어들어 소양강과 연결되고 있지 않지만, 처음에는 연결되었을 것으로 짐작할 수 있다. 현재 남아 있는 숲에서 소양강 쪽으로 뚝 떨어져 잔존하고 있는 소나무 몇 그루가 그러한 짐작을 뒷받침해 주고 있다.

심금 솔숲의 필요성은 생존에 있어 위험을 피하고 조심스러움과 안전함과 휴식에 대한 추구라는 면이 포함된 마을 계획의 차원에서 시작되었을 것이다. 마을 앞쪽으로 펼쳐진 우두벌에 무방비로 완전하게 노출된 마을을 가려줄 필요가 있으며, 마을의 경계도 중

❶── 전형적인 마을 숲의 모습(심금 솔숲)이다.
❷── 계림에는 김알지의 탄생설화가 깃들어 있다.
❸── 지금도 남아있는 관방제림의 모습이다.

요했겠다. 이와 더불어 자연환경에 대한 반응으로도 숲이 있어야 한다고 보았을 것이다.

자연환경에 대한 대처는 봄철에 올미 마을을 방문해 보면, 피부로 실감할 수 있다. 서쪽으로 펼쳐진 우두벌에서 불어오는 강한 서풍을, 경작지를 거쳐오는 흙바람을 몸으로 받는다. 심금 솔숲의 주요한 역할의 하나는 이 바람을 막기 위한 것이었음을 짐작할 수 있다. 마을의 좌향이 서향인 까닭에 여름철의 강렬한 석양 햇살을 완화시킬 필요도 있었을 것이고, 농사철의 더위를 피하는 장소로서도 쓰였을 것이다. 가을에는 가을걷이를 마치고 난 마을에서 벌렸음직한 풍물잡이 터와 마을 공론이 이루어지는 장소로서의 역할도 빼 놓을 수 없다. 겨울철은 역시 북한강에서 우두벌을 건너서 불어오는 북서풍의 찬바람을 막아내는 역할도 한 것이다.

이런 점으로 볼 때, 심금 솔숲은 방풍림의 역할에 상당한 비중을 두었던 것으로 해석할 수 있다. 방풍림에 대한 연구 보고에 의하면, 일반적으로 방풍림을 구성하고 있는 수목의 키의 25~30배에 달하는 거리에 방풍 효과를 미친다고 한다(Tivy & O'Hare, 1991). 심금 솔숲의 경우 솔숲의 키는 11~20미터 이하가 전체의 83퍼센트를 차지하고 있고, 숲에서부터 마을 중심까지의 거리는 360미터에 이르고 있어 풍속 감소의 효과 범위 내에 마을이 위치하고 있음을 알 수 있다.

아울러 심금 솔숲이 위치한 곳이 예전에는 저습지, 범람지였다는 점도 간과할 수 없는 중요한 요소이다. 이 저습지는 서풍과 더불어 마을에 과도한 습기를 안겨주었을 것인데, 솔숲의 조성으로 인하여 그와 같은 점을 완화시킬 수 있었을 것이다.

또한 심금 솔숲은 남쪽으로 소양강과 연계되었음을 미루어 짐작할 수 있다. 이는 마을의 좌향에 비추어 수구막이 숲의 역할도 담당하였을 것으로 보이며, 마을 어르신에 의하면 심금 솔숲의 규모가 예전에는 현재의 3배 정도였고 지금의 여우고개까지 연결되었었다는 증언이 있다.

이와 더불어 현재 심금 솔숲과는 떨어져 소양강 쪽에 잔존하고 있는 소나무의 위치가 이를 뒷받침한다고 할 수 있다. 물론 수구막이 역할은 당시에는 풍수적 필요성을 충족하는데 중심을 두었겠지만 오늘날 우리가 말하는 생태 회랑으로서의 역할도 일정 부분 담당했을 것이다.

심금 솔숲의 과거와 현재 그리고 미래

올미마을을 안온하게 지키는 역할을 하기 위하여 입향조 선조들에 의하여 심어 가꾸어 이룩된 생명의 숲의 본보기인 심금 솔숲은 조상들의 노력에 의한 소산이고, 그러한 노력은 '재송계'에 계승되어 오고 있다. '재송계'를 통하여 심금 솔숲은 어제의 선조들과 오늘의 우리, 그리고 내일의 후손들을 연결시키는 고리를 역할을 하고 있다.

'재송계'는 기본적으로 올미마을 주민으로 구성되어 있고, 매년 노력 봉사를 통하여 숲을 가꾸어 유지 관리하는 일을 공동으로 하고 있다. 따라서 심금 솔숲과 같은 마을 숲은 마을 공유의 문화를 상징적으로 대표하는 것일 뿐만 아니라 그곳에 거주하는 마을 주민의 자연관, 자연사랑, 정서가 자연스럽게 구현되고 있는 장이기도 하다. 이런 측면에서 심금 솔숲은 과거의 선조들과 오늘을 사는 우리들의 현재가 이어져 있는 시공간을 아우르는 곳이며 미래를 만나는 장소다.

당초, 심금 솔숲이 솔숲의 모습을 갖추게 되자 숲 만들기에 애를 쓴

숲을 세 번 걷다

입향조 선조들은 농사일의 쉴 짬을 이 숲에서 보내며, 따가운 햇살을 피하고, 솔바람에 땀을 들이고, 솔바람 소리에 귀를 기울이다 시름노 한동안 잊을 수 있었을 것이다. 그리고 그 솔숲이 마을을 지켜주어 자손들과 더불어 영원히 번성하라는 기원도 함께 하였으리라.

마을을 지키는 숲으로 마을 사람들의 아낌을 받으며 한 껏 자라던 솔숲도 계절이 바뀌면서 겪는 시련이야 있겠지만 일제 강점기를 거치면서 혹독한 시련을 경험하게 된다. 전쟁물자 비축에 광분하던 일제에 의해 전국적으로 거송, 노송에서 송진 채취가 시작되면서 심금 솔숲의 소나무들도 칼로 몸을 에어내는 아픔을 겪는다.

제대로 치료도 받지 못한 채 아물린 상처는 60년이 지난 지금도 칼자국을 자신의 몸에 안고 있다. 그 후 한국전쟁을 거치면서 숲의 일부가 군용지로 징발되어 사용되다가 민간에게 불하되는 바람에 비록 같은 땅에 서 있기는 하지만 상당수 동료 소나무들과 지적도 상으로 분리되는 아픔을 겪기도 했다.

그런 세월을 거치면서 춘천 시민들의 쉼터, 학생들의 소풍지로 이용되기도 하고, 마을의 어린이 놀이터 시설지 등으로 활용되고, 숲 속에 난 오솔길이 어느새 시멘트 포장으로 바뀌고 하면서 오늘에 이르고 있다.

심금 솔숲은 마을 주민으로 구성된 '재송계'에 의해서 숲의 유지 관리에 힘을 기울이고 있지만, 그 미래는 결코 밝지 않다. 심금 솔숲은 그동안 규모면에서 볼 때 당초의 1/3만 잔존하고 있을 정도로

❶ —— 심금 솔숲에서 본 올미마을 전경(안쪽)이다.
❷ —— 사유화와 난개발로 심금 마을 숲이 몸살을 앓고 있다.
❸ —— 심금 솔숲을 이어가기 위하여 어린 소나무를 새로 심었다.

축소되어 왔고, 남아있는 숲도 전체 면적의 16퍼센트가 사유지로 전환되어 있는 상태이다.

사유지는 최근에 택지로 바뀌고 음식점이 들어서는 등 전체적으로 숲 모습을 왜곡시키는 토지이용형태가 일어나고 있다.

숲 모습의 변형은 숲 내부 혹은 숲과 인접한 토지에서 일어나는 토지 이용 형태의 변화 외에도 마을 숲의 보존 유지를 꾀한다는 명목으로 심은 나무들에 의해서도 비롯될 수 있다.

숲 속에 무분별하게 심어 온 잣나무, 스트로브스 잣나무, 벚나무, 목련 등의 수종이 장차 소나무로 형성된 마을 숲의 스카이라인에 영향을 미치게 될 것이다. 또 숲 바깥 쪽 경작지에는 늘어난 시설 농업 구조물과 건축물들이 심금 솔숲을 포위해 들어오는 형편이어서 당당한 모습을 보이던 마을 숲을 초라하게 만드는 또 하나의 원인이 되고 있다.

주변에서 일어나는 토지이용형태의 변화와 늘어가는 구조물들로 인하여 방풍림 역할을 하는 심금 솔숲의 기능은 축소되고 있고, 덩달아 방풍림이라는 심금 마을 숲의 존재 가치도 점차 낮아지고 있는 실정이다.

주변의 농경지가 다른 시설 용지로 바뀌고, 방풍림이라는 실질적인 역할이 줄어든다는 것은 사람들로 하여금 심금 솔숲을 적극적으로 보존해야 한다는 절실함을 느슨하게 만들 것이고, 점차 일상에서 멀어져 급기야는 우리 시야에서 사라지게 될 것이다.

그러나 마을 숲의 존재 가치는 기능적인 필요성에 국한된 것이 아니다. 비록 글의 앞부분에서 마을 숲의 기능적인 측면을 주로 언급하였지만, 시간이 녹아들어 이루어진 마을 숲은 그 문화 상징적 존재 가치 만으로도 필연적으로 보존해야 할 우리의 문화유산이자 생태유산이다.

맺는말

심금 솔숲을 비롯한 마을숲은 과거와 현재와 미래가 연결되는 장소임과 동시에 우리의 전통적인 마을 공동체의 모습을 공유하고 있는 정주 공간 문화를 상징적으로 대표하는 곳이다.

아울러 마을숲은 그곳에 거주하는 마을 주민이 환경과의 조화를 이룬 삶 속에서 얻어진 자연관, 자연사랑, 정서가 자연스럽게 표현된 생태주의가 현현되고 있는 장이기도 하다.

자연 생태의 중요성이 단연 강조되고 있는 21세기에 우리는 이미 수 백 년 전에 우리 선조들의 지혜와 시간의 축적으로 이루어진 생태유산을 가지고 있다는 것은 다른 어떤 것과도 바꿀 수 없는 귀중한 자산이다. 이러한 생태유산들이 눈 앞의 금전적인 이유로 방치되고 인멸되어 사라지게 해서는 결코 안 될 일이고, 반드시 온당하게 평가되어야 한다.

그럼에도 불구하고 심금 솔숲을 비롯한 우리나라의 마을숲은 적절한 자리 매김을 해 받지 못했을 뿐만 아니라 이들의 미래도 결코 밝지 않다는 아쉬움이 있다. 그동안 심금 솔숲의 보존 필요성을 수차 제안하였지만, 마을 숲의 문화 자원적 가치, 생태유산 가치의 중요성을 인식하지 못하는 행정당국에 의하여 그대로 방치되고 있는 실정이다.

심금 솔숲의 경우, 현재는 '재송계'에 의해 숲이 유지 관리되고 있기는 하지만, 마을 공동체라는 공동체 의식이 옅어져 가는 산업화시대에 사는 우리에게 농사를 지으면서 그 숲의 필요성이 절실하던 예전과는 숲을 대하는 사고방식과 느낌에 차이가 있을 수밖에 없다.

더구나 농촌 인구의 감소와 더불어 숲 밖으로부터 밀려오는 토지 이용형태의 변화와 같은 것들에 대응하기에는 '재송계'의 숲에 대한 애정 만으로는 역부족일 수밖에 없다.

숲을 세 번 걷다

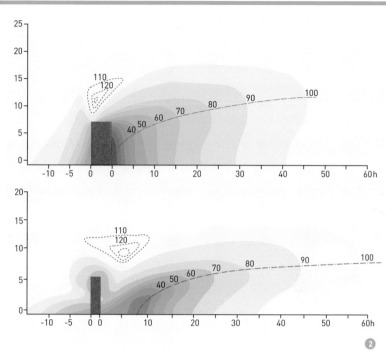

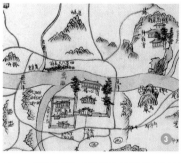

❶ —— 일제 강점기, 송진 채취로 인한 상흔을 보여준다.

❷ —— 방풍림 폭의 넓고, 좁은 정도에 따라 풍속의 변화 비율을 보
여 주는 방풍림 모식도 **세로 축은 나무의 키-h이고, 단위는 미터-m임**

❸ —— 남한 강변을 따라 팔대수가 분포하고 있음을 보여준다.

심금 솔숲을 비롯한 전국적으로 산재하고 있는 마을숲은 우리의 중요한 문화유산이며 생태유산인 관계로 적극적으로 유지 보존하기 위한 지원이 뒤따라야 한다. 숲을 숲답게 유지하기 위해서는 숲 주변의 일정 공간은 비워져 있어야 한다.

따라서 숲을 에워싸고 있는 일정 공간은 토지의 형질 변경을 제한하고, 숲의 유지 관리에 필요한 기술 지원과 자문 등의 제도적 운용을 시급하게 보완할 필요가 있다. 또한 부분적으로 훼손되었다고 방치할 것이 아니라 훼손된 부분을 복원하려는 노력이 뒤따라야 한다.

원주 신림의 수림지樹林地에서 보듯이 오랜 기간 천연기념물로 지정 보존되고 있던 숲이 훼손되었다는 이유로 지정을 해제하여 소멸을 가속화시키는 것은 있을 수 없는 일이라 하겠다.

끝으로, 숲은 시간의 축적으로 이루어진 자산이자 자원이라는 인식을 분명히 할 필요가 있다. 축적된 물질에 대한 보상은 가능할 수 있지만 시간의 축적으로 이루어진 것은 보상할 수 없다는 것을 똑바로 보고, 이를 생태·문화유산인 마을숲을 지키고 유지하는 기본 개념으로 정할 것을 제안한다.

참고문헌

김학범, 장동수. 1994. 「마을 숲」—열화당

서울대학교 규장각. 1995. 「해동지도(영인본)」

신종원. 2003. 〈단군신화의 신화에 보이는 수목신앙〉 「한국사학사학보 8:5-22」

조병완, 박봉우. 2003. 〈심금솔숲의 가치 보존〉—강원대학교 환경연구소 학술발표대회

조선총독부 임업시험장. 1938. 「조선의 임수」

최명희. 2003. 「혼불」 3권—한길사

Appleton, J. 1977. 「The Experience of Landscape.」

Wiley Tivy, J. and O'Hare, G. 1991. 「Human Impact on the Ecosystem」 Oliver & Boyd

박봉우 ◆ 서울 출신. 고려대 임학과를 졸업하고 서울대 환경대학원에서 조경학 석사, 고려대학교 대학원에서 농학박사 학위를 받았다. 현재 강원대학교 산림과학대학 조경과 교수이고, 조경학, 산림휴양, 국립공원, 자연환경보존 및 복원 분야에 관한 연구를 하고 있으며, 숲과 문화연구회 운영회원으로 활동하고 있다. 최근의 저서로는 이성필 편, 2003「숲과 물 그리고 연어과의 물고기」「숲과 물 그리고 문화」—수문출판사외 다수의 저서와 논문이 있다.

세계의 허파, 키나발루 산

유 성 수
동아일보사 광고국장

아마존 유역과 더불어 지구의 2대 허파라고 불리는 원목 수출의 대
명사 보르네오 섬의 최고봉 키나발루 산을 오르기 위해 코타 키나
발루 공항에 내렸다.

말레이시아 령 보르네오 북부, 브루네이 왕국 동쪽, 광활한 사바주
의 수도, 코타 키나발루는 울창한 열대수림에 덮여있고 언덕 군群 위
에 군데군데 파묻혀 있는 그림 같은 별장식 집들과 해변도로가 이국
의 정취를 물씬 풍기고 있었다. KOTA는 TOWN, KINA는 CHINA,
BALU는 WIDOW라 하니 '중국 과부 도시'라는 뜻이 되겠다.

산행 첫째 날◆ 적도에 가까운 동남아 최고봉을 정복한다는 설렘으
로 잠을 설쳐 몸이 약간 무거웠다. 아침 일찍 도심을 벗어나자 어
린 야자수들이 가느다란 다리에 가분수로 머리만 높이 쳐들고 인
사를 한다.

벼는 누렇게 익어 수확기에 이르렀고 집들은 굴뚝이 없어 남국에
와 있음을 실감케 한다. 평지에 수상가옥처럼 다리를 받치고 지면

과의 사이를 띄워 집을 지어놓은 것은 뱀이나 곤충들을 의식한 것
일테고, 기둥이 가는 것은 태풍의 염려가 없음이라 짐작된다.

농가 근처에는 물소가 거닐고 마치 산양 비슷한 동물이 풀을 뜯고
있어 평화로워 보였다. 평지를 30분쯤 달리던 차가 서서히 고도를
높이기 시작하여 20분을 더 오르니 솜 같은 구름이 골짜기에 가득
차 바로 눈 아래로 펼쳐진다. 우기인데도 하늘은 쾌청, 엄청난 규
모의 밀림이 시야에 들어왔다.

생명의 숲 터널을 걸으며

출발한 지 약 1시
간10분을 경과하
여 표고 650미터에 이르렀으나 거대한 정상의 자태는 시커먼 구름
에 휩싸여 보이지 않아 안타까웠다. 길가엔 함석지붕을 한 목조 가
옥들이 드문드문 눈에 띄고 대나무로 엮어 만든 길쭉한 통을 짊어지
고 과일을 따러 가는 들창코 청년이 유유히 길 한쪽을 걷고 있었다.

1시간 30분 경과, 표고 850미터, 고산의 날씨는 심술궂기만 하다.
삽시간에 구름이 벗겨져 하마와 코뿔소를 합쳐놓은 듯한 형상의
그 우람하고 기묘한 첨탑 암봉 군이 나타나 넋을 잃고 보고 있으려
니 이내 구름 옷을 다시 입고 모습을 감추어 버린다. 발 아래 내려
다보이는 골짜기들은 벌목을 했는지 듬성듬성 머리를 깎아 놓은
것 같은데 혹시 그 원목들은 우리나라에 팔려 나가지나 않을지. 언
덕 위에는 집들이 사이좋게 옹기종기 모여 있었다.

표고 1,000미터, 길가에 우리의 시골 장터 같은 과일시장이 있어
이 것 저것 맛을 보고 모두들 배낭에 두둑이 넣었다. 표고 1,200미
터, 녹색 판에 하얀 줄을 그어놓은 것 같은, 낙차가 매우 큰 카레다
테 폭포가 보였다.

2시간 20여분 경과, 표고 1,500미터에 서 있는 국립공원의 우아한

관문이 어서 오라 반긴다. 목조의 산악관리소와 기념품 가게가 단 아한 자태를 뽐내고 있다. 도중에 갈아 탄 산악 전용버스가 여태껏 보지 못했던 숲의 극치와 예쁜 산장들을 구경시킨다. 차 두 대가 간 신히 비킬 수 있을 정도의 도로변에는 육모정자가 마련되어 있다. 표고 1,889미터, 이곳이 드디어 산행기점이 되는 국립공원 전용 화력발전소 옆 팀폰TIMPOHON 게이트이다. 코타 키나발루로부터 국립공원 입구까지 90킬로미터, 입구로부터 4킬로미터를 차로 온 것이다. 여기서부터 정상 4,101미터까지 표고 차는 2,212미터인데 거리가 5.25마일이라고 하니 경사가 얼마나 심한 길이란 것이 짐 작이 간다.

❷

❶── 해발 3,353m 에 위치한 라반나타 산장. 주위에는 환상적인 주목단지에다
　키나발루 암봉군을 배경으로 하고 있어 풍광이 빼어나다.
❷── 키나발루 산행 기점 팀본 게이트(해발 1,889m)생명의 숲터널이 시작된다.

8명당 1명씩 필수적으로 기용하게끔 되어있는 산악안내자들은 「원색 식물도감」까지 들고 와 설명해 줄 정도로 철저히 가이드 교육을 받은 사람들이었다. 한국에는 약 5,000종의 식물이 있는데 비해 키나발루 산에는 8,000여종이나 서식하고 있어 세계 최고 식물의 보고라는 설명이다. 길은 나무 말뚝을 박아 통나무를 고정시킨 계단으로 계속되어 있고 아주 질퍽한 곳은 통나무 발이 설치되어 있다. 또한 손으로 잡고 갈 수 있게끔 통나무 난간을 만들어 놓아 자연의 정취를 잃지 않도록 배려도 하고 있다.

이 산에는 1,200여종의 난초가 있는데 고목의 줄기와 바위에 붙어 사는 난이 특이하고, 7층으로 난이 붙어 있는 그야말로 난초 아파트 나무도 있다. 나무들의 이끼에 여러 가지 식물들이 착생하여 고운 꽃을 피우고 있는 것도 있다. 네펜디스라는 식충식물은 먹이를 구하기 위해 화려한 입을 벌리고 있는데 주머니 안에는 꿀 같은 끈적끈적하고 소화력이 강한 액체가 있어 곤충들이 일단 빠지면 헤어나지 못하고 분해된다고 한다. 식충식물은 9종류가 있고 큰 것은 쇠불알 만하다.

표고 2,250미터 지점부터 시누대 나무 종류가 나타났다. 자연 온실에 수증기가 끼어있는 것 같이 안개가 오락가락 하더니 가랑비가 오기 시작하기에 비도 피할 겸 2,385미터의 네 번째 정자에서 먹은 도시락은 꿀맛이었다. 비는 어김없이 낮에 한차례씩 온다고 하므로 식물들이 잘 자랄 수밖에…. 열대림이 아름다운 것은 3계층으로 구성되어 있는 온대림에 비해 2계층이 더 있는 5계층으로 되어 있기 때문이란다.

정자들은 목조의 육모형 건물에 함석지붕을 올리고 식물들의 이름을 따 명명되었다. 부근에는 길 안내판과 철제 식수통이 설치되어 있고 길을 따라 팔뚝 만한 굵기의 전선과 수도관이 표고 3,400미터

지점 산장까지 연결된다고 한다.

가이드는 썩지 않는 쓰레기를 버리지 못하게 하였고 과일 껍질 등 부패 가능한 쓰레기라도 길 옆이 아닌 숲 속 깊숙이 던지라고 계속 주의를 주었다. 자연을 철저히 보호하려는 안내자의 프로 정신에 그저 존경심이 갈 뿐이다.

하나의 화강암 덩어리 같은 정상부

표고 2,621미터에 함석으로 매우 튼튼하게 지은 관리인용 라양라양 대피소는 등산 기점으로부터 라반라타 산장까지의 중간지점으로서 화장실도 두개나 되며 시설은 좋았다. 3,190미터 지점에 이르니 밖에서 안이 환하게 들여다보이도록 삼면이 유리창으로 된 마지막 제7휴게소인 파카케이브 대피소가 나타났다.

통나무 계단은 아직도 이어지고 햇빛이 비치기 시작했으며 정상 부근 일부가 보였다. 대피소 바로 뒤쪽 언덕에는 200평 정도의 왕모래가 깔린 큰 마당이 있는데 헬리콥터가 충분히 착륙할 수 있을 뿐만 아니라 텐트 치기에도 적합한 곳이라 생각되었다.

그 조금 위쪽에는 산행 첫 밤을 지낼 표고 3,353미터의 라반라타 산장이 있다. 구름이 완전히 벗겨져 거대한 화강암 한 개의 덩어리로 된 듯한 정상의 위용이 드러나자 탄성이 절로 나왔다.

산장은 2층으로 52명까지 수용 가능하며 난방시설, 샤워시설도 갖추고 식당과 휴게실이 현대식으로 잘 꾸며져 있다. 부근에 군팅라가단, 와라스헛, 파나라반 등 3개 산장이 더 있는데 이 4개의 산장들은 모두 풍광이 빼어난 환상적인 주목朱木지대에 있다.

적도에 가깝다지만 높은 지대라 기온이 낮아 옷을 껴입지 않으면 안 되었다. 구름이 어디서 왔다 어디로 가는 건지 주위를 완전히

아침 햇살에 빛나는 키나발루 암봉들이 우람한 모습이다.

뒤덮어 시야를 가리다가도 어디론가 홀연히 자취를 감추곤 하여 날씨를 도통 종잡을 수가 없었다.

발 아래 깔려 있는 구름과 저 멀리 오락가락하는 구름 사이로 모습을 드러냈다 사라지는 연봉들에 취해 있자니 신선도 부럽지 않았다.

산행 둘째 날◆새벽 2시에 기상하여 토스트와 커피로 간단히 요기를 하고 출발을 서둘렀으나 일행 중 4명이 고산증으로 정상정복을 포기하겠단다.

키나발루 산은 세계의 허파라는 비유에 걸맞을 만큼 방대하고 울울

키나발루산 바윗길. 이정표 역할을 하는 자일과 밧줄이 정상까지 이어져 있다.

창창한 삼림이 내뿜어대는 산소 덕분에 다른 고산들에 비해 고소증이 훨씬 덜하다고 하던데….

3시의 새벽하늘은 별들이 현란하기 그지없다. 가파른 통나무 계단을 15분쯤 오르자 돌연히 이슬비가 촉촉이 내렸다. 출발 45분 후 표고 3,600미터지점, 주목지대가 끝나면서 완전히 암릉인 절벽이 앞을 가로막는다. 설치된 밧줄을 이용하여 다시 15분 가량 오르니 개방된 대피소가 보였다.

이곳에서 정상까지는 2킬로미터 정도로 3,600미터부터 설치되어 있던 밧줄이 정상까지 연이어 있다. 이 밧줄은 이정표와 자일, 두

가지 역할을 하고 있는 셈이다.

5시경 능선에 오르자 총총히 빛나는 별들이 손을 뻗으면 닿을 것도 같고 우수수 쏟아질 것도 같다. 0.5마일 남았다는 표시가 있는 지점에서는 별똥별 하나가 길게 꼬리를 늘어뜨리며 사라져 간다.

5시 15분, 조금 전까지도 보이지 않던 최고봉이 별빛을 배경으로 어렴풋이 그 모습을 드러냈다. 급경사를 밧줄에 의존하여 다시 오르기 시작, 5시 반경, 이제 더 이상 오를 곳이 없다. 표고 4,101미터 최고봉 LOW'S PEAK에 홀로 섰다. 이 호쾌함을 무엇과 견줄 수 있을까.

남십자성이 유난히 빛나는 찬란한 새벽이다.

북서로는 우람한 세인트 앤드류스와 빅토리아 봉이, 서쪽으로는 웨스트 봉이, 남쪽으로는 세인트존스 봉이, 동남으로는 사우스 봉이 보인다. 동북으로는 로즈 협곡의 엄청난 절벽이 시커먼 입을 벌리고, 동쪽으로는 돈키 이어스 봉 등 암봉들이 줄을 잇고 있는데 그 모습은 조물주가 마치 거대한 흙 반죽을 대충 주물러 놓은 것 같다.

드디어 4,101미터 최고봉 로우스 피크에 서다

6시 반, 우리 팀의 마지막 두 명이 드디어 도착, 동쪽 하늘의 구름이 벌겋게 물들기 시작했으나 구름 때문에 정작 일출은 볼 수가 없었다. 그 두 사람은 몇 번이나 포기하려다 다시는 기회가 없을 것 같아 사력을 다해 왔노라 했다. 북서로 남지나해가 잔잔히 펼쳐져 있고 남쪽과 서쪽으로 빙하가 할퀴고 간 거대한 자국이 장쾌하다. 하산 무렵, 정상 서북으로 연한 구름에 오색영롱한 무지개가 5분간이나 빛을 발했다.

정상 로우스 봉은 빙하로 인해 갈라져 울릉도의 공암처럼 바위가

정상 로우스 피코에 선 필자. 피곤과 추위로 푸석한 모습이다.

차곡차곡 쌓여있는 형상을 하고 있다. 3,600미터 위쪽부터는 전체가 하나로 된 상상을 초월할 정도의 거대한 화강암 덩어리이다. 정상을 출발, 1시간 반만에 라반라타 산장에 도착하자 정상 정복을 포기했던 일행들이 반갑게 맞는다.

국립공원 입구 근방에 있는 산장으로 내려 올 때는 비를 맞지 않아 추위가 덜 하였지만 열대지방의 산장이어서 난방시설이 되어 있을 리가 없고, 순간온수기가 설치되어 있으나 작동이 안 되어 찬물로 목욕을 하기에는 섬뜩했다. 5시 반경에야 일행 모두가 하산을 마쳤는데 점심도 굶어 모두들 기진맥진 한데다 무릎과 종아리가 아파 죽겠다고 아우성들이다. 뜨거운 물로 샤워를 못해 키나발루 산의 산장에 또 투숙한 것이 후회스러웠다.

산행 셋째 날◆ 온갖 새가 우는 소리에 아침 일찍 잠이 깨었다. 춥게 자 몸은 개운치 않았지만 상큼한 아침 공기에다 청아한 새소리와 싱그러운 열대수림에 매료되어 간밤의 후회가 말끔히 사라져 버렸다. 날씨 또한 청명하여 간혹 흰 구름이 스쳐가는 정상 능선이 멋들어진 숲과 기막힌 조화를 빚어내었다.

오전 중에는 정글 탐사를 하기로 예정되어 있었기 때문에 생태학 사무실과 사진·그림 제작실, 평면·계단식 강의실을 구경했다. 특히 전시실에는 진기한 생물들의 사진이 전시되어 있었다. 억센 근육질의 여성 정글 안내자는 여성스러운 남성 보조 안내자와는 너무나 대조적이었다.

정글 입구에는 기초 학습장이 마련되어 있는데 통나무 의자가 특이했다. 남자 다리통만큼이나 굵은 대나무로 만들어진 집은 지붕, 벽, 기둥도 온통 대나무로 되어 있고 습지 위에 얹힌 다리는 나무로 엮어 만들어 자연 그대로를 살리고자 한 것이 역력했다.

정글 안내자는 쉴 사이 없이 다발총처럼 설명을 계속했다. 깊은 정글에는 키 큰 나무 중간쯤에 파초 한 잎이 둥그렇게 허리를 감싸고 있었는데 이끼와 습한 공기로 인해 성장이 가능하다고 한다. 햇빛이 들 때도 88퍼센트 이상의 습도라 하였다.

희한한 식물들 중 특히 로탐(가시가 돋친 종려 일종)이라는 식물은 개미가 속 줄기에 서식하고 주황색 소귀나무는 표피가 벗겨지므로 착생 식물이 기생할 수 없다고 하며, 세계에서 가장 작은 난초꽃은 육안으로는 볼 수 없어 확대경을 써야만 했다.

반면 라플레시아라는 세계에서 가장 큰 꽃은 직경이 무려 1미터에 무게가 2킬로그램이라고 한다. '정글의 보물'로 통하는 이 거대하고 희귀한 꽃은 자그마치 15개월 동안 봉우리 상태로 있다가 겨우 7일 정도만 피어 있다고 한다. 또 길에 회색 흙처럼 무더기로 쌓여 있는 것이 지렁이 똥이라 하기에 지렁이가 얼마나 큰지 궁금하였으나 볼 수는 없었다.

어린애 주먹 만한 도토리가 있는가 하면 세계에서 가장 큰 1미터짜리 이끼도 있고 한 나무에 다섯 가지 다른 종류가 착생하는 식물도 있다. 세계에서 가장 작다는 난초꽃을 보기 위해 무심코 줄기를 꺾어 들고 다녔더니 안내자가 핀잔을 주었다. 가랑비가 보슬보슬, 차츰 빗발이 굵어져 폭우로 변했다. 대부분 비옷을 준비하지 않아 판초를 텐트처럼 펼쳐 들고 구령에 맞추어 이동하였는데도 가슴 아래부터 후줄근히 젖어 버렸다.

국립공원 입구로부터 39킬로미터, 차로 40분 정도 소요되는 포링 PORING지역은 키나발루 공원에서 빼놓을 수 없는 명소로 등반을 마친 산악인이면 대부분 들러가게 되는 코스다. 이곳은 유황성분이 함유된 미네랄 옥외온천과 천상天上구름다리(CANOPY WALKWAY)로 유명하다.

남국의 열대 우림 경관 인상적

유황냄새가 코를 찌르는 온천을 지나 언덕에 있는 구름다리로 올라갔다. '정글의 왕'이라 불리는 멩가리스 트리MENGGARIS TREE의 꼭대기에 매달아 놓은 높이 41미터, 총 연장 158미터의 출렁다리를 건너며 내려다보는 열대우림의 경관은 참으로 인상적이었다.

언덕 아래 커다란 바위 틈새에서 수증기를 뱉어내며 용솟음치는 80℃ 이상 되는 온천수는 온도가 조절된 몇 개의 옥외탕으로 유입

되었다. 주위가 온통 짙푸른 숲으로 둘러싸여 산소가 풍부한데다 따끈한 온천탕에 몸을 담그니 그간 누적된 피로가 간데없이 녹는 듯하며 숲 속에서의 행복했던 3일간이 아련했다. 경이로운 정글 속에서 새로운 경험으로 흥미진진했던 순간들이었다.

숲은 우리에게 소중한 것들을 선사하는데 인간이 자연에게 되돌려 준 것은 과연 무엇일까. 가꾸어 보태지는 못 할지언정 있는 그대로 지켜주기라도 해야 하지 않을까.

유성수 ◆ 1948년에 태어나 고려대학교 교육학과와 고려대학교 정책 대학원(홍보광고 전공)을 졸업했다. 동아일보사에 첫 입사하여 금년 28 년째근무, 출판국장대우를 거쳐 현재 광고국장으로 재직 중이다.
산을 좋아하여 국내의 유수한 산들을 섭렵했으며, 해외의 명산들을 30 여 봉 등정했다. 사내 산악회장을 4년째 역임하고 있으며 2002년 12월 동아산악회 창립 20주년 기념으로 동호회지『우야~ 우야~ 山』을 4·6 배 판, 292쪽으로 간행하였다.
퇴직 후에는 아직도 가보지 못한 국내의 산들과 세계의 명산들을 찾으 려는 꿈에 부풀어있다. 저서로는 대학원 석사졸업논문인 〈여성지 광 고의 위치 및 형태별 지각과 광고효과에 관한 연구〉가 있다.

숲과 사람

박 성 실

점봉산 진동리 꽃님이네

산, 숲, 물, 하늘, 구름, 흙, 나무, 작은 산짐승들, 벌레들, 온갖 식물들, 그리고 온갖 야생화들, 이런 모든 것들 속에 내가 있음을 느끼게 되면, 세상의 그 어느 누구보다, 세상의 그 어떤 부보다, 세상의 어떤 명예보다, 세상의 어떤 가치 있는 것보다 난 더없이 그지없는 행복감에 들뜨곤 한다. 그러한 마음의 들뜸은 몸을 가볍게 떨게까지 하곤 하는데, 아마도 밀려오는 행복감을 맛보게 되는 일은 곧 몸과 마음의 들뜸이 아닌가 싶다.

모든 것이 점진적이 전원생활

이러한 행복감은 자연을 마주하지 못한 상태에서는 마치 파도에 쓸려버린 모래 위의 자국처럼 희미함 속으로 금방 사라져 버리는 듯하다. 그래서 그 행복함의 존재는 자연이라는 공간 속에 머물러 있을 때에서야 비로소 느낄 수 있게 된다. 어느새 자연은 나의 삶 속에 온전히 스며들어 있게 되었고, 나 또한 자연 속에 있어야 삶의 온전한 행복감을 느낄 수 있으니, 이제는 나의 삶 속에서 그것 없이는 마음의 평화까지도 찾을 수 없는 지경에 이르렀다.

본래 도시 출신인 내가 결혼을 계기로 산 속에 들어와 살게 된 것이, 이미 예정되어 있었던 나의 삶이었는지, 아니면 내 지친 마음에 어떤 위로가 필요해서 누군가가 그 계획을 수정하였는지는 모르지만, 참으로 고마운 삶의 여정이 아닐 수 없다.

산 속에 들어와 삶이란 터전을 일구어 낸 지도 이제 14년째다. 1990년, 산을 좋아하던 한 사람을 만나 결혼을 하고, 그의 뜻한 바를 내 뜻으로 적극적으로 받아들여 산에서의 삶이란 것이 무엇인지도 모른 채, 더군다나 겨울로 들어서는 계절에 산으로 발을 들여놓았다.

그 때의 산은, 특히나 겨울 산 속은 내겐 혹독한 매서움을 맛보여 주기에 충분했다. 이제와는 다른 삶을 살아가야 한다는 마음을 다지기도 전에, 강원도 깊은 산골의 폭설에 갇혀 봄까지 모든 것을 유예해야 하는 상황에 처했다.

이제껏 살아오면서 보지 못했던 그 많은 눈 속에 갇혀 오로지 한 사람과, 세상에서 떨어져 나와 있는 듯한 느낌으로 산 속의 겨울을 보냈다. 겨울 산과 겨울 숲, 보이는 것이라곤 온통 흰색뿐, 사방을 둘러봐도 오로지 하늘과 산등성의 나무들과 얼어붙은 계곡 위로 온통 흰눈 만이 세상에서 존재하는 모든 것인 듯했다.

눈이 내리면, 이제는 지치다 못해 포기하듯 깊은 산 속의 재래 부엌에서 장작으로 불기를 넣은 작은 방에서 동면하는 동물들 마냥 조용히 숨을 죽이며, 그렇게 보냈다. 후에 생각해보니, 그것은 나의 삶의 중간에 있어 온전한 휴식이 주어진 시간이었다.

결혼이라는 새로운 삶의 전환기를 맞게 되면서 온 몸의 물갈이를 하듯, 얼어붙은 집 앞 계곡의 얼음을 깨고 가슴속까지 시리게 하는 계곡 물을 그대로 떠다 먹으며 인적이 전혀 없는 산골의 푸른 하늘을 한 번 쳐다보고, 몸에 닿는 시린 냉기로 정신을 다시 추스렸다. 산골 겨울의 폭설에 따른, 예상치 못한 두절과 고립 속에 부족하기 이를 데 없는 겨울나기 준비, 더구나 전봇대도 세워지지 않은 땅에는 전기가 들어올 리 없고, 그 산골엔 전화조차 연결이 되어있지 않았다. 당연한 산골의 환경이었다. 다만 편리함에 길들여져 있던 내 자신이 오히려 산이란 곳에선 아직 어울림을 이루어내지 못하는 유일한 것이었다.

그러한 최소한의 갖춤으로 산골의 겨울을 나게 한 것은 아마도 지금까지의 산골생활에 적응해낼 수 있도록 나를 무장시켰던 자연의 배려였으리라. 산으로 들어온 낯설은 존재를 어떻게든 적응을 시켜야겠기에 자연은 그렇게 날 혹독히 단련시켰는지도 모른다.

내가 도시에서 산으로 들어온 12월 초부터 겪은 산골의 겨울은 이미 10월 말, 11월부터 시작되었을 터이지만, 산골의 겨울 추위는 4월초에나 되어서야 그 맹위를 조금씩 떨쳐내기 시작을 하였다. 도저히 녹아 내릴 것 같지 않던 그 많던 눈들은 하루하루 그 높이를 낮추어내기 시작을 했고, 몸으로 느끼는 산의 공기 또한 조금씩 부드러움과 온화함을 품어내기 시작을 하고, 겨울에 듣지 못했던 온갖 새들의 지저귐이 하루하루 들리기 시작을 하면서 그들의 분주함이 느껴졌다.

자연에서 하루를 보냈던 행복한 나날

처마 밑에선 연일 지붕에 쌓인 눈이 녹아 내리는 소리로 여름 장마를 연상할 정도였고, 계곡의 물은 엄청난 수량으로 불어나 그야말로 콸콸 흘러내렸다. 어디서 저 많은 물이 생겨났을까 생각을 해보

숲을 세 번 걷다

니, 이곳이 정말로 깊은 산 속임을 실감케 되고 난 그 깊은 산 속,
너른 숲 속에 있었다. 하루하루 녹아내려 땅으로 스며드는 눈들 사
이로 검붉은 대지가 이곳저곳 눈에 띄게 늘어나기 시작하였다.

그 자연의 포용력이란, 자연은 어머니라는 말을 실감하기에 충분할
정도로 감동을 줄만큼 대단한 느낌을 주는 것이었다.

그것은 시작이었다. 처음 나온 여린 싹들이 이젠 제법 여물은 녹색
을 띨 무렵, 그 주변으로 여러 색의 작고 여린 꽃들이 어느새 잎을
틔우고 그 잎 사이로 얼굴을 내밀고 있었다. '언제 꽃이 피었나, 이

삼일 전만 해도 보질 못했는데….' 뒤로 한 발짝 물러나 고개를 휘이 돌려보니 이곳저곳서 수많은 싹들과 꽃들이 벌써 마당가를 채워가고 있었다. 대지의 기운이 따뜻해지기를 기다린 꽃들과 풀들이 어느 새, 자신이 피어나야 할 때를 미리 느끼고, 알고, 자신을 피워내는 모습을 보면서, 나 또한 겨울을 벗어나고 있는 나를 보았다.

겨우내 휴식의 모양을 하고 있던 몸과 마음이 작은 떨림으로 갑자기 바빠지기 시작하였다. '이 작고 여린 풀들과 꽃들은 이 너른 숲의 주인공이었을 테니, 자신들이 할 일을 미리 알고 있지만, 난 무슨 일을 어떻게 시작해 나가야 하지?'

산골로 이사온 빈약한 짐을 풀기도 전에 눈과 추위에 모든 것이 정지된 채로 4, 5개월의 겨울을 보내고 난 나는, 우선은 짐을 정리해 나가기 시작하였다. 공간만 나누어져 있다고 말할 만한 산골 집의 구석구석에 도시에서 가져들어 온 짐들을 풀어놓았다.

그리곤 앞마당에 텃밭을 일구게 될 만한 땅을 살피곤 칠십 리 떨어져 있는 읍의 장날에 나가 모종을 구해 심었다. 산골 사람들은 봄에, 깊은 산의 숲으로 들어가 한 해 먹을 나물을 연례행사처럼 캐고 있다는 사실을 안 이후로, 나는 남편과 나물자루를 메고, 도시락을 싸들은 채, 첫 해 봄을 깊은 산, 너른 숲 속에서 나물을 뜯는 재미로 살았다. 나물을 채취하면서 그 나물을 키워낸 숲에 다시 고마움이 일었다.

산에 들어온 후, 첫번째로 맞았던 봄, 온갖 이름 모르는 풀들과 꽃들, 나무들이 있는 숲길을 느릿한 걸음으로 오르내리면서 나의 눈은 그것들을 살피느라 땅에 고정이 되었고, 그것들을 한껏 느끼는 기쁨을 가졌던, 그야말로 숲에서 하루를 보내다시피 했었던 행복한 추억의 나날들이었다.

지금은, 그 당시 이름을 알지 못하던 풀꽃들이 피어나는 때를 앞질

러 기다리면서 그들의 이름을 되 뇌이며 그들과의 봄의 즐거운 상
봉을 기다리게 되지만, 첫 해,산의 숲에 들어선 나를 오히려 신기
하게 보았을 풀꽃과 나무들에게 해가 갈수록 무척이나 친근감을
느끼게 된다. 그런 과정의 시간들이 나에게 주어졌음을 충분히 감
사하며 살아야 하지 않을까 하는 생각이 든다. 언제든 그런 숲을
발 한 걸음으로 다가서서 들어갈 수 있다는 것, 그 자체만 생각해
도 행복해지지 않을 수가 없는 것을….

여름 숲의 향연은 풍성하고 여유 있어

산골의 봄은 짧았다. 그 오랜 겨울을 지나온 것을 생각하면, 늦게
찾아들은 봄이 더 머물러 있어야 할 것 같았지만, 자연이 준비한
계절의 순서는 어김없이 여름에게 자리를 내 주게끔 봄을 슬며시
밀어내었다. 하지만 봄은 물러간 것이 아니라 자연스레 연초록에
서 짙은 초록으로 색을 바꾸면서 그 이름 만을 바꾸는 듯 했다.
여름으로 가는 계절의 바뀜은 등과 목 뒤로 느껴지는 햇살이 더욱
따가워지고, 산의 숲 사이로 불어오는 바람이 시원하게 느껴지며,
계곡물 소리가 봄날의 새롭고 우렁찬 느낌보다는 시원하게 안정적
으로 들릴 즈음이다.
나뭇잎들은 한창 물이 오른 모습이다 못해 더 이상 주체할 수 없는
에너지를 한껏 품은 채 더욱 두툼해지고 반짝이는 모습으로, 봄날
의 여리디 연한 연녹의 잎으로 안쓰러움을 보이던 때하고는 다른
모습들로 숲에서 이는 바람에 한껏 중량감을 자랑하며 흔들리는
모습을 보인다.
여름으로 들어서면서부터 깊은 숲 속의 풀꽃들은 한층 절정을 이
루고, 저마다 어울리는 이름들을 갖고 여름 숲 속의 향연을 펼쳐낸

다. 그 속을 걸어 들어가는 사람들과 묘한 어울림을 이루어내며 숲은 그렇게 다정하고 풍성한 모습으로 어울림의 여유와 모습을 기꺼이 허락을 한다.

여름의 짙은 초록 세상인 숲으로 들어서게 되면, 무한하고 관대한 숲의 마음을 느낄 수 있다. 한껏 풍성함으로 절정을 이루고 있는 온갖 식물들과 나무들, 꽃들은 자신들의 존재 이유를 뽐내기라도 하듯 그 잎들을 넓게 활짝 펴서 저마다 햇살을 받기에 여념이 없고, 그로 인해 투명한 반짝임으로 숲에 들어서는 사람들의 마음까지 투명함으로 밝게 해준다.

공기마저 투명함으로 사람들의 몸을 통과하는 듯한 숲에서, 더구나 살아있는 그 많은 말없는 생명체들 속에서 살아있음의 환희를 덩달아 느낄 수 있음은 당연한 것이리라.

산 속에 여름이 그 절정을 이룸을 맛보는 것도 잠시, 바람은 어느새 여름의 시원함에서 가을의 길목으로 들어서게 되면서 그 냄새부터가 틀려진다. 성하의 나뭇잎들을 흩으며 그 푸릇하고도 짙은 향기를 날라오던, 그래서 한껏 자연의 아름다움 속에 취하게 해주었던 바람은 어느덧 건조함으로 바뀌어 무게감을 잃어가는 나뭇잎들의 휘청거림을 전해주는 듯 건조한 기운을 코 끝으로 느끼게 한다.

겨울을 나기 위해 무장하는 동·식물

깊은 산 속 숲의 온갖 식물들은 자신들의 자손을 퍼트릴 준비를 하면서 자신의 몸을 터뜨려 씨를 날리고, 건조한 가을바람의 힘을 빌어 멀리 자신의 일부를 날려 보낸다. 이렇듯 소리 없는 분주함 가운데 집 앞마당의 나무들은 가을의 짧은 햇살을 한껏 받으며 자신의 색을 바꾸어간다.

촉촉함과 충만함을 자랑하던 대기는 엷어지는 공기의 느낌과 함께 대지위로 낮게 깔려있는 듯 느껴진다. 하늘을 찌르듯 그 푸르름을 자랑하던 숲의 나무와 직은 식물들은 어느 새 자신의 겸허함 속으로 아무런 저항없이 고개를 숙여간다. 밀리어 기어 가듯이가 아니라, 자연의 흐름 속에 제 때를 알고 있는 듯하다. 이 때쯤이면,아침에 눈을 뜨자마자 먼 산과 집 앞마당의 나무들에게 눈인사를 건네는 일로 하루가 시작된다. 오늘은 얼마나 변한 모습 일까가 새록새록 재미를 느끼게 되는 나날들이다. 뚜렷한 변화의 모습을 미처 눈치 채기도 전에 하루하루 그 색조를 달리 해가는 모습을 보노라면 자연의 조화란 이런 것인가 싶을 정도다.

계곡물 소리에 잠 못 이루면 '산골의 신병'

어쩌면 산골에 들어와 오랜 시간을 지나면서 삶이란 과정을 연습 없이 치루어야 했던 나날들에 있어 이러한 자연의 변화무쌍함을 보면서 마음을 달래고 치유할 수 없었더라면 견디기 힘들었던 나날들이었을지 모른다.

때로는 당황스러움으로, 때로는 광포함으로, 때로는 원망스러움으로, 때로는 부드러움으로, 때로는 온화함으로 자신의 모습을 드러내 보인 자연이 없었더라면 그 안에서 순응하는 방법을 배울 수 없었을 것이다. 뒤돌아보면, 삶에 대해 아무 것도 몰랐던 나를 키운 것은 산골이라는 공간 속에서 온갖 자연의 변화를 느끼게 하며, 그것이 어떠한 것이든 받아들이는 마음을 가르쳐 준 숲의 크고 작은 생명들이었다.

온 산이 부드러운 색조로 물들어갈 무렵, 그 부드러운 찬란함을 한 눈 팔며 즐기며 나는 가을걷이, 겨우살이 준비에 들어간다. 겨울이

긴 산골에서 일년의 반이나 되는 그 계절을 살아가기 위해서는 먹거리 준비를 해야 한다. 처음 산골에 발을 들여놓은 계절이 12월의 겨울인지라, 준비 없는 겨울을 지낸다는 것이 무엇을 뜻하는지를 이미 알고 있던 터였다. 내 손을 거쳐야 만들어지는 겨울양식을 저장해 놓으려면 손과 마음이 바쁘다. 아직은 따갑게 내려주는 햇살이 너무나도 고마운 때이다. 숲 속이나 산야의 하늘 아래의 나무들과 작은 식물들 또한 사람과 같은 마음으로 가을날 낮의 따가운 햇살을 한 줌이라도 더 받으려 몸을 부지런히 놀리고 마음을 모으게 되는 날들이다.

산과 숲의 전체적인 색조가 갈색조로 변해갈 무렵, 이제는 할 일을 다 하고 무언가를 기다리는 나날들이 짧게 이어진다. 건조하고 엷었던 공기는 서늘함과 냉기를 머금은 채, 온 대지에 낮게 깔리고 사람을 비롯해 산과 숲의 크고 작은 식물들은 무장을 하기 시작한다. 산골의 기나긴 겨울을 나기 위해 몸을 낮게 낮추고, 지독한 추위와 많은 눈 속에서 무사히 겨울을 날 수 있기를 기대하면서….

11월 들어 12월, 그리고 눈이 본격적으로 내리기 시작하기 전의 산골 추위는 나를 아직까지도 긴장하게 만든다. 나뭇잎이 다 떨어진 산과 들, 숲 속의 나목의 풍경과 스산하다 못해 시린 냉기를 품은 공기는 몸을 위축되게 만들고, 다가올 겨울에 앞서 마음까지도 위축되게 한다. 아마도 매 맞기 전 아이의 심정과 같다고나 할까.

10월 말에 한번 치루었던 겨우살이 준비중 가장 큰 일인 김장담는 일을 11월의 추운 날에 한번 더 치룬다. 봄이 늦게 찾아오니 그 때까지도 고립되어 있을 것을 대비하여 봄에 먹을 김치를 담그는 일은 산골에 살면서 터득한 일종의 지혜였다. 그리곤 눈이 언제 올까 하는 심정으로 하루의 날씨를 살피며 내년에 담글 장을 위해 메주를 쑤어 매다는 때도 이 때다. 이렇듯 11월의 하루하루는 겨울을 나는데 부족한 것이 없는지를 살피며 준비를 하며 지낸다.

12월 들어 첫 눈이 내리는 날이면, 계절의 바뀜을 실감하면서 마음 까서 편안해심은 한 해의 모든 일들을 마무리하는 심정으로 차분함으로 돌아서기 때문이리라. 잇따른 추위와 눈이 반복되는 가운데, 따뜻한 햇살을 느끼는 날이면 해의 고마움을 더 한층 느끼고 잠시나마 위로의 눈길을 보내는 자연의 배려에 푸근함까지 느낀다. 겨울이 깊어가면서 대지 위에 쌓여가는 눈의 높이는 조금씩 올라가고, 드디어 온 산과 앞마당, 숲이 눈에 덮히면 보이는 것이라곤 온통 흰색의 세상이다.

계곡은 하루하루 깊어 가는 겨울추위에 얼어붙어 여름날에 그렇게 힘찬 흐름을 보이던 계곡 물은 얼음장 밑에서 조용한 흐름으로 산골의 적막감을 깨뜨리지 않는다. 산골의 초년시절, 집 앞 바로 앞을 흐르는 계곡물 소리가 밤의 적막 속에서 너무도 시끄러워 잠을 이루지 못했던 때가 있었다. 그 소란스러움을 느끼지 못했던 때는 겨울에 들어서였다.

자연 속의 아이들

겨울이 깊어가면서, 산골의 적막감은 더욱 더 해지고 온통 흰색과 무채색의 세상 속에서 슬슬 눈 멀미가 나기 시작을 한다. 사람의 눈에 아무리 아름다운 풍경이라도 눈만 뜨면 펼쳐지는 같은 풍경에 산골 기나긴 겨울의 한 가운데 고립되어있는 사람의 마음은 슬슬 진저리를 내기 시작하는 것이다. 다양한 색의 풍경이 절절하게 그리워지고 마음이 지쳐갈 때쯤, 자연은 산속 숲을 통해 부드러운 바람을 내놓기 시작한다.

그야말로 쌓여있는 눈을 녹이는 바람을 나도 느끼기 시작을 하는 것이다. 그 바람은 두터운 눈 아래 있는 온갖 생물들을 깨우는 바

숲을 세 번 걷다

❶ —— 즐거운 봄 산행 행렬은 끝이 없다.

❷ —— 아이들은 물놀이에 정신이 없다.

❸ —— 산골 태생인 필자의 아이들은 자연이 가장 가까운 친구이다.

람이고, 겨울 추위에 꿋꿋이 서 있던 나뭇가지의 새순을 불러일으
키는 바람이며, 사람인 나의 몸과 마음에도 마법의 약을 쏟아 붓는
듯 생기를 불러일으킨다. 더 이상 참기 힘들만큼의 나른함과 무기
력함을 한 순간 생동감과 기쁨으로 바꾸게 하는 바람이다.

산골 초년생의 때를 조금 벗어 어느 정도 자연의 흐름을 피부로 느
껴갈 때쯤, 초하로 들어서는 6월에, 첫 아이인 꽃님이가 태어난 이
후, 둘째인 지민이도 이곳 산골 태생이다. 아이들이 걸음마를 배우
게 되면서부터 숲은 아이들의 놀이터였다. 집 앞의 얕은 계곡 물가
와 온갖 들풀이 자라는 앞마당 숲이 아이들이 뛰놀 수 있는 운동장
이 되어준 셈이다.

마당의 온갖 벌레들과 눈높이를 맞추어가며 아이들이 그런 모습들
로 어울려 있는 모습을 볼 때마다 마음 흐뭇했다. 하루 종일 햇살
에 반짝이는 계곡 물가를 오르내리며, 조막손으로 들꽃 한 무더기
를 만들어 엄마 앞으로 자랑스럽게 내미는 모습들이 너무나도 행
복한 모습들이었음을 기억하고 있다.

산골의 아이들은 그렇게 자연의 품에서 너른 숲을 자신들의 놀이터
로 삼아 한껏 예쁜 모습들로 자라주었으니 얼마나 감사한 일인지
모르겠다. 지금으로서는 교육여건상, 어느 시점에서는 도시로 아
이들을 내보내야 하는 부모의 입장이지만, 이곳 자연 속에서의 온
갖 추억들이 아이들의 삶 속에 녹아 있으려니 생각하면 마음의 위
로가 된다. 작은 생명에 대해 아이들이 가지는 친근감은 누가 일부
러 배워주어 알게 되는 것이 아니고, 계절의 흐름과 변화 속에서 함
께 어울림 속에 몸과 마음으로 느끼는 것임이 분명하다 생각한다.

한 겨울, 눈에 의한 단절 속 고립감을 벗어나려 아이들의 허리를
넘어서는 눈길을 네 식구가 마실갔다 걸어 들어오는 늦은 밤길,
하늘엔 청명하고 찬 기운에 수많은 별이 쏟아질 듯 내렸고, 아이

들의 볼은 얼음이 배길 정도였지만 그래도 이 적막한 산골에 그나마 네 식구가 함께 걸을 수 있다는 사실 만으로도 충분한 행복감을 느꼈었다.

따뜻한 햇살이 느껴지는 봄이면, 매서운 봄바람에도 아랑곳하지 않고 겨우내 답답한 몸을 꼬던 아이들은 계곡으로 나가 하루 종일 작은 수서곤충들을 찾느라 손발이 발갛게 되어 얼음장같이 찬 손을 녹이기 위해 잠시 들어올 뿐, 나뭇가지 하나 주워들고 주변을 헤매고 다닌다.

매서운 날씨에도 굳이 아이들을 불러들이지 않음은 그들의 에너지가 자연 속에서 한껏 분출되어지고 또한 자연으로부터 충만한 에너지를 받기를 내심 바랬었기 때문이었다.

아이들이 산골 분교를 오가는 길에는 깊은 산에서나 볼 수 있는 온갖 야생화들이 피어, 학교에서 돌아오는 아이들의 눈과 마음에 작은 기쁨을 선사해주기도 했을 것이다. 아마도 그 길을 오가면서 두 아이는 자신들의 비밀스런 추억 몇 개쯤은 가지고 있지 않을까 싶다. 아니, 산골에서 태어나 이제껏 살면서 곳곳에 그들이 놀던 추억의 장소가 어디 한 둘일까… 그것도 수많은 날들과 계절의 변화를 보이는 자연 속에서.

아이들의 여름은 계곡에서 시작되어 계곡에서 끝난다 해도 틀린 말이 아니다. 시리다 못해 아픔을 느끼기까지 하는 계곡의 찬 물 속에서 아이들은 여름을 난다. 하루에도 여러 차례 물 속에 들어갔다 나오는 일을 즐겁게 반복하면서 아이들의 몸과 마음은 그렇게 크지 않았나 싶다.

가을의 문턱에 서서 계곡의 서늘함에 기듯 물에서 나온 아이들은 주변의 온갖 오색 단풍들과 어울려 들로, 숲으로 뛰어다니며 그들의 놀잇감을 찾아 놀기에 바쁘다. 열매와 씨앗, 가지각색의 나뭇가지들과 떨어진 나뭇잎들, 이것들은 아이들의 상상력을 자극하며 기꺼이 아이들 손에 자신들을 내어 맡긴다. 그들 만의 꾸밈과 완성품으로 어른인 나는 감동을 느낄 때가 아주 종종 있었다. 나 개인적으로 볼 때, 아이들은 가을과 아주 잘 어울리는 것 같다. 그 오색의 아름다운 빛과 아이들에게서 같은 빛을 느끼게 되어서가 아닌가 싶다. 특히 해가 질 무렵, 아이들이 옹기종기 모여 놀고 있는 머리 위로 햇살이 투명하게 비추일 때쯤은 정말로 아름다움을 느낀다.

아이들이 추워 몸을 움츠리고 따뜻한 아랫목으로 찾아들 무렵이면 이제 아이들은 내년 봄날의 햇살을 기약해야만 하는 겨울로 들어선다. 떠들썩함이 집안으로 들여져 오는 때이기도 한 것이다. 나의 두 아이가 이렇게 자연 속에서 성장해 나갈 수 있음은 나의 산골생활에 있어 커다란 덤이다.

그들에게 유형의 재산을 물려주지는 못해도 이곳에서 살았던 그 많은 날들의 추억 만으로도 아이들이 그들이 어려움에 처할 때에 깊은 샘에서 목을 축일 수 있는 샘물을 마시게 되듯 할 수 있다면 더 바랄 것이 없다.

박성실 ◆ 서울에서 출생하여, 이화여대 영문과를 졸업, 석사과정까지 마쳤다. 산악인 홍순경과 결혼하여, 1990년부터 강원도 인제군 진동리에 정착하여 자연과 더불어 살고 있다. 점봉산 진동리 꽃님이네로 세상에 알려져 있다.

자연 생태계를 위한
우리 고유의 산줄기를 찾아

박용수
소설가

숲은 스스로 존재할 수 없으며, 그 존재가 유지되지도 않는다. 숲을 비롯한 자연생태계는, 지형과 기후, 토양, 식생 등의 자연적인 조건과, 인구이동과 개발정책과 같은 사회경제적인 조건에 의해 결정되는, 복합적인 의미를 가진 자연현상인 것이다. 고도의 산업사회로 들어선 요즘, 사회경제적인 요인이 자연생태계를 결정짓는 주된 요인으로서 작용하는 비중이 점차 커지고 있다.

'창씨 개명'된 우리 고유의 산줄기

우리 국토는 70퍼센트 가까이 산지山地로 이루어져 있다. 이 때문에 산과 강은 자연생태계에서 절대적인 위치를 차지하고 있다. 사람의 몸에 비유하자면 골격과 혈관과 같은 것이라 할 수 있다. 따라서 우리 국토에 대한 전반적인 이해는, 숲을 비롯한 자연생태계의 제반 여건을 파악할 수 있는 중요한 한 방법일 수 있다. 이를 위해 전통적인 지리사상에 바탕을 두고 있는 우리 고유의 산줄기 이름과 그 체계에 살펴보기로 한다.

태백산맥, 소백산맥 등 오늘날 우리가 사용하고 있는 산맥 이름과 체계는 1903년 한 일본인 학자에 의해 만들어진 것이다. 그후 일제 식민지 하에서 공식적으로 채택되어 사용되었고, 1945년 광복이 된 지 반세기가 넘은 지금에도 '창씨 개명創氏改名'된 채 그대로 통용되고 있다.

그림 1은 국립지리원 발행의 「한국지지韓國地誌」에 실린 산맥 분류 체계이다. 이에 따르면 한반도의 산맥은 지질구조에 따라 크게 조선 방향 산계朝鮮方向山系, 지나支那 방향 산계, 라오뚱계로 나누고 있다. 그리고 조선 방향 산계에 태백산맥, 낭림산맥, 마천령산맥이 속하는 등, 우리나라 주요 산맥을 모두 14개로 설정하고 있다(최근 들어 산계山系의 명칭을 한국 방향, 중국 방향, 랴오둥 방향으로 부르는 경우가 있으나, 그 기본체계는 바뀌지 않고 있다).

이는 우리나라 산맥을 지질구조선에 따라 설정한 일본 지리학자 고또 분지로小藤文次郎(1856~1935)의 산맥이론을 기초로 하고 있다. 고또 분지로는 동경 제국대학 출신으로, 1900년부터 1902년 사이에 우리나라를 2회에 걸쳐 방문하여 모두 14개월간 전국을 답사하면서 한반도의 지형과 지질을 연구하였다. 이때의 연구결과를 수록한 영문英文 논문 〈조선산악론朝鮮山嶽論,(원제 An Orographic Sketch of Korea)〉을 1903년 동경 제국대학 논문집에 발표하였다.

그후 야쓰 마사나가(矢津昌永, 1863~1922)는 1904년에 간행된 「한국지리韓國地理」에서 고또 분지로의 이론을 단순화시켜, 체제와 명칭은 다소 다르지만 대체로 오늘날과 같은 14개의 산맥으로 분류하였다. 따라서 현재 우리가 사용하고 있는 그림 1의 산맥 분류체계와 명칭은, 일본 지리학자 고또 분지로와 야쓰 마사나가의 이론을 바탕으로 하고 있는 것이다.

이같은 일본 지리학자의 산맥이론은, 일제의 식민지 통치가 본격화되면서 조선총독부에 의해 정식으로 채택되었다. 1914년 조선

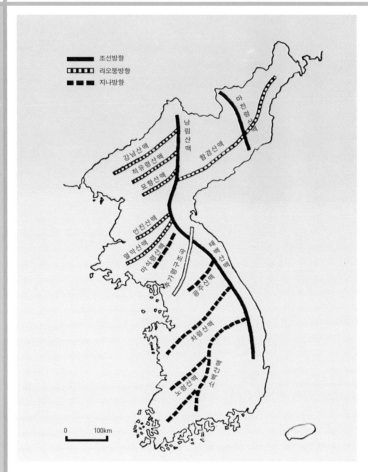

그림1—국립지리원 발행의「한국지지」에 실린 현행 산맥체계

총독부는 일제 통치 하의 최초의 고등보통학교용 지리교과서 3종을 발행하였다. 그 중의 하나인「지문학 교과서地文學敎科書」에 차령산맥, 노령산맥 등 일본 지리학자의 이론에 따라 한반도의 산맥을 기술되어 있어서, 이때부터 공식화된 것으로 볼 수 있다.

그렇다면 일제에 의해 왜곡되기 전, 옛날부터 전래되어온 우리 고

자연 생태계를 위한 우리 고유의 산줄기를 찾아   **377**

유의 산줄기는 어떤 것이 있을까. 그리고 어떤 산맥 체계를 가지고 있으며 그 바탕을 이루고 있는 지리사상은 과연 무엇일까.

「산경표山經表」는 우리나라 산줄기의 갈래와 흐름을 알기 쉽도록 체계적으로 정리한 지리서이다. 그동안 저자와 간행시기 등이 정확히 알려지지 않았으나, 여암 신경준이 1769년경(영조 45년)에 지은 것으로 최근 밝혀졌다.

알아보기 쉽도록 족보 형태를 한 산경표

여암 신경준旅庵 申景濬(1712~1781)은 조선시대 영조 때에 활동한 실학파 지리학자이다. 1754년 증광시 을과에 합격하여 관직에 나선 그는, 「동국문헌비고東國文獻備考」를 편찬할 때 「여지고輿地考」를 담당하였고 「동국여지도東國輿地圖」, 「팔도지도八道地圖」등을 제작하였다. 이밖에 「운해 훈민정음韻解訓民正音」을 지어 한글 연구의 중요한 업적을 남기기도 했다.

그림 2와 같이, 「산경표」는 일종의 족보族譜 형태를 갖고 있다. 산줄기의 갈래와 흐름을 한눈에 알아보기 쉽도록 하기 위한 것으로, 일본이나 중국 등에서는 보기 힘든 독특한 체제이다.

「산경표」의 이같은 체제는 산을 분리된 별개의 것으로 파악하지 않고, 산과 산 사이에는 기氣가 흐르는 맥脈으로 연결되어 있다고 믿는, 풍수지리설과 음양오행설 등에서 영향을 받은 우리의 전통적인 지리사상에서 비롯된 것이다.

백두대간 등 15개의 우리 고유의 산줄기

「산경표」에 의하면, 우리 고유의 산줄기는 백두대간, 장백정간 등

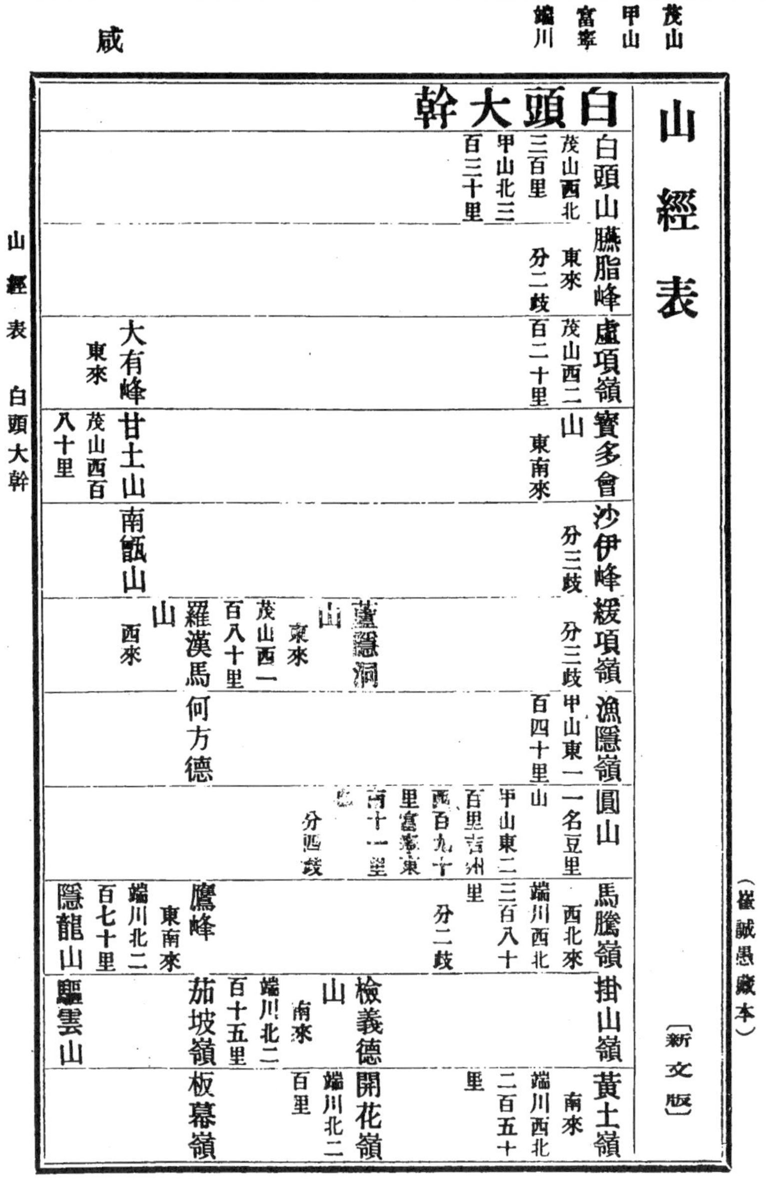

山經表

（新文版）

（崔誠愚藏本）

山經表　白頭大幹

白頭大幹

白頭山
臙脂峰　茂山西北三百三十里
虛項嶺　東來　甲山北三百二十里
寶多會　分二歧　茂山西二百二十里
沙伊峰　茂山西二山
緩項嶺　東南來
漁隱嶺　分三歧　甲山東一名豆里
圓山　分三歧　百四十里山
馬騰嶺　甲山東二三百八十　西北來
掛山嶺　端川西北　二百五十
黃土嶺　端川西北　南來

大有峰　東來　八十里
甘土山　茂山西百里
南甑山　茂山西一百八十里　東來
羅漢馬何方德

蘆隱洞　山東來　四十一里　西富蔕東　百九十里青州里　分二歧

鷹峰　東南來　端川北二百七十里
隱龍山
驅雲山

檢義德　南來　端川北二　百里
開花嶺　端川北二百十五里
茄坡嶺
板幕嶺

그림2—「산경표」의 앞부분 독특하게 족보와 유사한 체제를 갖고 있다.

모두 15개로 나타나 있다. 백두대간은 백두산에서 지리산까지 이어진 가장 긴 산맥으로 우리나라 산맥체계의 중심축을 이루고 있다. 15개 산줄기의 갈래와 흐름을 개략적으로 설명하면 다음과 같다.

1. 백두대간白頭大幹

백두산에서 시작된 산줄기로, 함경도 단천의 황토령, 안변의 분수령, 강원도 회양의 철령과 금강산, 강릉의 오대산, 삼척의 태백산에 이른다. 이후 서쪽의 내륙으로 휘어져 충청도 보은의 속리산을 거쳐 지리산에서 멈춘다. 한반도를 남북으로 종단하는 가장 중요한 산줄기이다.

2. 장백정간長白正幹

백두대간의 장백산에서 서북쪽 함경북도 내륙으로 뻗어 두만강 남쪽 하구인 서수라곶西水羅串까지 연결되었다. 함경도를 동서로 관통하는 산줄기이다. 주요 산으로는 관모봉, 고성산, 차유령, 송진산 등이 있다.

3. 낙남정간洛南正幹

백두대간의 끝 지리산 영신봉에서 동남쪽으로 흐르는 산줄기이다. 경상도의 곤양, 사천, 남해, 함안, 창원을 지나 김해의 분산盆山까지 이어진다. 주요 산으로는 여항산, 광노산 등이 있다.

4. 청북정맥淸北正脈

백두대간의 낭림산에서 서쪽으로 뻗어 평안북도 내륙의 적유령, 추유령, 이파령, 천마산을 거친 뒤 신의주 남쪽의 미라산彌羅山까지 이어진 산줄기이다. 청천강 이북의 산세가 이에 속한다.

5. 청남정맥淸南正脈

낭림산에서 서남쪽으로 흘러 평안도 영변의 묘향산에 이른 후 서남향의 월봉산, 도회령을 거쳐 대동강 하구인 광량진의 봉수산까지 뻗은 산줄기이다. 청천강 이남 지역이 이에 속한다. 주요 산으로는 묘향산, 용문산, 광동산 등이 있다.

6. 해서정맥海西正脈

원산의 서쪽, 백두대간의 두류산에서 갈라져 나와 서쪽으로 뻗어 강령의 장산곶까지 이어진 산줄기이다. 북쪽은 대동강 유역을 이룬다. 주요 산으로는 화개산, 언진산, 멸악산 등이 있다.

7. 임진북예성남정맥臨津北禮成南正脈

임진강 북쪽과 예성강 남쪽 사이에 자리잡은 산줄기이다. 개연산에서 서남쪽으로 흘러 황해도 신계, 금천을 지나 경기도 개성의 남쪽 진봉산까지 이어진다. 개성 유역의 산세가 포함된다. 주요 산으로는 화개산, 수용산, 천마산, 송악산 등이 있다.

8. 한북정맥漢北正脈

한강 북쪽을 흐르는 산줄기이다. 백두대간의 분수령에서 시작한 이 산줄기는 경기도 포천의 운악산, 양주의 홍복산, 서울의 도봉산, 삼각산을 지나 한강과 임진강이 만나는 교하交河의 장명산長命山까지 이어진다.

9. 낙동정맥洛東正脈

낙동강 동쪽의 산맥이다. 백두대간의 태백산 줄기에서 동해안을 타고 남쪽으로 흘러 부산 다대포 앞까지 이어진다. 주요 산으로는 백병산, 통고산, 단석산, 가지산, 취서산, 금정산 등이 있다.

10. 한남금북정맥漢南錦北正脈

백두대간의 속리산에서 시작해 청주 상당산성 옆을 지나 경기도 죽산의 칠현산까지 이어지는 산줄기이다. 북으로 한남정맥, 남으로 금북정맥에 닿는다. 주요 산으로는 속리산, 보현산, 칠현산 등이 있다.

11. 한남정맥漢南正脈

한남금북정맥의 칠현산에서 시작한 이 산줄기는 수원의 광교산을 지나 서쪽의 수리산으로 이어진다. 이후 다시 서쪽으로 소래산과 북쪽의 김포평야 구릉지대를 지난 뒤 강화도 앞 문수산에서 멈춘다. 주요 산으로는 칠장산, 보개산, 광교산, 수리산, 계양산 등이 있다.

12. 금북정맥錦北正脈

경기도 죽산의 칠현산에서 시작해 차령을 거쳐 성주산과 해미 가야산을 지난 뒤 서쪽으로 태안반도와 안흥진까지 이어진다. 금강 이북의 산세가 이에 속한다. 오늘날의 차령산맥과 대체로 일치하고 있다.

13. 금남호남정맥錦南湖南正脈

덕유산 남쪽 장안산에서 서북쪽 마이산까지 이어진 산줄기이다. 이 산맥의 마이산에서는 금남정맥과 호남정맥이 갈라진다. 주요 산으로는 영취산, 마이산 등이 있다.

14. 금남정맥錦南正脈

전북 진안의 마이산에서 북쪽으로 대둔산, 계룡산을 거친 후 서쪽으로 망월산을 지나 부여의 부소산과 조룡대에 닿는다. 금강 남쪽의 산세가 이에 속한다. 주요 산으로는 운장산, 왕사봉, 대둔산, 계룡산, 부소산 등이 있다.

15. 호남정맥湖南正脈

금남호남정맥의 마이산에서 곰재熊峙를 지나 서남쪽으로 내장산에 이른 뒤 남쪽의 광양 백운산까지 이어지는 산줄기이다. 전라남도를 동서로 이분하는 산맥으로, 산맥의 동쪽은 섬진강, 서쪽은 영산강 유역에 속한다. 주요 산으로는 내장산, 추월산, 무등산, 방장산, 조계산 등이 있다.

전통 지리사상이 반영된 15개의 산줄기

앞에서 설명한 것처럼, 「산경표」에는 백두대간 등 모두 15개의 산줄기가 수록되어 있다. 이를 지도 위에 표시하면 **그림 3**과 같다.

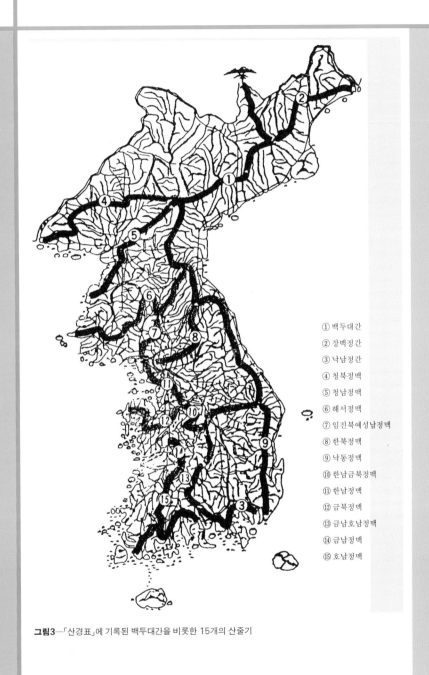

① 백두대간
② 장백정간
③ 낙남정간
④ 청북정맥
⑤ 청남정맥
⑥ 해서정맥
⑦ 임진북예성남정맥
⑧ 한북정맥
⑨ 낙동정맥
⑩ 한남금북정맥
⑪ 한남정맥
⑫ 금북정맥
⑬ 금남호남정맥
⑭ 금남정맥
⑮ 호남정맥

그림3—「산경표」에 기록된 백두대간을 비롯한 15개의 산줄기

「산경표」에는 1 대간, 2 정간, 12 정맥으로 분류되어 있는데, 이같은 산맥체계가 갖고 있는 특성과 의미에 대해 살펴보기로 하자.

첫째는 '대大'와 '정正'으로 나누어 백두대간과 나머지 14개의 산줄기를 구분하고 있다는 사실이다.

이처럼 백두대간과 다른 산맥을 구분한 것은, 백두대간을 한반도 산맥의 중심축으로 하고 나머지 산맥들은 이 백두대간에서 갈라져 나왔다는, 위계상의 상하를 나타내기 위한 것으로 보인다. 이는 백두산을 우리나라 산의 조종산祖宗山으로 보는 풍수지리설 등 우리 고유의 지리사상과 지리 인식체계에서 비롯된 것으로 여겨진다.

둘째는 나머지 14개의 산줄기를 다시 2개의 '정간正幹'과 12개의 '정맥正脈'으로 나누고 있다는 사실이다.

18세기 실학파 지리학자들이 체계화시켜

14개 산줄기 이름을 살펴보면, 산줄기 중심으로 이름지을 때는 '정간正幹'으로, 한남정맥, 금남정맥, 청남정맥과 같이 강 이름과 연관지을 경우에는 대체로 '정맥正脈'으로 표기하고 있다.

이는 '산천山川', '산수山水'라는 말이 있는 것처럼, 우리 고유의 지리사상에서는 산과 강을 별개의 것이 아닌, 하나의 지리적 사실로서 인식해왔음을 뜻한다. 산악국가인 우리나라 지형에서는 이같은 인식은 과학적이며 또한 실제적이기도 하다.

또한 장백정간과 낙남정간의 경우, 백두대간의 양끝인 백두산과 지리산 주변의 산줄기라는 점에서 백두대간을 보완補完하는 의미에서 이같이 분류한 것으로 보인다. 이 역시 앞서 설명한 백두산을 중시하는 우리의 전통적인 지리사상에서 연유한 것이다.

현행 산맥 분류체계인 **그림 3**와 「산경표」에 기록된 산줄기인 **그림**

3을 비교하면, 많은 차이를 발견할 수 있다. 특히 현행 산맥지형도가 가지고 있는 문제점들을 지적하면 다음과 같다.

첫째는 현행 산맥체계가 우리 고유의 전통적인 지리사상과 전혀 다르다는 사실이다.

현재 사용하고 있는 산맥 분류체계는 19세기 서구 지리학에 학문적인 기초를 둔 고또 분지로의 산맥이론을 근거로 하고 있다. 반면에 우리 고유의 산줄기 이름과 갈래는 삼국시대부터 이어져온, 백두산을 우리나라 모든 산의 조종산祖宗山으로 보는 민족 특유의 지리인식과 지리사상을 바탕으로 하고 있다.

「삼국유사」를 살펴보면, 8세기 당시에 백두산과 오대산이 한 줄기를 이루고 있다는 인식이 존재 있었음을 알 수 있다. 그리고 도선道詵 선사가 개성 일대의 지세를 설명하면서 말한 '수모목간' 水母木幹이라는 표현 역시 백두산을 우리나라 산맥의 시원始原으로 보는 지리사상이 함축되어 있는 것이다.

우리 고유의 산맥체계는 성호 이익星湖 李瀷 등 18세기의 실학파 지리학자에 의해서 보다 구체화, 체계화되었다.

이익의 「성호사설星湖僿說」에 '백두산은 우리나라 산맥의 조종祖宗이다' 라는 기록과 함께 '백두정간' 白頭正幹이라는 용어가 나타나고 있으며, 청화산인 이중환靑華山人 李重煥의 「택리지擇里志」에 '대간大幹', '청남淸南', '청북淸北' 등의 명칭이 기록되어 있다. 이를 바탕으로 앞서 설명한 바와 같이, 「동국문헌비고」의 「여지고」와 「산경표」를 지은 여암 신경준에 의해서 하나의 확고한 지리체계로서 확립된 것이다. 18세기는 실학의 영향으로 우리 국토와 역사에 대한 관심이 높아지면서 많은 지리학자들이 활발하게 활동하던 시기였다.

이처럼 우리 고유의 산맥체계는, 삼국시대부터 이어져온 전통적인 지리사상을 바탕으로, 18세기에 성호 이익, 청화산인 이중환, 여암

숲을 세 번 걷다

❶ ── 여암 신경준의 고향에 있는 귀래정. 신말주의 12대 후손인 그는 「동국 문헌비고」 편찬에 참여하였고 「동국여지도」, 「팔도지도」 등을 제작했다.

❷ ── 인왕산 능선에서 바라본 북한산. 주능선을 따라 족두리봉, 비봉, 승가 봉, 보현봉 등이 병풍처럼 펼쳐져 있다.

❸ ── 경기도 광릉의 숲. 황실림으로 500년 이상 엄격하게 보호해온 탓에 원 시상태를 유지하고 있다.

신경준 등에 의해 우리의 고유한 지리 지식체계로서 완성된 것이다. 둘째는 우리 국토를 이해하는 데에 있어서, 우리 고유의 산줄기 이름과 체계가 현행 산맥 분류체계보다 실제적이며 지리교육적 효과 역시 높다는 사실이다.

「산경표」에 의거해서 우리나라 지도를 그릴 때, 먼저 백두산을 기점으로 시작해서 지리산까지의 백두대간을 그리고, 이어서 각 분기점을 잡아 2개의 정간과 12개의 정맥을 표시하면 우리 국토의 전체적인 지형이 개략적으로 나타나게 된다. 그런 연후에 정맥의 이름에서 암시를 받아 정맥 사이에 강 이름을 적어 놓으면 한반도의 주요 산과 강에 대한 전반적인 개요가 완성되는 것이다.

하지만 현행의 산맥 분류체계를 따를 경우, 강의 위치는 물론 태백산, 소백산 등 산맥 명칭에 붙여진 산의 위치조차 제대로 파악할 수가 없다. 따라서 「산경표」의 경우보다 지리인식에 있어 비효율적이며 또한 교육효과가 미미할 수밖에 없는 것이다.

오늘날 우리가 「산경표」를 접할 수 있는 것은 육당 최남선六堂 崔南善이 주도한 조선광문회朝鮮光文會의 고전 간행사업 때문이다. 최남선이 「산경표」의 가치를 발견하고 또 이를 인쇄본으로 발간하지 않았다면, 오늘날 우리가 백두대간 등 우리 고유의 산줄기가 있었다는 사실을 알지 못했을런지 모른다.

지리교육 효과가 높은 우리 산줄기 체계

최남선이 조선광문회를 설립한 것은 1910년이었다. 1908년 신문관을 설립해 잡지 〈소년〉의 발간 등 출판을 통한 국민계몽운동을 벌였지만, 우리나라가 일본 제국주의의 식민지 지배 하에 들어가자, 그는 그 해 12월 조선광문회를 발족시켰다. 이 단체는 일본인

학자들의 한국학 연구와 출판활동이 조선총독부의 비호 아래 식민지 통치의 기본자료로 활용되는 것을 우려해, 우리 고전의 보존과 보급을 통한 민족문화의 선양宣揚을 목적으로 설립한 것이다.

조선광문회에서 처음 간행한 책은「동국통감東國通鑑」과「열하일기熱河日記」였다.「산경표」는 1913년 2월에 출판되었다.

따라서 1913년 조선광문회에서「산경표」를 복간한 것은, 고또 분지론의 산맥이론이 국내에 유입되고 또 국내의 일부 학자들이 이를 무분별하게 수용하자, 전래되어온 우리 고유의 산줄기가 있었다는 사실을 널리 알리기 위해서였던 것이다.

다시 말하면 점차 왜곡, 굴절되어 가는 우리 고유의 산줄기를 지키려는 민족적 저항의식에서「산경표」를 발간하게 된 것이다. 이런 의미에서「산경표」의 발간은 우리의 고전을 보존, 전포傳布하겠다는 조선광문회 설립목적이 가장 잘 실현된 경우라 할 수 있다.

국토의 미래를 위한 준비

앞에서 살핀 것처럼, 현재 통용되고 있는 태백산맥, 소백산맥 등의 산맥 분류체계는 우리의 전통적인 지리개념과는 전혀 무관한 것이다. 또한 국토 전반에 대한 지리인식에 있어서도 비효율적이다.

더욱이 고또 분지로의 이론을 근거로 하고 있는 현행 산맥분류체계는, 광복이 된 지 반세기가 넘도록 우리 학자들의 손에 의해 한번도 검증되지 않은 채 지금까지 통용되고 있는 것이다. 북한 역시 일본 지리학자의 산맥이론에서 크게 벗어나지 않고 있다.

남과 북으로 분단된 지금, 현장조사를 통한 지형과 지질 등의 자연지리학적 연구는 사실상 불가능한 일이다. 이러한 혼란을 극복할 수 있는 현실적인 방법의 하나가「산경표」에 나타난 산줄기에 대한 연구이며, 「산경표」가 오늘날 귀중한 자료적 가치를 지닌 문헌으로서 평가받는 이유도 바로 이 때문이다.

이런 의미에서 「산경표」가 제시하고 있는 산줄기의 갈래와 이름 그리고 그 밑바탕을 이루고 있는 우리 고유의 지리 지식체계과 지리사상에 대한 연구는, 과거의 지식에 대한 집착이나 애착이 아니라, 통일 이후의 미래를 위한 준비로서의 의미가 더욱 큰 것이다.

우리 국토는 한민족이 살아왔고 살고 있으며 또 앞으로 살아나가야 할 민족생존의 공간적 터전이다. 그리고 국토는 단순히 지형, 기후, 식생, 토양과 같은 물리적인 자연환경 만을 뜻하지 않고 대대로 살아오면서 이룬 고유한 민족문화가 뿌리내리고 있는 삶의 현장이기도 하다.

국토에 대한 올바른 이해가 전제될 때, 숲을 비롯한 우리의 자연생태계도 풍요로운 모습으로 우리에게 다가올 것이다.

박용수 ◆ 1956년 서울 출생으로 1989년 문학정신 신인문학상을 수상하면서 소설가로 등단하였다. KBS방송문학상, 단국문학상 등을 수상하였으며, 창작집으로 「유언의 땅」—문학과지성사등이 있다. 1990년 논문 「산경표의 한 연구」를 발표하여 전통적인 산맥체계에 대한 사회적 관심을 이끌었다. 산 관련저서로는 「오대산」—대원사등이 있으며, 현재 「택리지」와 「정감록」에 관한 책을 준비 중이다.

백두대간을 위하여
여름 점봉산에서 가을 오대산까지

김 우 선
시를 쓰는 산악인

구름 속 꽃길, 님 마중 가는 길이다.

망경대에서 단종비각 거쳐 백두대간 영봉, 장군봉 가는 길, 는개 속 절없이 가슴에 스며들어 그리움 한 자락씩 적시고 동자꽃, 나리꽃, 모시대, 이질풀 만발했다. 담홍색, 꽃분홍, 연보라색으로 피어난 여름꽃들 고운님 반기며 악수하는 길이다. 검룡소儉龍沼며 하늘내天潢 품은 물의 나라 태백의 아침은 그렇게 꽃길로 꽃길로 열린다.

태백은 그냥 태백이 아니다. 소도동에서 당골 거쳐 영봉, 장군봉 올랐다고 태백산 다 오른게 아니라는 말이다. 상함백, 중함백, 하함백이며 연화봉, 달바위봉, 진대봉, 삿갓봉, 부쇠봉, 조록바위봉 등 사방 백여리의 산 거느리고서 백두대간에 솟구쳐 낙동정맥 굽어보는 산이 바로 태백이기 때문이다. 그리고 그 꼭대기에 묵묵히 버티고서 '살아 천 년 죽어 천 년' 해와 달을 맞이하는 주목 군락이야말로 태백을 진정 태백답게 하는 절묘한 그림이다.

신작로가 나기 전만 해도 경상도 봉화 또는 강원도 삼척, 영월, 평창 땅에서 태백산에 드는 것은 백리길 걸음품 팔아야 하는 멀고도

험한 길. 때로는 호랑이에게 잡아먹히기도 하는 그야말로 생사의 갈림길이나 마찬가지였다. 19세기 말까지만 해도 태백산 주변 산골 마을에서는 호환虎患이 많았으니 지금도 남아있는 호식총虎食塚이 그것을 입증한다.

'큰 밝음의 산'에 피는 흰꽃들

그러나 그 많던 호랑이들 어디로 갔는지 이제는 한 마리 찾아볼 수 없다. 십여년 전에는 태백산에 호랑이 나타났다는 풍문만 무성해 한 바탕 소동이 벌어졌을 뿐 누구도 호랑이를 직접 봤다는 사람은 없다. 한 두 마리쯤 백두대간 넘나들며 꼭 살아남아 있으리라는 신앙같은 바람에도 불구하고 말이다. 그렇게 호랑이 출몰 소동으로 뒤숭숭하던 다음 해 여름에는 태백산에서 흰 멧돼지가 잡혔다. 나무 사이에 걸쳐놓은 올무에 뒷다리가 꼼짝없이 묶인 이 멧돼지는 그러나 너무 늦게 발견되어 끝내 살려내지 못했다. 헬리콥터에 싣고서 서울까지 모셔가는 진기록을 남겼는데도 말이다.

흰 멧돼지의 예처럼 태백에는 이상하게도 다른 곳에는 없는 흰색 꽃이 많다. 흰솔나리, 흰얼레지, 흰큰앵초, 흰일월비비추, 흰털진달래, 흰철쭉, 흰병꽃 등이 태백산에서 발견되는 대표적인 흰꽃들이다. 생물학적으로는 모두 돌연변이에 해당되는 것으로 설명할 수 있다.

그러나 유독 태백산에서 그런 흰꽃들이 많이 발견되는 것은 생물학적 설명으로는 도저히 풀이되지 않는 부분이다. 그게 모두 다 '큰 밝음의 땅' 태백이 갖는 영험스러움과 무관하지 않다는 믿음을 강력하게 뒷받침하고 있다.

청량리역에서 열차 타고 태백산 가는 길, 사북舍北, 고한古汗을 지난다. 높이 솟은 산과는 대조적으로 납작납작 엎드려 있는 집들이 정겹다. 군데군데 주인 떠나보낸 빈집은 무너져내릴 때까지 끝끝내 빈집으로 남아 주인을 기다리기라도 할 양 마냥 비장하다.

그들은 모두 어디로 갔을까? 절반 가량 인구가 줄어든 도시는 텅 빈 채 남은 광부들의 사택 때문에 더욱 을씨년스럽기만 하다. 그래 도 한때는 따사로운 백열등 불빛 아래 식구들 모여 더운 김 무럭무 럭 내며 살아가던 집인 것을.

더러는 변두리 학교 앞에서 꼬맹이들 상대로 떡볶이 장사를 한다는 소문도 들려온다. 영림서에서 임도 내는 데 벌목작업이라도 맡으면 그래도 벌이가 괜찮은 편에 속한다. 그러나 대부분의 광부들은 지 하철 공사장이나 신도시의 막노동 일거리를 찾아 대처로 갔다.

잠깐 상념에 잠긴 사이 열차는 긴 어둠의 터널로 접어든다. 백두대 간이 지나는 함백산 밑자락 깊숙이 파고든 정암터널이다. 4,505미 터로 남한에서 제일 길다는 철도 터널을 빠져 나오면 갑자기 환해 지면서 거기 '큰 밝음의 나라' 태백과 태백산이 있다.

정암터널을 지날 때면 영화로도 만들어진 박완서의 소설 「그해 겨 울은 따뜻했네」가 생각난다. 막장에서 수십 톤의 죽탄더미에 깔려 희생되는 광부와 살아남기 위한 생존자의 처절한 몸부림, 살려내 기 위한 안타까운 시도, 탄차에 실려 갱도를 벗어나는 순간의 가족 과 동료 광부들의 입에서 터져 나왔던 오직 한 마디. '살았다' 라는 탄성. 삶과 죽음의 명암이 엇갈리던 밤, 겨울비 줄기차게 내리고 어둠 속 우비 위로 번뜩거리면서 흘러내리던 빗물이 기억 속에 오 래도록 남아있다.

백두대간 태백산 가는 길

한참 경기 좋을 때는 개도 1만 원짜리를 물고 다녔다는 탄광도시

① —— 전설로 이어지는 태백주목의 모습이다.
② —— 산하가 태고를 말해주는 듯 하다.

황지와 장성이다. 몸뚱이를 담보로 해 마지막으로 한 밑천 잡아보자고 탄광 막장을 선택한 광부들의 돈은 통리 고개만 넘어가면 눈 녹듯 사라진다는 말도 전설처럼 전해오는 곳 태백. 이제 그곳에는 카지노가 들어서서 외지인들에게 인생의 또 다른 막장을 선사하고 있다.

지나간 시절 석탄으로 이 땅의 모든 이들 따스한 겨울 날 수 있게 해주었던 큰 밝음의 땅에서 이제는 더 이상 그 뜨거운 불의 원천이 나지 않는다. 겨울철 상가喪家에서 마당이나 골목길에 켜켜로 쌓아 올려 지폈던 시뻘건 연탄불도 찾아볼 수 없다. 웬만하면 마지막 가는 길도 장례식장 신세를 지는 탓이다. 그것은 이미 이십여 년 전 서울 여의도에서 쌀가게와 연탄가게를 찾아볼 수 없다는 말이 돌았을 때부터 진즉 알아봤어야 했다.

'연탄재 차지 마'라고 외쳤던 시인이 있다. '너는 언제 남 한 번 따시게 해준 적 있었느냐'고 이 비정한 시대를 통렬하게 질책한 시다. 때로는 광부들의 생명과도 맞바꾼 연탄이었으니. 마지막 남은 문간방 연탄 아궁이를 기름 보일러로 고치던 날, 다 타고남은 연탄재 하나 신문지에 고이 싸서 서재에 간직해 둔 시인도 있다. 쓰레기 더미로 쌓여있던 연탄재에서 알 수 없는 눈길을 느꼈기 때문이라는 시인의 말이다.

하늘물 '천황'을 찾는 이 누구

불을 상징하는 석탄과 더불어 물은 태백을 이루는 중요한 또 하나의 상징이다. 물과 불이 서로 상극이라 전혀 어울릴 수 없을 것 같으면서도 그 둘의 조화 속에서는 모든 것이 이루어진다. 불이 그 뜨거움의 소명을 다한 곳에 쉬임없이 물이 솟구치며 한강과 낙동강, 오십천의 발원지를 이루는 땅이 바로 이 태백, 큰 밝음의 나라임을 눈여겨 봐두었어야 옳은 일이다.

백두산에 천지가 있고, 한라산에 백록담이 있다면 백두대간 태백산에는 황지가 있다. 황지는 연못처럼 가꾼 지금의 조그만 황지를 말함이 아니다. 그 옛날 수 만평의 늪벌과 마당늪, 방깐늪, 통시늪 전체에 물이 가득 차 있을 때의 하늘물, '천황' 이다. 그러니 하늘물 지닌 태백은 백두, 한라와 마찬가지로 당연히 영산靈山의 반열에 드는 산이다.

태초에 빛이 있었나니

영산에서 하늘에 제를 올리는 것은 당연한 일. 단군조선시대 이래로 태백산에서는 천제天祭를 올렸다. 신라시대에는 왕이 직접 제를 올렸을 정도로 태백산은 중요한 곳이었다. 고려와 조선시대에도 고을 수령들과 백성들이 천제를 올렸으며, 오늘날에도 매년 개천절이면 하늘제사 올리는 곳이 바로 태백산 천제단이다.

하늘제사 올리는 태백산은 과연 얼마만큼 영험한 산일까? 믿어지지 않는 일이지만 태백산 당골을 찾는 이들의 80퍼센트는 무속인이라는 통계도 나와 있다. 이는 아마도 삼한시대에 현재의 소도동과 당골 일대가 종교적 수장인 천군天君이 다스린 소도 지역이었다는 전통의 대물림과 결코 무관하지는 않을 것이다. 솟대를 높이 세워 올린 소도는 세속의 권력이 미치지 못했던 곳. 설혹 범죄자가 도망쳐 들어올지라도 잡아가지 못하는 불가침의 성소였다.

태백산에 든 첫날, 천둥과 번개 요란하게 길손 반긴다. 밤하늘의 휘장을 가로로 찢어내기라도 하는 듯 거대한 섬광 달려가면 뒤이어 바쁜 걸음으로 천둥이 온 산하를 뒤집어놓을 듯 울린다. 천제단

9층 석탑에 태극기太極旗, 칠성기七星旗, 현무기玄武旗와 360도 뺑 돌아가면서 세워진 33천기天旗, 28숙기宿旗가 모두 세찬 바람에 찢길 듯 휘날리고 번개의 섬광이 순식간에 쏟아져 내린다.

태초에 빛이 있었나니 그 빛으로 말미암아 눈멀고 귀먹고 벙어리된 채 바로 하늘과 통하는 순간이다. 하늘물 내린 큰 밝음의 땅, 태백의 첫날밤은 그렇게 거듭해서 온통 예리한 섬광으로 찢겨져 나간다. 그리고 더 찢어질 것도 없을 무렵쯤 해서 구름 사이로 둥근 달 하나 바쁘게 달려간다. 아니다 구름이 빠른 속도로 흘러간다.

저녁마다 구름 불러모아 베일처럼 드리울 때 누가 알기나 했을까. 아버지의 산 태백산과 어머니의 산 함백산에 번개 내려치던 날 밤 어느새 물과 불의 꿈으로 빚은 달 하나 잉태한 것을.

그건 아마도 코굴에 관솔불 침침하게 타오르던 너와집에서였을 게다. 열나흘 달빛은 투박한 너와로 흘러내리다 기어코 찢어진 창호지 틈새로 스며들고 말았을 게다. 달빛과 눈 마주친 그 순간부터 잠은 백리 밖으로 달아나고 들뜬 가슴은 사정없이 풀무질해댄 화

❶—— 숲에서 만난 반가운 사람들(좌로부터 이호신 화백, 필자, 박희진
시인, 유연태 여행작가)이다.

❷—— 눈속에 핀 흰 얼레지 꽃이 청초하다.

❸—— 봄의 첨병 눈속의 복수초도 얼굴을 내밀었다.

덕처럼 뜨거워 도저히 잠 못 이루었을 게다.

이마에서 코로, 입술에서 목으로, 가슴에서 배로 칭칭 감아도는 달빛조차 태워버렸을테니까 말이다. 그래서 발치께 걸린 달빛 재로 되어 스러질 때가지 날밤 지새웠을 게다.

구름 걷히고 바람 잔잔한 새벽녘, 태백산 망경대望鏡臺에서는 해 뜨는 동해가 보인다. 바라볼 망望, 거울 경鏡. 이름 그대로 거울을 보는 곳, 망경대다. 거울처럼 맑은 동해를 바라보는 곳이라 해서 붙여진 이름이다.

문수봉 돌탑에 얽힌 사연

절에서 거울은 마음을 의미한다. 거울을 닦듯이 마음이 때를 씻어내는 곳 또한 망경대다. 바로 아래 연화봉이 깊은 어둠 속에서 서서히 솟아오르듯 날개를 펴고, 그 오른쪽 한참 멀리 낙동정맥 움푹 들어간 산줄기 사이로 반짝이는 바다가 조금 보인다. 맑은 날 망경대에서는 동해는 물론이고 울릉도까지 보인다고 한다. 밤바다에 점점이 떠있는 오징어잡이배 휘황한 불빛 또한 장관이다.

망경대 혜운慧雲 스님 방에서 문을 열면 바로 문수봉이 눈에 들어온다. 1천 삼백 여 년 전 호랑이 들끓던 태백산에 겁없이 홀홀단신으로 들어와 문수보살을 친견하고자 간절히 원했던 자장율사의 발길이 닿았던 곳이다. 문수봉 꼭대기에는 언제부터인지 자연석으로 쌓은 둥그런 돌탑이 하나 있다.

영주에서 온 강씨라고 했다. 그 때 나이는 마흔 여섯. 버스 운전하다가 3년쯤 별러서 산에 들었다는 그는 좀체 속내를 털어놓지 않았다. 돌탑을 완성하면 하산하리라 마음먹고 시작한 일. 그는 문수봉 아래 토굴에서 살며 돌을 하나씩 지게에 져서 날랐다. 문수봉이야말로 자장율사가 그렇게 만나보기 원했던 문수보살이 승천한 자리라고 굳게 믿던 그였다.

어느 정도 모양이 잡혀간다고 생각한 순간 그만 탑이 와르르 넘어가 버렸다. 그만큼 공부가 부족한 탓이라 여겼다. 강씨는 처음부터 다시 쌓기 시작했다. 이번에는 돌 하나하나 신경을 써서 다듬었다. 돌 하나 지게에 지고 올라가서 손도끼 날등으로 깎아낸 후 앉히는데 여간 공력을 들이는 게 아니었다. 잠시 쉬는 틈을 타서 담배도 권하고 말을 걸어보니 마지못해 몇 마디 대꾸했다. 마음 닦기 위해서 탑 쌓기를 시작했다는 대답이었다. 탑 쌓은 마음으로 사회에 나가서 살 수 있게끔 수양 중이라는 강씨의 표정은 더없이 맑아 보였다.

처음에는 도립공원 소장이 나서서 말린 일이었다. 그러나 탑 모양이 잡혀가고 멀리서도 제법 그럴듯하게 보이자 상황이 역전되었다. 탑이 완성되던 날 사람들 불러모아 고사도 지내고 잔치도 벌였으니 말이다.

문수봉에서 부쇠봉으로, 부쇠봉에서 수두머리 영봉에 닿는 하늘고개(天嶺)오르니 오색 무지개 반긴다. 멀리 남쪽 '해와 달의 산(日月山)' 축복의 구름 몇 자락 바람편에 보내온다. 먼 옛날 신라시대부터 태백산 오르던 이 길, 사스레나무 박달나무 분비나무 참나무 늘어선 능선길 따라가며 나비가 되어본다. 나비처럼 날아가는 듯 걸어본다.

꽃길 아닌들 또한 어떠랴. 살아 천 년, 죽어 천 년이라는 주목, 붉은 옷 걸치고 동해에 뜨는 해와 달의 정기 모아 또 다른 천 년 그리움, 큰 밝음의 나라 꿈꾼다. 그렇게 태백의 낮과 밤은 가고 또 가며 오고 또 온다.

비내리는 진고개 지나 가쁜 숨 고르고 올라서면 동대산, 거기서 신선봉 거쳐 두로봉, 신배령 쯤이면 하루해가 저문다. 아마도 거기 오대산 어느 능선쯤이었을 게다. 평지처럼 넓은 숲길에 들어서서 문득 평화로운 마음과 알 수 없는 희열이 솟구쳤던 것은 바람 소리조차 들리지 않는 정밀한 고요를 가끔 새들의 날갯짓 소리가 깨트릴 뿐. 해발 1,000미터에서 1,500미터 사이, 마루금을 넘나드는 새들도 그리 많지는 않다.

몽환과도 같은 신비스러운 길을 걷다

그런 길에서는 차라리 맨발이 되는 게 옳다. 부엽토처럼 검고 부드러운 흙길은 산의 속살과도 같아 단단한 평지의 흙길과는 또 다른 느낌을 준다.

하나 둘 함께 한 종주자들이 등산화 끈을 풀고 맨발이 된다. 그렇게 백두대간에서는 온몸으로 부딪는 산의 순례자가 된다.

아침 해가 뜨기 전부터 서둘러 이슬에 젖은 텐트를 접고, 배낭을 꾸려서 걷노라면 늘 친숙한 벗은 구름이다. 때로는 하루 종일 구름 속을 걷기도 한다. 나무와 바위와 풀도 모두 구름 속에 숨고 바람 한 점 없는 산, 몽환과도 같은 신비스러운 길을 걷는다. 아무도 말을 하지 않고 묵묵히 걷기만 한다. 걸음을 멈추고 배낭을 추스리다 보면 발치에 떨어지는 이마의 땀방울 소리까지 크게 들리는 듯 하다.

통 걷힐 것 같지 않던 구름도 한낮이 지난 어느 한 순간 거짓말처럼 사라지고 햇살이 온 산에 폭포처럼 쏟아진다. 널찍한 바위에 올라 바람을 맞노라면 습기와 땀에 절었던 옷은 금방 마르고 멀리 지나온 길과 앞으로 가야할 길이 시야에 들어온다.

무거운 등산화와 양말도 벗고 빗물에 팅팅 불은 오징어처럼 하얀 발가락 열 개를 죄다 말리는 꿀맛과도 같은 휴식. 잠깐 눈 붙인 사이 사람과 산은 하나가 된다.

비 그치고 칠석날 밤 구룡령 하늘에는 별이 쏟아진다. 발아래 구름마저 걷히면 동해 바다 오징어잡이 배들의 불빛이 보이련만 그런 호사까지는 지나친 욕심이다. 최소한 백두대간 마루금을 따라 걷는 종주자들에게는 일단 산중에 들면 그 길의 시작과 끝이 아득해진다.

백두대간에서는 언제 집을 떠나왔는지, 그리고 언제 저자 거리로 내려갈 것인지 도통 가늠이 되지 않는다. 긴 호흡으로 내리 며칠을 걸어내고서야 얼굴 하나쯤 생각해 내면 그나마 다행이다. 생각한다기보다는 그냥 본능적으로 그리워할 뿐이다. 견우가 직녀를, 직녀가 견우를 그리워하듯이.

조침령의 밤을 잊을 수 없다. 별들이 쏟아지다 못해 그냥 무너져 내리듯 퍼붓던 그날 밤을. 그러나 그 황홀한 순간을 맞기 위해서 이른 아침부터 달이 질 때까지 열 몇 시간을 걸어야 했다. 구룡령에서 조침령까지 18킬로미터가 왜 그리도 멀던지.

대간 종주자들 사이에서 '악몽의 코스'라 불리는 길. 하지만 조급하게 마음먹지 않는다면 꽤나 매력적인 길이다. 갈전곡봉(1,204m)에서 점봉산 단목령까지 표고차 300미터 안팎으로 되풀이되는 오르내림의 연속이 이 구간을 지나는 모든 종주자들에게 모진 시련이며, 무한한 인내심을 요구하는 것은 사실이다.

황홀한 실종
한 여름 더위에 1.8리터들이 페트병 두 개에 가득 담았던 물도 다 떨어지고, 셔츠와 배낭은 땀이 마르면서 고된 종주 산행의 훈장이라도 되는 양 온통 허옇게 염분으로 얼룩지게 마련이다. 무릎이 시원치 않아서 기다시피 내려가야 하는 동료의 짐까지 떠맡았던 막바지 두 시간이 아니었더라면 정말 더없이 행복한 길이기도 했다.

산악인들이 아침을 맞이하고 있다.

산뽕나무며 단풍나무 군락지를 지날 때의 황홀함이란 온 종일의 노고를 깡그리 잊을 만큼 짜릿한 것. 배낭의 무게도 잊고 발걸음은 마냥 가벼워져 공중에 붕붕 떠있는 듯한 그런 기쁨을 맞이한다. 시간도 멎고 구룡령과 조침령 사이 백두대간 마루금은 일순간 블랙홀처럼 모든 것을 빨아들인다.

그 숲 속에서 시간의 입자는 잘게 분해되어 황금빛으로 공중에 떠돈다. 떠나온 곳도 가야할 곳도 사라진 채 그냥 길만 남아있을 뿐이다. 옛 조침령을 지나며 바로 아래 달빛 하얗게 비치던 쇠나드리 길은 꿈결인 듯 아스라하다.

10월 상달에는 천재단에서 천제가 이루어 진다.

순백으로 타오르는 열정

비포장 길 지나는 조침령에 하루 잠자리 마련하니 세상에 부러울 게 없다. 하늘의 별과 가까운 종주자들의 거처엔 밤새 별똥별이 쏟아진다. 피곤함도 잊은 채 기울이는 술잔에 별빛이 지고 가득 담기는 온 세상의 그리움. 못내 아쉬워 맨땅에 매트리스와 침낭을 펼치고 하늘의 별을 헤아리다 잠드는 밤이다.

겨우내 백두대간 마루금 지배자는 광포狂暴한 바람과 순백 눈이다. 숨도 못 쉴 정도로 몰아치는 바람 앞에서 누가 감히 고개 들 수 있으랴. 그저 고개 숙이고, 몸 바싹 낮춰 기듯이 걸어갈 뿐이다. 북으로 향한 대간 종주 길에 맞바람이 뺨따귀를 후려갈기듯 몰아치고 속눈썹으로는 눈물이 번져 어른거린다. 사방이 보이지 않는 눈보라 속에서 간절한 생각은 오직 하나, 이 혹독한 바람 좀 피할 수 있으면 좋으련만.

그나마 가지가 찢어져라 눈 덮인 숲 속으로 접어들면 다행이다. 어느 정도 바람을 막아주는 숲이야말로 겨울 백두대간 종주자들에게는 더 없는 쉼터. 나무들의 온기에 기대어 보온병에서 따끈한 커피 한 잔 따라 마시면 겨울도 그런대로 견딜 만하다.

덕유산 동엽령에서 백암봉 지나 중봉까지 나무와 바위와 길은 모두 얼어붙었다. 나뭇가지는 그 위에 다시 흰 눈옷을 두툼하게 껴입어 오히려 따스하게 보인다. 체감온도 영하 20도를 밑도는 상황에서는 차라리 눈 속이 더 따스하다. 해발 1,312미터, 버티고 서지 않으면 바람에 몸이 밀려날 것만 같다.

등산로를 안내해놓은 표지석이나 안내판 모두 얼음이 두껍게 얼어붙어 전혀 알아볼 수 없다. 간밤에 내린 비 때문이다. 길 역시 빙판으로 변해 미끄럽기 그지없다. 바람이 좀 덜한 곳에서는 눈이 무릎까지 빠진다.

가파른 바위지대에 설치한 와이어 로프에는 얼음이 두껍게 얼어 있어 장갑을 꼈음에도 쩍쩍 달라붙는다. 와이어 로프에는 고드름까지 주렁주렁 매달려 있다. 돌풍에 밀리면서 오르락 내리락 되풀이하다가 만난 것은 느닷없는 설벽.

해발 1,594.3미터 중봉 올라서는 길은 킥스텝으로 발디딤을 만들어가면서 올라야 할 정도로 제법 단단하게 얼어붙은 설벽이다. 최첨단 전자식 카메라 캐논 EOS는 이미 작동 불능 상태에 빠진 지 오래다. 자는 듯 마는 듯 춥고도 길기만 한 밤을 견뎌내면 눈보라 멎고 온통 눈부신 아침을 맞는다. 멀리 지리산이 한 눈에 들어오고, 시선을 왼쪽으로 옮기면 거기 가야산이 섬처럼 우뚝 솟아있다.

덕유산 향적봉은 지리산과 가야산을 음미하기에 가장 훌륭한 전망대다. 그리고 남쪽으로는 눈을 제대로 뜰 수 없을 정도로 찬란한 순백의 향연 그 한 가운데, 아스라히 남덕유로 뻗은 능선이 굽이친다.

김우선 ◆ 시를 쓰는 산악인으로 1994년 첫 시집 「대청에 부는 바람」을 낸 이래로 산악문학에 천착하고 있다. '한국산악시론' '한국산악소설론' 등을 발표했으며, 민족문학작가회의 회원이다. 1977년 서울교대 산악부원으로서 산악활동을 시작했고, 산악전문지 월간 『사람과 산』의 기자로 전국의 산을 누볐으며, 2003년부터 편집장으로 일하고 있다. 최근에는 국토연구원의 '위성영상을 이용한 산맥체계 재정립에 관한 연구'에 공동 답사팀을 구성하여 참여하고 있다. 그밖에 글과 사진을 통하여 한국의 산과 자연, 산악인을 세계에 알리는 노력도 꾸준히 해오고 있다. 1997년 스코틀랜드 글렌모어롯지에서 열린 MBC 주최 제1회 International Winter Meet에 한국 대표로 참가, 설악산과 토왕성 빙벽등반을 소개한 바 있다.

전국의
아름다운
숲

◆자연휴양림◆

◆──────강원도

가곡자연휴양림	삼척군 가곡면 풍곡리	033-573-0147
가리왕산자연휴양림	정선군 정선면 회동리	033-562-5833
대관령자연휴양림	강릉시 성산면 어흘리	033-641-8327
둔내자연휴양림	횡선군 둔내면 삽교2리	033-343-8155
미천골자연휴양림	양양군 서면 황이리	033-673-1806
용대자연휴양림	인제군 북면 용대리	033-462-5031
방태산자연휴양림	인제군 기린면 방동리	033-463-8590
복주산자연휴양림	철원군 근남면 잠곡리	033-458-9426
주천강변자연휴양림	횡선군 둔내면 영랑리	033-345-8225
삼봉자연휴양림	홍천군 내면 광원리	033-435-8536
청태산자연휴양림	횡선군 둔내면 삽교리	033-343-9707
치악산자연휴양림	원주시 판부면 금대리	033-762-8288

◆──────경기도

국망봉자연휴양림	포천시 이동면 장암리	031-532-0014
산음자연휴양림	양평군 단월면 산음리	031-774-8133
설매재자연휴양림	양평군 옥천면 용천리	031-774-6959, 7
유명산자연휴양림	가평군 설악면 가일리	031-589-5487
중미산자연휴양림	양평군 옥천면 신복리	031-771-7166
청평자연휴양림	가평군 외서면 삼회리	031-584-0528
축령산자연휴양림	남양주군 수동면 외방리	031-592-0681

◆━━━━━ 경상도

검마산자연휴양림	경북 영양군 수비면 신원리	054-682-9009
군위장곡휴양림	경북 군위군 고로면 장곡리	054-380-6317
남해편백휴양림	경남 남해군 삼동면 봉화리	055-867-7881
불정자연휴양림	경북 문경시 불정동 산71-1	054-552-9443
신불산폭포휴양림	울산시 울주군 상북면 이천리	052-254-2124
운문산자연휴양림	경북 청도군 운문면 신원리	054-371-1323
지리산자연휴양림	경남 함양군 마천면 삼정리	055-963-8133
청송휴양림	경북 청송군 부남면 대전리	054-872-3163
청옥산자연휴양림	경북 봉화군 석포면 대현리	054-672-1051
칠보산자연휴양림	경북 영덕군 병곡면 영리리	054-732-1607
통고산자연휴양림	경북 울진군 서면 쌍전리	054-782-9007
학가산우래연휴양림	경북 예천군 보문면 우래리	054-652-0114

◆━━━━━ 전라도

가학산자연휴양림	전남 해남군 계곡면 가학리	061-535-4812
낙안민속휴양림	전남 순천군 낙안읍 동래리	061-471-2183
덕유산자연휴양림	전북 무주군 무풍면 삼거리	063-322-1097
방장산자연휴양림	전남 장성군 북이면 죽청리	061-394-5523
백운산자연휴양림	전남 광양시 옥룡면 추산리	061-763-8615
세심자연휴양림	전북 임실군 삼계면 죽계리	063-640-2425
안양산자연휴양림	전남 화순군 이서면 안심리	061-373-4199
운장산자연휴양림	전북 진안군 정천면 갈용리	063-432-1193
제암산자연휴양림	전남 보성군 웅치면 대산리	061-852-4434
천관산자연휴양림	전남 장흥군 관산읍 농안리	061-867-6974
회문산자연휴양림	전북 순창군 구림면 안정리	063-653-4779

제주도

서귀포자연휴양림	서귀포시 대포동 산1-1	064-738-4544
제주절물자연휴양림	제주시 봉개동	064-721-4075

충청도

만인산자연휴양림	대전시 동구 하소동 산 47	042-273-1945
박달재자연휴양림	충북 제천시 백운면 평동리	043-652-0910
봉황자연휴양림	충북 충주시 가금면 봉황리	043-855-5962
속리산말티재휴양림	충북 보은군 외속리면 장재리	043-543-6283
안면도자연휴양림	충남 태안군 안면읍 승언리	043-674-5019
오서산자연휴양림	충난 보령군 청라면 장형리	041-936-5465
장태산자연휴양림	대전시 서구 장안동 67	042-585-8061
진산자연휴양림	충남 금산군 진산면 묵산리	041-753-4242
칠갑산자연휴양림	충남 청양군 대치면 광대리	041-943-4510
회리산해송휴양림	충난 서천군 중천면 산천리	041-953-9981

◆우리나라의 아름다운 숲◆

◆————— 아름다운 마을숲

마을과 잘 조화될 수 있도록 나무와 숲을 조성, 관리하여
아름다운 마을 경관을 보여주는 마을의 숲

전북 남원시 운봉읍 행정리마을숲

경남 하동군 악양면 정서리마을숲

전북 완주군 구이면 두현리 두방마을숲

경남 거제시 동부면 학동리마을숲

충남 아산시 송악면 외암리 민속마을숲

경남 하동군 북천면 직전리 직전마을숲

전북 남원시 대산면 길곡리 왈길마을숲

경남 밀양시 청도면 구기리 당숲

경남 사천시 정동면 대곡리 마을숲

경기도 군포시 속달동 덕고개마을

제주도 서귀포시 서흥동, 동흥동 일원

전남 화순군 동복면 연둔리마을숲

경남 고성군 마암면 두호리 두호마을숲

강원도 원주시 문막읍 취병리 진밭마을숲

강원도 춘천시 신사우동 올미마을 심금솔숲

경남 거제시 남부면 갈곶리 도장포마을숲

전남 화순군 도곡면 천암리 백암마을숲

충북 청원군 미원면 금관리 금관숲

◆————— **아름다운 거리숲**

지역의 문화경관 및 숲을 활용하여 가로수나 꽃길 등을
조성하여 경관미를 보여주는 거리

충북 영동군 감나무거리

대전시 동구 낭월동-하소동간 플라타너스 거리

충남 아산시 염치읍 송곡리 은행나무거리

대구시 수성구 범어동 거리

충북 청주시 흥덕구 복대동 죽천교-경부인터체인지 플라타너스거리

경남 하동군 화개면 탑리 화개장터-쌍계사 십리벚꽃거리

경북 울진군 온정면 금천리 평해-백암온천간 배롱나무 거리

전남 담양군 담양읍 담양군청-금성면 원율간 메타세콰이어 거리

경남 밀양시 삼문동 소나무 거리

충남 보령시 대천동 일대 감나무 거리

대전시 유성구 어은동 이팝나무 거리

경남 거제시 아주동 메타세콰이어·벚나무 거리

경북 영천시 화북면 자천리 오리장림

전북 정읍시 상동 왕벚나무 거리

◆————— **아름다운 학교숲**

학생과 학부모가 주체가 되어 학교에 숲을 조성하여
주변 시민들도 이용할 수 있도록 숲이 잘 조성된 학교

청하중학교	경북 포항시 청하면 덕성리 384
흥해서부초등학교	경북 포항시 북구 흥해읍 북송리
창촌중학교	강원도 춘천시 남산면 강촌1리
영평초등학교	제주도 제주시 영평동 1826

물야초등학교	경북 봉화군 물야면 오록리 1211
호서고등학교	충남 당진군 당진읍 읍내리 11-2
청주농업고등학교	충북 청주시 상당구 내덕동 322
조천중학교	제주도 북제주군 조천읍 신촌리 2581
하양초등학교	경북 경산시 하양읍 금락3리 133-2
성읍초등학교	제주도 남제주군 표선면 성읍리 1002
상주고등학교	경북 상주시 신봉동 258
적서초등학교	경기도 파주시 적성면 식현리 54
임고초등학교	경북 영천시 임고면 양항리 638
서촌초등학교	경기도 시흥시 정왕동 1848-1
송양초등학교	경기도 의정부시 낙양동 205
화랑초등학교	서울시 노원구 공릉동 126
천안봉서초등학교	충남 천안시 봉명동 산482

◆──── **아름다운 천년의 숲**

22세기를 위해 보존해야 할 아름다운 숲

문화적, 역사적, 경관적으로 가치 있는 꼭 보전해야 할 국토전역의 아름다운 숲

경북 울진군 서면 소광리 일대

강원도 강릉시 성산면 어흘리 산 1-1

전남 장성군 서삼면 산 98

강원도 인제군 기린면 진동리 산 71

경기도 포천군 남양주 의정부시 광릉숲

충남 태안군 안면읍 승언리 소나무숲

강원도 평창군 도암면 횡계리 진부영림계획구 소나무·전나무·낙엽송 숲

경남 함양군 함양읍 운림리 상림 숲

제주도 서귀포시 하원동 영실 소나무 숲

강원도 인제군 북면 한계리 내설악 장수대 숲

충남 부여군 부여읍 쌍북리 부소산성 숲

경남 남해군 삼동면 물건리 방조어부림

전북 정읍시 내장동 내장사 단풍나무 숲

강원도 평창군 하안미 하안미 숲

강원도 영월군 서면 옹정리 한반도숲

부산시 기장군 철마면 웅천리 아홉산숲

서귀포시 성효동 일원 돈내코숲

전라남도 장성군 황룡면 황룡리 원림

◆ 이곳에 소개되는 곳들은 생명의 숲, 유한킴벌리, 산림청이
공동으로 2000년부터 매년 개최하고 있는
'아름다운 숲 전국대회' 를 통하여
아름다움과 보존가치를 인정받아 선정된 곳입니다.

◆전국국립공원관리사무소◆

가야산	경남 합천군 가야면 구원리 123-1	055-932-7810, 931-7404
계룡산	충남 공주시 반포면 학봉리 777	042-)825-3002-3
내장산	전북 정읍시 내장동 59-10	063-538-7875-6
산내장 남부	전남 장성군 북하면 약수리 252-1	061-392-7088/7288
다도해	전남 완도군 완도읍 군내리 1240-8	061-552-3386, 554-5474
다도해 서부	전남 목포시 죽교동 350	061-244-9194-5
덕유산	전북 무주군 설천면 삼공리 411-8	063-322-3174/3374
변산반도	전북 부안군 변산면 대항리 415-24	063-582-7808, 584-8186
북한산	서울 성북구 정릉동 산 1-1	02-909-0497-8
북한산 서부	경기 의정부시 호원동 229-104	031-873-2791-2
설악산	강원도 속초시 설악동 43-2	033-636-7700 / 7702
소백산	경북 영주시 풍기읍 수철리 산 86-1	054-638-6196 / 6796
소백산 북부	충북 단양군 단양읍 천동리 산 9-1	043-423-0708 / 2449
속리산	충북 보은군 내속리면 상판리 19-1	043-542-5267-8
오대산	강원 평창군 진부면 간평리 75-6	033-332-6417
월악산	충북 제천시 한수면 송계리 693-1	043-653-3250 / 3253-4
월출산	전남 영암군 영암읍 개신리 454-50	061-473-5210
주왕산	경북 청송군 부동면 상의리 333-1	054-873-0014-55
지리산	경남 산청군 시천면 사리 992-18	055-972-7771-2
지리산 남부	전남 구례군 마산면 황전리 514-2	061-783-9100-2
지리산 북부	전북 남원시 산내면 부운리 93-1	063-3625-8910-2
치악산	강원 원주시 소초면 학곡리 900	033-732-5231/4634
태안해안	충남 태안군 태안읍 장산리 16-1	041-672-9737/7267
한려해상	경남 남해군 상주면 상주리 634	055-863-3521-2
한려해상 동부	경남 통영시 봉평동 451	055-649-9202-3
한라산	제주도 제주시 해안동 산 220-1	064-713-9950-3
경주시사적공원	경남 경주시 노동동 12-1	054-772-3632

◆ 숲 관련 단체 ◆

생명의 숲	서울시 종로구 동숭동 1-51 수산빌딩 4층	02-735-3232
생태산촌만들기모임	서울시 종로구 동숭동 1-51 수산빌딩 4층	02-747-6009
숲해설가협회	서울시 종로구 원남동 43번지 한신BD 2층	02-747-6518
동북아산림포럼	서울시 동대문구 청량리2동 207 임업연구원내	02-960-6114
숲과문화연구회	서울 성북구 동소문동 1가 51번지 무성빌딩 3층	02-745-4811
평화의 숲	서울시 동대문구 청량리2동 207 임업연구원내	02-960-6004
광릉숲보존협의회	경기도 의정부시 가능 2동 836-16번지 3층	
국립공원을 지키는	서울시 동대문구 회기동 경희대학교	02-961-6547
시민의 모임	자연사박물관 內	
우이령보존회	서울시 도봉구 쌍문1동 512-23번지	02-994-2626
한국녹색문화재단	서울시 서초구 1443-13 서초성모빌딩 6층	02-2055-2980
한국산지보존협회	서울시 서초구 양재동232 at센타 1105호	02-6300-2000

◆생명의 숲 전국조직 주소록◆

서울	서울시 종로구 동숭동 1-51 수산빌딩 4층	02-735-3232
태백	강원도 태백시 황지동 59-53 대성N스쿨 3층	033-552-1190
춘천	강원도 춘천시 중앙로 3가 67-1 시민복지회관 6층	033-242-7454
충북	충북 청주시 상당구 북문로 2가 116-146 3층	043-253-3339
포항	경북 포항시 북구 환호동 496-3	054-244-5015
울산	울산시 중구 다운동 520-8 2층	052-277-8280
강릉	강원도 강릉시 옥천동 265 (구)여성회관 3층	033-646-5222
대전 **충남**	대전시 중구 선화동 20 창성빌딩 205호	042-226-5355 (직)226-6555
전북	전주시 완산구 중앙동 4가 1번지 전북도2청사 4층	063-280-3543
경남	경남 마산시 중성동 33-6 김형균 치과 3층	055-244-8280

◆숲 관련 사이트◆

◆─────교육

메가람 자연사 박물관 www.megalam.co.kr — 자연생태인터넷방송 '메가람'의
자연사박물관으로 식물원과 동물원으로 나누어져 있다. 조류관, 식물관, 곤충관,
어류관으로 나뉘어져 광대한 DB가 구축되어 있다. 생태계에 대한 자세한 정보가
다른 사이트에 비해 풍부하고 디자인 또한 아름답게 구성되어 있다.

포스트코리아 www.forestkorea.org — 보기 편한 구성. 다양한 메뉴, 풍부한
자료 등 자료량과 업데이트가 숲에 관한 사이트 중 단연 으뜸. 숲에 관한 모든 자료
정보가 넘친다.

나무넷 교육 www.namoonet.co.kr — 수종별, 나뭇잎모양별, 수피, 과별로
사진과 함께 나무에 대한 정보를 볼 수 있다. 나무 심는 방법, 자연휴양림 소개,
식물용어 해설 등 다양한 정보를 제공한다.

상현이와 함께하는 나무사랑 www.namusarang.net — 경북대 대학원 임학과에
재학중인 김상현씨의 개인 홈페이지. 나무를 공부하는 초보자가 이용하기
편리하도록 구성되어 있다. 나무이야기에서는 과별로 나무에 대한 정보를 사진과
함께 제공하고 있다.

한국 자생식물 데이터베이스 ruby.kordic.re.kr/~minsok — 전북대
생명다양성연구소가 연구개발정보센터(KORDIC)의 경제적 지원을 받아
제작되었으며 동의보감과 본초강목에 포함된 700여종의 약용식물을 총망라하고
세계적으로 한국에만 자생하는 특산식물을 100여종 수록하여
초.중.고.대학생들과 생물학, 한의학, 약학, 농학, 원예학, 조경학 등에 종사하는
분들에게 우리꽃과 우리나무가 생물자원으로써 가지는 우수한 가치를 알게 하고
이를 활용하고 보전하는데 도움을 주기 위해 구축되었다.

네이처조선 nature.chosun.co.kr — 조선일보가 운영하고 있는 자연생태
종합웹진. 자연생태와 숲에 대한 방대한 기사가 제공되어 있다.

◆────── 국립공원, 수목원

국립공원관리공단 www.npa.or.kr ── 국립공원의 휴식년제, 환경파괴와
관리방안, 문화유적, 지도 등 국립공원과 관련된 다양한 정보를 제공하고 있다.
또한 국립공원의 모습과 동.식물의 사진을 관람할 수 있다.

서울의 공원 www.parks.seoul.kr ── 서울특별시 공원녹지관리사업소의
홈페이지. 서울에 있는 공원의 현황을 자세히 볼 수 있다. 남산공원, 여의도공원,
보라매공원, 독립공원, 시민의 숲, 용산공원, 길동생태공원, 영등포공원 등 서울에
있는 공원들이 자세히 소개되어 있으며 민속놀이체험교실,
겨울식물교실, 자연공예교실, 나뭇잎 탁본교실, 일요생태교실 등
학습프로그램을 개발 운영하고 있다.

한국의 산하 mountains.new21.net ── 서울대학교 중앙도서관 산우회 '산을
사랑하는 사람들'이 제작한 산의 모든 것에 관한 홈페이지. 전국의 산과 공원,
산행정보, 등산교실, 테마여행과 기타 여행정보를 얻을 수 있는 사이트이다.

국립수목원 www.foa.go.kr:9090/200110/index.htm ── 국립수목원에 대한
소개, 전문수목원, 산림박물관 정보 그리고 환경과 산림에 대한 연구성과,
야생동물원 등 연구, 교육분야에서 현장성이 뛰어난 사이트다.
특히, 인터넷상에서 관람할 수 있는 사이버수목원이 구성되어 있다.

아침고요수목원 www.morningcalm.co.kr ── 삼육대 원예학과 한상경 교수
홈페이지. 한국정원, 분재정원, 하경정원, 아이리스정원, 침엽수정원 등의 정경이
사진자료와 함께 제공된다.

천리포수목원 www.chollipo.org ── 수목원의 현황과 설립배경, 변천사 등에 관해
소개되어 있다. 보유 식물목록을 알파벳순으로 정리한 데이터베이스가 구축되어
있다. 학명이나 종명, 일반적 이름으로 국외의 식물종을 찾을 수 있는 영국의
데이터베이스 RBGE(Royal Botanic Garden Edinburgh)와 7만 종 이상의
식물을 찾을 수 있는 RHS Plant Finder가 링크되어 있다.

산림청 www.foa.go.kr ― 산림청에 대한 소개, 청장과의 대화, 산불 정보, 산림 병해충 정보관리와 임업정책, 임업통계, 임업기술 및 연구정보, 임산물 정보, 휴양림 안내, 산림문화, 생명의 숲 가꾸기, 국제협력 및 해외조림, 행정정보 안내 등의 자료를 볼 수 있다. 관련사이트에서는 임업연구원, 국립수목원, 농촌진흥청, 국립식물검역소, 나무병원 등의 사이트와 링크 되어 있다.

환경부 www.me.go.kr ― 환경부에 대한 소개와 우리나라의 환경정책, 국제협력, 자연보전, 대기, 수질, 상하수도, 폐기물, 유독물, 토양과 관련된 자세한 정보를 얻을 수 있다. 숲과 관련해서는 생물종 정보에서 다양한 정보를 얻을 수 있다.

산림조합중앙회 www.nfcf.or.kr ― 산림조합 대한 소개, 기관지인 산림지, 인터넷 쇼핑몰 푸른 장터 등 임업의 경쟁력 강화와 소비자 만족을 위한 정보를 제공한다.

농림부 www.maf.go.kr ― 농림부 소개와 농림정보, 해외 농업정보, 유통정보, 국민과의 대화 외에 어린이 농업교실, 농산물 출하지원 정보 등이 제공된다.

◆ **생명의 숲 www.forest.or.kr** ― 국내 환경단체 중 숲운동의 대표적인 시민단체 이다. 단체 활동 소개 및 시민들에게 숲에 관한 유익하고 재미있는 정보를 신속하게 제공하고 있다. 또한 내용을 세대별, 관심별로 세분화하여 어린이 생명의 숲과 학교숲운동 홈페이지를 각각 운영하고 있다.

숲을 걷다

초판인쇄	2004년 7월 25일
초판발행	2004년 7월 30일
지은이	김영도외 24인
펴낸이	이수용
펴낸곳	수문출판사
	주소 132-890 서울 도봉구 쌍문1동 512-23
	전화 02-904-4774/ 02-944-2626
	팩스 02-906-0707
	이메일 smmount@chollian.net
북디자인	정병규디자인 · 김수영 유경아
인쇄 · 제책	상지사
등록	1988년2월15일 제7-35호

ⓒ생명의 숲

ISBN 89-7301-591

※값은 뒷표지에 있습니다.

숲을 걷다

초판인쇄 ——— 2004년 7월 25일
초판발행 ——— 2004년 7월 30일
지은이 ——— 김영도외 24인
펴낸이 ——— 이수용
펴낸곳 ——— 수문출판사
　　　　　주소 132-890 서울 도봉구 쌍문1동 512-23
　　　　　전화 02-904-4774/ 02-944-2626
　　　　　팩스 02-906-0707
　　　　　이메일 smmount@chollian.net
북디자인 ——— 정병규디자인 · 김수영 유경아
인쇄 · 제책 ——— 상지사
등록 ——— 1988년2월15일 제7-35호

ⓒ생명의 숲
ISBN 89-7301-591

※값은 뒷표지에 있습니다.